全国高级技工学校电气自动化设备安装与维修专业教材

QUANGUO GAOJI JIGONG XUEXIAO DIANQI ZIDONGHUA SHEBEI ANZHUANG YU WEIXIU ZHUANYE JIAOCAI

电工仪表与电气测量

（第二版）

人力资源社会保障部教材办公室　组织编写

肖　俊　主　编

中国劳动社会保障出版社

简　介

本书主要内容包括电工仪表与电气测量的基本知识、直流电流和直流电压的测量、交流电流和交流电压的测量、电阻的测量、万用表、电功率和电能的测量、常用的电子仪器、非电量测量仪器和测量技术等。

本书由肖俊任主编，冯元海、王莹任副主编，何文燕、周明、谭振芳、杨宇平、步晓文、金亮、陈晨、赵江参加编写。

图书在版编目（CIP）数据

电工仪表与电气测量 / 人力资源社会保障部教材办公室组织编写；肖俊主编 . -- 2 版 . -- 北京：中国劳动社会保障出版社，2022

全国高级技工学校电气自动化设备安装与维修专业教材

ISBN 978-7-5167-5634-8

Ⅰ. ①电… Ⅱ. ①人… ②肖… Ⅲ. ①电工仪表 – 技工学校 – 教材②电气测量 – 技工学校 – 教材 Ⅳ. ①TM93

中国版本图书馆 CIP 数据核字（2022）第 217683 号

中国劳动社会保障出版社出版发行

（北京市惠新东街 1 号　邮政编码：100029）

*

北京宏伟双华印刷有限公司印刷装订　　新华书店经销

787 毫米 ×1092 毫米　16 开本　18 印张　393 千字

2022 年 12 月第 2 版　　2023 年 12 月第 2 次印刷

定价：38.00 元

营销中心电话：400-606-6496

出版社网址：http://www.class.com.cn

http://jg. class. com. cn

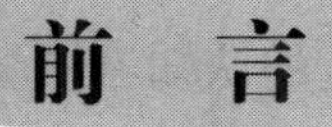

前言

为了更好地适应高级技工学校电气自动化设备安装与维修专业的教学要求，全面提升教学质量，人力资源社会保障部教材办公室组织有关学校的一线教师和行业、企业专家，在充分调研企业生产和学校教学情况、广泛听取教师使用反馈意见的基础上，吸收和借鉴各地技工院校教学改革的成功经验，对现有全国高级技工学校电气自动化设备安装与维修专业教材进行了修订（新编）。

本次教材修订（新编）工作的重点主要体现在以下几个方面。

更新教材内容

◆ 根据企业岗位需求变化和教学实践，针对初中生源和高中生源培养高级工的教学要求，确定学生应具备的知识与能力结构，调整部分教材内容，增补开发教材，使教材的深度、难度、广度与实际需求相匹配。

◆ 根据相关专业领域的最新技术发展，推陈出新，补充新知识、新技术、新设备、新材料等方面的内容，更新设备型号及软件版本。

◆ 根据最新的国家标准、行业标准编写教材，保证教材的科学性和规范性。

◆ 在专业课教材中进一步强化一体化教学理念，将工艺知识与实践操作有机融为一体，构建“做中学”“学中做”的学习过程；在通用专业知识教材中注重课堂实验和实践活动的设计，将抽象的理论知识形象化、生动化，引导教师不断创新教学方法，实现教学改革。

优化呈现形式

◆ 创新教材的呈现形式，尽可能使用图片、实物照片和表格等形式将知识点生动地展示出来，提高学生的学习兴趣，提升教学效果。

◆ 部分教材将传统黑白印刷升级为双色印刷和彩色印刷，提升学生的阅读体验。例如，《工程识图与 AutoCAD（第二版）》采用双色印刷，《安全用电（第二版）》《机械常识（第二版）》采用四色印刷，使内容更加清晰明了，符合学生的认知习惯。

提升教学服务

为方便教师教学和学生学习，在原有教学资源基础上进一步完善，结合信息技术的发展，充分利用技工教育网这一平台，构建“1 种纸质资源（习题册）+4 种互联网资源（二维码资源、电子教案、电子课件、习题参考答案）”的教学资源体系。

习题册——除配合教材内容对现有习题册进行修订外，还为多种教材补充开发习题册，进一步满足学校教学的实际需求。

二维码资源——在部分教材中，针对重点、难点内容制作微视频，针对拓展学习内容制作电子阅读材料，使用移动设备扫描即可在线观看、阅读。

电子教案——结合教材内容编写教案，体现教学设计意图，为教师备课提供参考。

电子课件——依据教材内容制作电子课件，为教师教学提供帮助。

习题参考答案——提供教材中习题及配套习题册的参考答案，为教师指导学生练习提供方便。

电子教案、电子课件、习题参考答案均可通过技工教育网（http://jg.class.com.cn）下载使用。

致谢

本次教材的修订（新编）工作得到了辽宁、江苏、山东、河南、湖北、广东、广西等省（自治区）人力资源社会保障厅及有关学校的大力支持，在此我们表示诚挚的谢意。

人力资源社会保障部教材办公室

2022 年 5 月

目　录

第一章 电工仪表与电气测量的基本知识

作为电气工程从业者，接触最多的当然是电，但电不像一般物质那样看得见、摸得着。因此，在电能的生产、传输、变配以及使用过程中，必须通过各种电工仪表对其进行测量，并对测量结果进行分析，以保证供电、用电设备和线路可靠、安全、经济地运行。因此，学习电工仪表与电气测量对电气工程从业者而言，具有十分重要的意义。

本章介绍常用电工仪表和电气测量的基本知识，为学习电工仪表与电气测量打下基础。

§1—1 常用电工仪表知识和电气测量方法

学习目标

1. 掌握常用电工仪表的分类方法。
2. 能正确识别电工仪表的型号和常用符号。
3. 能正确理解电气测量的概念。
4. 掌握常用的电气测量方法及其适用范围。

用来测量电量及电路参数的仪器仪表统称为电工仪表。电工仪表就像人们的眼睛一样，可以密切监视电网和用户负荷的运行情况。一旦发生故障，可以通过电工仪表确定故障位置，并马上采取措施，及时加以排除。

一、常用电工仪表的分类

电工仪表的种类很多，分类方法也各异。按结构和用途的不同主要分为四类，见表1–1–1。

表 1–1–1　　常用电工仪表的分类

种类	特点	分类	典型仪表
指示仪表	能将被测量转换为仪表可动部分的机械偏转角，并通过指示器（指针）直接指示出被测量的大小，又称为指针式仪表或模拟式仪表	指示仪表按使用方法的不同可分为安装式指示仪表和便携式指示仪表。按其工作原理的不同又可分为磁电系仪表、电磁系仪表、电动系仪表和感应系仪表，此外还有整流系仪表、铁磁电动系仪表等	安装式指示仪表　便携式指示仪表
比较仪表	在测量过程中，将被测量与同类标准量进行比较，然后根据比较结果才能确定被测量的大小	比较仪表又分为直流比较仪表和交流比较仪表两大类。直流电桥和电位差计属于直流比较仪表，交流电桥属于交流比较仪表	直流电桥
数字仪表	采用数字测量技术，并以数码的形式直接显示出被测量的大小	数字仪表可分为数字式电压表、数字式电流表、数字式万用表等	数字式电压表
智能仪表	利用微处理器的控制和计算功能，可实现程控、记忆、自动校正、自诊断故障、数据处理和分析运算等	智能仪表一般分为带微处理器的智能仪器和自动测试系统两大类	数字式存储示波器

以上四种类型的仪表各有特点，扫描右侧二维码即可了解。

二、电工仪表的符号

1. 电工指示仪表的符号

以图 1–1–1 所示电工指示仪表面板为例，介绍常用电工指示仪表的符号。常用的测量单位和电工仪表符号见表 1–1–2 至表 1–1–9。

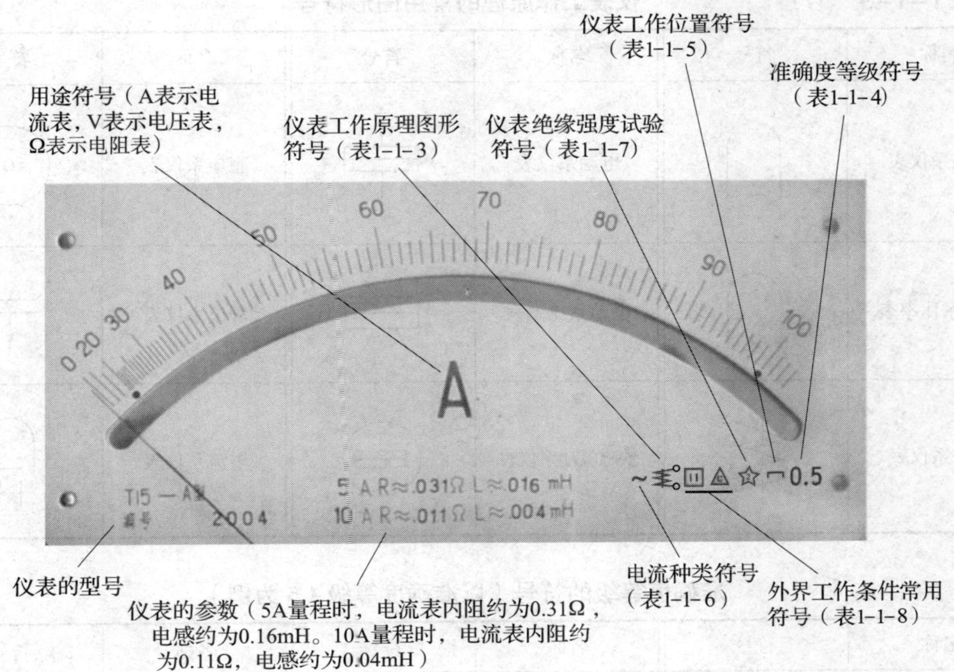

图 1-1-1　电工指示仪表的符号

表 1-1-2　　**常用的测量单位符号**

物理量	单位名称	单位符号	物理量	单位名称	单位符号	物理量	单位名称	单位符号
电流	安培	A	无功功率	兆乏	Mvar	相位	度	（°）
	毫安	mA		千乏	kvar	功率因数	无单位	—
	微安	μA		乏	var	无功功率因数	无单位	—
电压	千伏	kV	电阻	兆欧	MΩ	电容	法拉	F
	伏特	V		千欧	kΩ		毫法	mF
	毫伏	mV		欧姆	Ω		微法	μF
	微伏	μV		毫欧	mΩ		皮法	pF
功率	兆瓦	MW	频率	兆赫	MHz	电感	亨	H
	千瓦	kW		千赫	kHz		毫亨	mH
	瓦特	W		赫兹	Hz		微亨	μH

表 1–1–3　　仪表工作原理的常用图形符号

名称	符号	名称	符号	名称	符号
磁电系仪表		电动系仪表		感应系仪表	
磁电系比率表		电动系比率表		静电系仪表	
电磁系仪表		铁磁电动系仪表		整流系仪表	

表 1–1–4　　准确度等级的符号（以准确度等级 1.5 为例）

名称	符号	名称	符号	名称	符号
以标度尺量程百分数表示的准确度等级	1.5	以标度尺长度百分数表示的准确度等级	1.5	以指示值百分数表示的准确度等级	1.5

注：仪表的准确度等级有 0.1、0.2、0.5、1.0、1.5、2.5、5.0 共七级。数字越小，仪表的误差越小，准确度等级越高。

表 1–1–5　　仪表工作位置的常用符号

名称	符号	名称	符号	名称	符号
标度尺位置为垂直	⊥	标度尺位置为水平		标度尺与水平面倾斜成一角度，如 60°	60°

表 1–1–6　　电流种类的常用符号

名称	符号	名称	符号	名称	符号
直流		交流	～	直流和交流	

表 1－1－7　　仪表绝缘强度试验的常用符号

名称	符号	名称	符号
不进行绝缘强度试验	0	绝缘强度试验电压为 2 kV	2

表 1－1－8　　外界工作条件的常用符号

名称	符号	
A 组仪表（使用环境温度为 0～40 ℃，相对湿度为 85% 以内）	A	
B 组仪表（使用环境温度为 -20～50 ℃，相对湿度为 85% 以内）	B	
C 组仪表（使用环境温度为 -40～50 ℃，相对湿度为 85% 以内）	C	
Ⅰ级防外磁场（以磁电系仪表为例）		
Ⅰ级防外电场（以磁电系仪表为例）		
Ⅱ级防外磁场及外电场	Ⅱ	Ⅱ
Ⅲ级防外磁场及外电场	Ⅲ	Ⅲ
Ⅳ级防外磁场及外电场	Ⅳ	Ⅳ

表 1－1－9　　仪表端钮及调零器的符号

名称	符号	名称	符号	名称	符号	名称	符号
负端钮	—	公共端钮		与外壳相连接的端钮		调零器	
正端钮	+	接地端钮		与屏蔽相连接的端钮			

2. 电工数字仪表的符号

以图 1－1－2 所示电工数字仪表面板为例，介绍常用电工数字仪表的符号，具体见表 1－1－10。

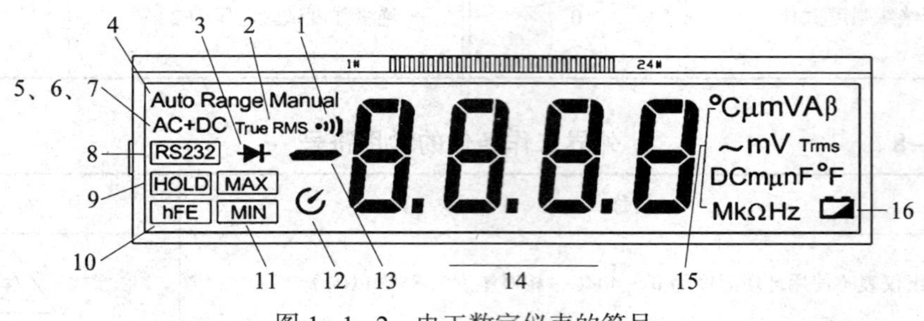

图 1－1－2　电工数字仪表的符号

表 1－1－10　　电工数字仪表常见的符号

编号	名称	符号	编号	名称	符号
1	电路通断测量提示符	•))	12	自动关机提示符	
2	真有效值提示符	True RMS	13	显示负的读数	—
3	二极管测量提示符	▶|	14	超量程提示符	OL
4	自动或手动量程提示符	Auto Range、Manual	15	电阻单位	Ω、kΩ、MΩ
5	交流测量提示符	AC		电压单位	mV、V
6	直流测量提示符	DC		电流单位	μA、mA、A
7	交流＋直流测量提示符	AC+DC		电容单位	nF、μF、mF
8	RS232 接口输出提示符	RS232		温度单位	℃、°F
9	数据保持提示符	HOLD		频率单位	Hz、kHz、MHz
10	三极管放大倍数测量提示符	hFE		三极管放大倍数测量提示符	β
11	最大、最小值提示符	MAX、MIN	16	电池欠压提示符	

三、常用电工仪表的型号

电工仪表是电工测量中最常用的仪表之一，掌握电工仪表的型号对选择电工仪表具有重要意义。电工仪表的型号是按照国家标准编制的，它反映了仪表的用途、工作原理等主要特性。

1．安装式指示仪表的型号

安装式指示仪表的型号由仪表形状第一位代号（面板形状）、仪表形状第二位代号（外壳形状）、组别号、设计序号和用途代号等组成。

如图 1－1－3 所示，42C2–A 表示设计序号为 2 的安装式磁电系电流表。其中，组别号 C 前面的数字 42 是仪表的形状代号，它表明这是一块 42 系列的方形安装式仪表，其外形尺寸为 120 mm × 120 mm，安装尺寸为 112 mm × 112 mm。

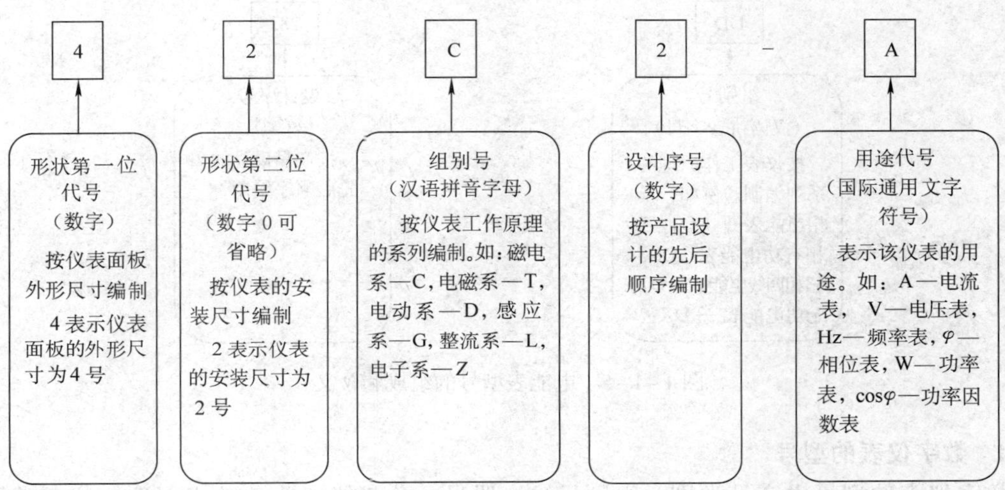

图 1－1－3　安装式指示仪表型号的组成和含义

2．便携式指示仪表的型号

由于便携式指示仪表不是固定安装在开关板上的，故不需要形状代号，其他编制规则与安装式指示仪表相同。如图 1－1－4 所示，T19–A 表示一块设计序号为 19 的便携式电磁系电流表。

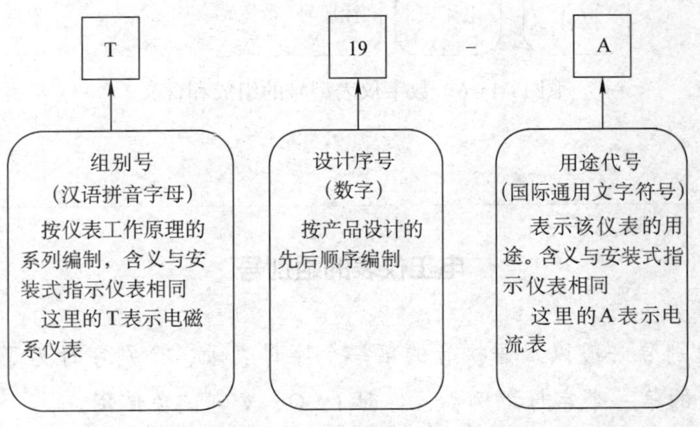

图 1－1－4　便携式指示仪表型号的组成和含义

便携式指示仪表和安装式指示仪表的型号有何区别，扫描右侧二维码即可了解。

3. 电能表的型号

电能表型号的编制规则与便携式指示仪表的编制规则相似，但含义不同。如图1-1-5所示，DD282表示一块设计序号为282的单相电能表。

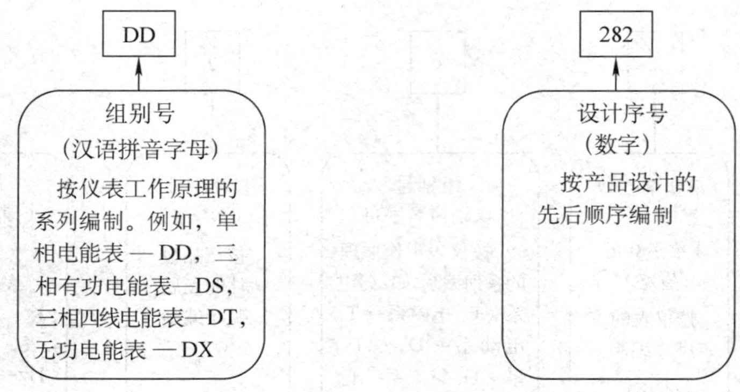

图1-1-5 电能表型号的组成和含义

4. 数字仪表的型号

数字仪表的型号由产品类别、组别号、注册号、分割线“/”和企业补充标志组成，如图1-1-6所示。安装式数字仪表的企业补充标志中，应有仪表形状第一位代号（面板形状）和仪表形状第二位代号（外壳形状）。

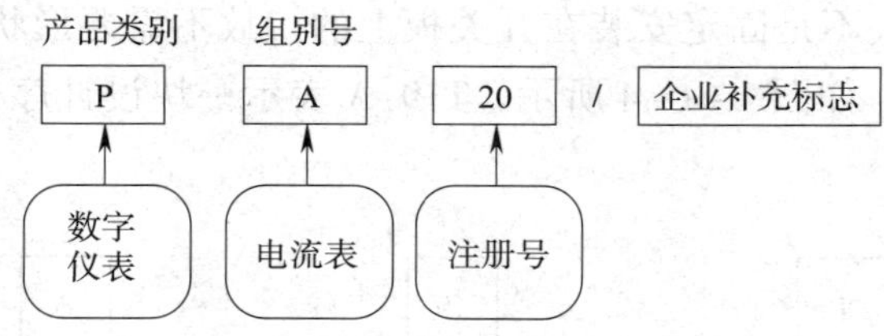

图1-1-6 数字仪表型号的组成和含义

电工仪表的组别号

电工仪表的组别号一般以汉语拼音的第一个字母表示，个别字母为了避免重复、误读，而不采用汉语拼音的第一个字母。例如，字母I、O、V宜避免使用。

四、电气测量

测量是以确定某一物理量的量值为目的的操作，在这一过程中，往往需要借助专门的仪器和设备，将被测量与标准量进行比较，从而获得用数值和单位共同表示的测量结果。测量结果的量值是由数值和计量单位共同组成的，没有计量单位的数值是没有任何意义的。如用秤测量物体的质量，用温度计测量液体的温度等。

如前所述，电气测量是将被测的电量或电参数与标准量进行比较，从而确定被测量大小的过程。常见的用电流表测量电路中的电流，用电压表测量电路负载两端的电压，用兆欧表测量电动机的绝缘电阻等都属于电气测量。

五、度量器

在测量中实际使用的标准量是测量单位的复制体，称为度量器。如标准电池、标准电阻器、标准电感器分别是电动势、电阻和电感测量单位的复制体。根据精度和用途的不同，度量器分为基准度量器和标准度量器两类。常见的标准度量器如图 1－1－7 所示。

a）标准电阻器

b）标准电感器

c）标准电容器

图 1－1－7　常见的标准度量器

基准度量器是现代科学技术所能达到的精度最高的度量器，由各国最高的计量部门保存。为保证测量仪表的准确一致，还需要建立不同等级的标准度量器，用来鉴定低一级的测量仪表。

六、常用的电气测量方法

在电气测量时，使用的测量方法不同，由此引起的测量误差大小也不相同。因此，在电气测量中，除了根据测量对象正确选择和使用电工仪表外，还要选取合理的测量方法，才能提高测量准确度。

常用的电气测量方法主要分为三种，详见表 1－1－11。

表 1－1－11　　常用的电气测量方法

分类	定义	优点	缺点	适用范围	举例
直接测量法	能用直接指示的仪表读取被测量数值，而无须度量器参与的测量方法，称为直接测量法	方法简便，读数迅速	仪表接入被测电路后，会使电路工作状态发生变化，因而这种测量方法的准确度较低	适用于准确度要求不高的场合	电流表测量电流，电压表测量电压，功率表测量功率等

续表

分类	定义	优点	缺点	适用范围	举例
间接测量法	测量时先测出与被测量有关的电量，再通过计算求得被测量数值的方法，称为间接测量法	在准确度要求不高的一些特殊场合应用十分方便	误差较大	适用于准确度要求不高的一些特殊场合	伏安法测量电阻，通过测量三极管发射极电压求得放大器静态工作点等
比较测量法	在测量过程中需要度量器的直接参与，并通过比较仪表来确定被测量数值的方法，称为比较测量法	准确度高	设备复杂，价格较高，操作麻烦	适用于准确度要求较高的场合	电桥测量电阻

如何用间接测量法测量三极管放大电路的静态工作电流，扫描右侧二维码即可了解。

根据被测量与标准量比较方式的不同，比较测量法可分为三种，扫描右侧二维码即可了解。

§1—2 电工仪表的误差和准确度

学习目标

1. 掌握仪表误差的分类及产生原因。
2. 了解误差的三种表示方法。
3. 掌握仪表准确度的概念和等级的含义。

实际中，无论使用哪一种计量工具测量都有一定的偏差。如在商场买点心，用秤来称量，称量结果与点心的实际质量会有或多或少的差距。同样，在电气测量中，无论使用哪种电工仪表，无论其质量多好，它的测量结果与被测量的实际值之间总会存在一定的差值，这个差值称为误差。准确度则是指仪表的测量结果与实际值的接近程度。仪表的准确度越高，误差越小。

一、仪表误差分类

按产生误差原因的不同，可将仪表误差分为基本误差和附加误差，见表 1-2-1。

表 1-2-1　　仪表误差分类

误差种类	定义	举例	说明
基本误差	仪表在正常工作条件下，由于其本身的结构、制造工艺等方面的不完善而产生的误差称为基本误差	仪表相对运动部分的摩擦、标度尺刻度不准、零件装配不当等原因造成的误差，都是仪表的基本误差	基本误差是仪表本身所固有的误差，一般无法消除
附加误差	仪表因为偏离了规定的工作条件而产生的误差称为附加误差	温度、频率、波形的变化超出仪表规定的使用条件，工作位置不当或存在外电场、外磁场的影响等原因造成的误差，都是仪表的附加误差	附加误差实际上是一种因外界工作条件改变而造成的额外误差，一般可以设法消除

二、误差的表示方法

误差通常用绝对误差、相对误差和引用误差来表示。它们的定义不同，各自适用的场合也不同。

1. 绝对误差 Δ

仪表的指示值 A_x 与被测量实际值 A_0 之间的差值称为绝对误差，用 Δ 表示。

$$\Delta = A_x - A_0$$

在计算 Δ 值时，可用精度很高的标准表的指示值近似代替被测量的实际值。

【例 1-2-1】 用一只标准电压表来校验甲、乙两只电压表，当标准表的指示值为 220 V 时，甲、乙两表的读数分别为 220.5 V 和 219 V，求甲、乙两表的绝对误差。

解： 代入绝对误差的定义式得

甲表的绝对误差　　$\Delta_1 = A_{x1} - A_0 = 220.5\text{ V} - 220\text{ V} = 0.5\text{ V}$

乙表的绝对误差　　$\Delta_2 = A_{x2} - A_0 = 219\text{ V} - 220\text{ V} = -1\text{ V}$

计算结果表明，绝对误差有正负之分。正误差说明仪表指示值比实际值大，负误差说明仪表指示值比实际值小。另外，甲表的指示值偏离实际值较小，只有 0.5 V；而乙表的指示值偏离实际值较大，有 1 V。显然，甲表的准确度比乙表高。

实际中，在测量同一被测量时，可以用绝对误差的绝对值 $|\Delta|$ 来比较不同仪表的准确程度，$|\Delta|$ 越小的仪表越准确。

将绝对误差的定义式变形可得

$$A_0 = A_x - \Delta = A_x + (-\Delta) = A_x + C$$

式中，$C=-\Delta$ 称为仪表的校正值。引入校正值 C 后，就可以利用上式对仪表的指示值进行校正，从而得到被测量的实际值 A_0。实际应用中，对于准确度较高的仪表，一般会给出该表的校正值，以便校正被测量的指示值，从而提高测量准确度。

2. 相对误差 γ

绝对误差 Δ 与被测量实际值 A_0 比值的百分数称为相对误差，用 γ 表示，即

$$\gamma=\frac{\Delta}{A_0}\times 100\%$$

一般情况下，实际值 A_0 难以确定，而仪表的指示值 $A_x\approx A_0$，故用以下公式计算相对误差：

$$\gamma=\frac{\Delta}{A_x}\times 100\%$$

【例 1-2-2】已知用甲表测量 200 V 电压时，Δ_1=2 V；用乙表测量 10 V 电压时，Δ_2=1 V。试比较两表的相对误差。

解：甲表相对误差为

$$\gamma_1=\frac{\Delta_1}{A_{01}}\times 100\%=\frac{2\ \text{V}}{200\ \text{V}}\times 100\%=1\%$$

乙表相对误差为

$$\gamma_2=\frac{\Delta_2}{A_{02}}\times 100\%=\frac{1\ \text{V}}{10\ \text{V}}\times 100\%=10\%$$

由上述结果可以看出，甲表的绝对误差 Δ_1 是乙表绝对误差 Δ_2 的 2 倍，但从绝对误差对测量结果的影响来看，甲表的绝对误差只占被测量的 1%，而乙表的绝对误差却占被测量的 10%，因此，甲表的相对误差小，乙表的相对误差大。显然，在测量不同大小的被测量时，不能简单地用绝对误差 Δ 来判断测量结果的准确程度。

实际测量中，常用相对误差来表示测量结果的准确程度，而且在测量不同大小的被测量时，利用相对误差可对测量结果的准确程度进行比较。

3. 引用误差 γ_m

相对误差可以表示测量结果的准确程度，却不能说明仪表本身的准确程度。由式 $\gamma=\frac{\Delta}{A_x}\times 100\%$ 可以看出：同一只仪表，在测量不同被测量时，摩擦等原因造成的绝对误差 Δ 虽然变化不大，但被测量 A_x 却可以在仪表的整个刻度范围内变化。显然，对应于不同大小的被测量，就有不同的相对误差。因此，不能用相对误差来全面衡量一只仪表的准确程度。

工程中，一般采用引用误差来反映仪表的准确程度。绝对误差 Δ 与仪表量程（最大读数）A_m 比值的百分数，称为引用误差 γ_m，即

$$\gamma_m=\frac{\Delta}{A_m}\times 100\%$$

由上式可以看出，引用误差实际上就是仪表在最大读数时的相对误差，即满刻度相对误差。因为绝对误差 Δ 基本不变，仪表量程 A_m 也不变，故引用误差 γ_m 可以用来表示一只仪表的准确程度。

三、仪表的准确度

测量值不同时，仪表的绝对误差多少会有些变化，对应的引用误差也会随之发生变化。所以，国家标准中规定以最大引用误差来表示仪表的准确度。也就是说，仪表的最大绝对

误差 Δ_m 与仪表量程 A_m 比值的百分数，称为仪表的准确度（$\pm K\%$），即

$$\pm K\%=\frac{\Delta_m}{A_m}\times 100\%$$

式中，K 表示仪表的准确度等级，它的百分数表示仪表在规定条件下的最大引用误差。显然，最大引用误差越小，仪表的基本误差越小，准确度越高。在仪表的技术参数中，仪表的准确度被用来表示仪表的基本误差。

根据国家标准规定，我国生产的电工仪表的准确度共分为 7 级，各等级的仪表在正常工作条件下使用时，其基本误差不得超过规定，具体见表 1–2–2。

表 1–2–2　　仪表的准确度等级

准确度等级	0.1	0.2	0.5	1.0	1.5	2.5	5.0
基本误差 /%	± 0.1	± 0.2	± 0.5	± 1.0	± 1.5	± 2.5	± 5.0

若已知仪表量程，则可求出不同准确度等级仪表所允许的最大绝对误差 Δ_m，即

$$\Delta_m=\frac{\pm K\times A_m}{100}$$

【例 1–2–3】用准确度等级为 5.0 级、量程为 500 V 的电压表，分别测量 50 V 和 500 V 的电压。求其相对误差。

解：先求出该表的最大绝对误差

$$\Delta_m=\frac{\pm K\times A_m}{100}=\frac{\pm 5.0\times 500}{100}\text{ V}=\pm 25\text{ V}$$

测量 50 V 电压时产生的相对误差为

$$\gamma_1=\frac{\Delta_1}{A_{01}}\times 100\%\approx\frac{\Delta_m}{A_{01}}\times 100\%=\frac{\pm 25\text{ V}}{50\text{ V}}\times 100\%=\pm 50\%$$

测量 500 V 电压时产生的相对误差为

$$\gamma_2=\frac{\Delta_2}{A_{02}}\times 100\%=\frac{\Delta_m}{A_{02}}\times 100\%=\frac{\pm 25\text{ V}}{500\text{ V}}\times 100\%=\pm 5\%$$

由以上计算结果可以看出，在一般情况下，测量结果的准确度并不等于仪表的准确度，只有当被测量大小正好等于仪表量程时，两者才会相等。在例 1–2–3 中，当被测量远小于仪表量程时，测量结果的误差高达 50%。因此，绝不能把仪表的准确度与测量结果的准确度混为一谈。

实际测量时，为保证测量结果的准确性，不仅要考虑仪表的准确度，还要选择合适的量程。例如，测量时电工指示仪表的指针应处在满刻度的后三分之一段，如图 1–2–1 所示。

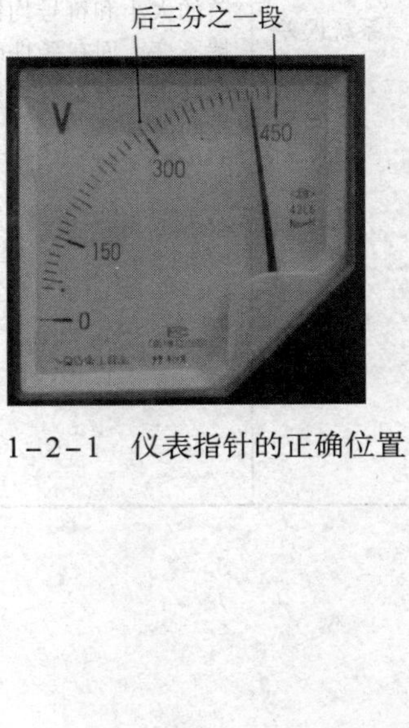

后三分之一段

图 1–2–1　仪表指针的正确位置

§1—3 测量误差及其消除方法

学习目标

1. 理解测量误差的概念。
2. 掌握产生测量误差的原因及其消除方法。

无论是电工仪表本身的误差和所用测量方法不完善引起的误差，还是其他因素（如外界环境变化、操作者观测经验不足等）引起的误差，最终都会在测量结果上反映出来，即造成测量结果与被测量实际值之间存在差异，这种差异称为测量误差。可见，测量误差是由多种原因共同造成的。

根据产生原因的不同，测量误差可分为系统误差、偶然误差和疏失误差三大类。它们的定义、产生原因及消除方法见表 1－3－1。

表 1－3－1　　三类测量误差的定义、产生原因及消除方法

种类	定义	产生原因	消除方法
系统误差	指在相同条件下多次测量同一量时，误差的大小和符号均保持不变，而在条件改变时遵从一定规律变化的误差	测量仪表引起的误差：包括测量仪表本身不完善而造成的基本误差，以及由于仪表工作条件改变而造成的附加误差	重新配置合适的仪表或对测量仪表进行校正，尽量满足仪表要求的工作条件 采用替代法：用已知量代替被测量，并使仪表的工作状态保持不变，由已知量的数值便可求得被测量（两者相等）。这样，仪表本身的不完善就不会对测量结果产生作用，从而消除了系统误差 已知仪表校正曲线的情况下可引入校正值：将相应的校正值引入测量结果中，从而消除系统误差
		测量方法引起的误差：由于所用的测量方法不完善而引起的误差。例如，利用间接法时采用了近似公式，且未考虑仪表内阻对测量结果的影响等	采用合适的测量方法
		受外磁场的影响	采用正负误差补偿法：对同一量进行两次测量，使测量结果中的系统误差一次为正，一次为负，取其结果的平均值后，就能消除这种系统误差。例如，为消除外磁场对电流表读数的影响，可将电流表放置的位置调换 180° 后再测量一次，则在两种位置下测得结果的系统误差必然是一正一负，取其平均值后，就能消除由于外磁场影响而导致的系统误差

续表

种类	定义	产生原因	消除方法
系统误差	指在相同条件下多次测量同一量时，误差的大小和符号均保持不变，而在条件改变时遵从一定规律变化的误差	受外磁场的影响	采用替代法：用已知量代替被测量，并使仪表的工作状态保持不变，由已知量的数值便可求得被测量（两者相等）。这样，外界因素的影响就不会对测量结果产生作用，从而消除了系统误差
偶然误差	一种大小和符号都不固定的误差，又称为随机误差	主要由外界环境的偶发性变化引起。例如，外电场、磁场的突变，温度、湿度的突变，电源电压、频率的突变等，使得在重复测量同一量时，其结果不完全相同，从而产生偶然误差	实际中，一次测量结果的偶然误差没有规律，但多次测量中的偶然误差是符合统计学规律的。这种规律之一是随着测量次数的增多，绝对值相等、符号相反的偶然误差出现的次数基本相等。因此，通常采用增加重复测量次数，取算术平均值的方法来消除偶然误差对测量结果的影响。实践证明，测量次数越多，其算术平均值就越接近于实际值
疏失误差	一种严重歪曲测量结果的误差	主要由操作者的粗心和疏忽造成，如测量中读数错误、记录错误、算错数据以及读数误差过大等	对含有疏失误差的测量结果应抛弃不用。消除疏失误差的根本方法是加强操作者的工作责任心，倡导认真负责的工作态度，同时要提高操作者的素质和技能水平

§1—4　测量结果的分析处理

学习目标

1. 能建立有效数字的概念。
2. 熟悉测量结果的分析处理方法。

测量结束后，必须对测量的数据进行分析处理，以获得最准确的测量结果。数据处理是测量工作的最后环节，也是最重要的一项工作，主要包括数据整理、计算和分析等工作环节，有时还需要把数据制成表格或图形，最终归纳出经验公式。

一、有效数字

有效数字是指能够正确反映测量准确度的数字，具体是指从数据的左起第一个非零数字开始，到最右边的欠准确数字。

1. 有效数字的表示

有效数字一般由两部分组成，通过直读获得的准确数字称为可靠数字，而最后一位数字通常是在测量中估计读出的，或是按规定取舍后得到的不可靠数字，称为欠准确数字。所有测量数据都必须用有效数字表示，如用一块量程为 100 V 的电压表（每小格为 1 V）测量电压时，指针指在 81 V 和 82 V 之间，可读取为 81.5 V，其中数字“81”是准确可靠的，称为可靠数字，而最后一位“5”是估计读出的，称为欠准确数字，两者结合起来称为有效数字。对于读数“81.5”，有效数字是三位。

有效数字的表示要注意以下三点：

（1）记录测量数据时，每个数据只能有一位数字（最末一位）是估计读数，其他数字都必须是准确读出的。

（2）数字“0”在数据中可以是有效数字，也可以不是有效数字，这主要根据它是否能表示数据的准确程度来判断。一般而言，数据左起第一位非零数字左边的“0”都不是有效数字，而右边的“0”都是有效数字。这是因为第一位非零数字左边的“0”可以通过单位变换去掉，它不表示数据的准确程度，只反映所用单位的大小，而第一位非零数字右边的“0”，特别是最末一位的“0”表示了数据的大小和准确程度，不能随意去掉，因此是有效数字。例如 0.05310MHz，它有“5”“3”“1”“0”四位有效数字，而在“5”左边的两个“0”都不是有效数字。因为若把单位换为 kHz，则数据变为 53.10 kHz，左边的两个“0”被去掉，但不能把最末一位的“0”去掉，它表示该数据精确到百分之一。

（3）为了明显地表示有效数字的位数，通常用有效数字乘 10 的幂次的形式表示数据。并且规定，10 的幂次前面的数字都是有效数字。例如 8.20×10^4V，表示它只有三位有效数字。

2. 有效数字的取舍规则

在对测量数据进行运算之前，必须先对数据的有效数字进行取舍处理。如果有效数字的位数 n 已经确定，则多余的位数应一律舍去。取舍规则如下：

（1）若第 n 位数字后面的数字大于 5，则第 n 位数字加 1，第 n 位数字后面的数全部舍去。例如，要求把 0.16 保留到小数点后一位数，则结果应为 0.2。

（2）若第 n 位数字后面的数字小于 5，则第 n 位数字不变，第 n 位数字后面的数全部舍去。例如，要求把 0.63 保留到小数点后一位数，则结果应为 0.6。

（3）若第 n 位数字后面的数字等于 5，应视第 n 位数字而定；若第 n 位数字为偶数，则舍去不进，即末位数字不变；若第 n 位数字为奇数，则舍“5”进 1，即末位数字加 1。例如，把 0.250 和 0.350 保留到小数点后一位数，结果分别为 0.2 和 0.4。

上述取舍规则可简单概括为四舍六入五配偶。

【例 1-4-1】对以下数据进行取舍处理，要求小数点后只保留 2 位数字。

1.985　　3.8546　　1.995　　4.5452　　16.3720　　32.4550

解：因为题目要求小数点后只保留 2 位数字，所以按照四舍六入五配偶的原则进行取舍。

1.985 → 1.98（“8”为偶数，“5”应舍去不进）

3.8546 → 3.85（“4”“6”应舍去）

1.995 → 2.00（“9”为奇数，应舍“5”进 1）

4.5452 → 4.54（“4”为偶数，“5”“2”应舍去不进）

16.3720 → 16.37（“2”“0”应舍去）

32.4550 → 32.46（“5”为奇数，应舍“5”进 1）

如果拟舍去的部分并非单独的一个数字，则不得对该部分数字进行连续取舍，要根据拟舍去的数字中最左边的数字大小，按上述取舍规则进行取舍。

【例 1-4-2】对 25.4546 进行取舍处理，要求保留整数。

不正确的做法：25.4546 → 25.455 → 25.46 → 25.5 → 26

正确的做法：25.4546 → 25

3. 有效数字的运算规则

处理数据时，常常需要运算一些准确度不同的数值。按照一定的规则进行计算，既可以提高计算速度，也不会影响计算结果的准确度，常用运算规则如下：

（1）加减运算

首先对各个数据的有效数字进行取舍，使各数据比小数点后位数最少的那项数据多保留一位小数，然后再进行加减运算，最后对运算结果的有效数字进行取舍，使其小数点后的位数与原各项数据中小数点后位数最少的项相同。

【例 1-4-3】计算 24.05+0.032+4.7051

解：先对各项数据的有效数字进行取舍。原式中，数据 24.05 的小数点后有两位数字，故其他数据的小数点后应保留三位数字。即 0.032 不变，4.7051 取舍为 4.705。然后进行运算：

原式 =24.05+0.032+4.705=28.787

最后将结果 28.787 取舍为 28.79。

（2）乘除运算

乘除运算与加减运算的步骤类似，首先要对各项数据的有效数字进行取舍，使各项数据比小数点后位数最少的那项数据多保留一位小数，然后进行乘除运算，最后对运算结果的有效数字进行取舍，使其小数点后的位数与原各项数据中小数点后位数最少的项相同。

【例 1-4-4】计算 1.05782 × 14.21 × 4.52

解：原式中，数据 14.21 和 4.52 小数点后的位数最少，故将 1.05782 取舍为 1.058，14.21 和 4.52 不变。

原式 =1.058 × 14.21 × 4.52=67.9544936

对结果进行取舍，即 67.9544936 取舍为 67.95。

二、测量数据的表示方法与分析处理

数据处理就是对测量获得的一系列数据进行深入分析，以便得到各被测量之间的关系，有时还需要运用数学分析的方法，推导出各被测量之间的函数关系。通过数据处理可以确定并表示出输入量与输出量之间的关系，从而揭示事物的本质及事物之间的内在联系。

1. 测量数据的表示方法

常见的测量数据的表示方法有表格法、图示法和经验公式法。

（1）表格法

在自然科学实验和工程技术中，经常需要把一系列测量数据制成表格，再进行其他处理，表格法简单方便，但不适宜进行深入分析。因为表格不能给出所有数据的函数关系，而且从表格中不易看出自变量变化时因变量的变化规律，只能估计函数是递增还是递减、变化是否具有周期性。制成表格是为了记录测量结果并方便以后的计算，同时它也是图示法和经验公式法的基础。

（2）图示法

图示法就是把测量结果中相关量的关系用图形的方式表示出来。它最大的优点是形象、直观，从图形中可以很直观地看出函数的变化规律，如递增或递减、最大值和最小值及是否有周期性变化规律等。但图形只能表示函数的变化关系和变化趋势，不能进行数学分析。

作图时通常采用直角坐标系，具体方法一般是先根据测量数据描点，再连成曲线。注意连成的曲线要光滑匀整，不强求曲线通过各点，但应尽量与各点接近，并使位于曲线两侧的点数尽量相等。曲线能否反映出函数关系，很大程度上取决于坐标的分度是否适当，但坐标的分度没有明确规定，要具体问题具体分析。

（3）经验公式法

在科学实验和工程技术中，经常用与曲线对应的公式来表示数据之间的关系，并把与曲线对应的公式称为经验公式。

经验公式不仅简明扼要，还可以对其进行必要的数学运算，以研究各个变量之间的关系。经验公式法是科学实验中最常使用的一种方法，有时经验公式又称为数学模型。

2. 测量数据的分析处理

若测量过程中影响测量误差的各种因素不变，在相同的环境条件下，由同一测量人员、在同一台仪器上、采用同样的测量方法、对同一被测量作次数相同的测量，这种测量称为等精密度测量。通过等精密度测量得到的一组数据中，可能同时包含系统误差、偶然误差和疏失误差，为得到合理的测量结果，必须对测量数据进行分析处理。下面介绍假设系统误差已经消除的情况下，等精密度测量数据的处理方法。

（1）准备测量数据

根据实际情况，将测量数据正确地表示出来，如用表格法将数据按测量先后顺序列于表中。

（2）求出算术平均值

根据统计学知识，同一被测量的多次测量结果的算术平均值最为可靠，且测量次数越多，测量结果越准确。设每次测量结果为 x_i，$i=1$，2，3…n，n 为测量次数，则测量结果的算术平均值为

$$\overline{x}=\frac{\sum x_i}{n}$$

（3）计算绝对误差

将每次测量结果与测量结果的算术平均值作差即可得到每次测量的绝对误差，即

$$\varDelta_i = x_i - \overline{x}$$

（4）计算均方根误差

通过对每组数据的绝对误差进行分析，可消除或减小系统误差，每组数据误差按均方根误差计算最为合理，均方根误差为

$$\delta=\sqrt{\frac{\sum \varDelta_i^2}{n}}$$

（5）判断是否存在疏失误差

将各绝对误差的绝对值与均方根误差进行比较，剔除大于或等于3倍均方根误差的测量值（这些项可视为存在疏失误差），再重新计算算术平均值和均方根误差，直到不存在疏失误差（即所有绝对误差的绝对值都小于 3δ）为止。

（6）给出测量结果的报告值

测量结果的报告值由测量结果和测量误差两部分组成，其表达式为

$$x=\overline{x}\pm\delta=\frac{\sum x_i}{n}\pm\sqrt{\frac{\sum \varDelta_i^2}{n}}$$

式中第一项表示测量结果，第二项表示测量误差。

为避免累加误差，在计算过程中可多保留一位小数。但最后的测量结果应按照有效数字的规定处理，即只有最后一位是欠准确数字。

【例1-4-5】对某电路电压进行10次等精密度测量，具体数值如下：210.4，209.8，209.7，209.6，210.3，210.0，209.9，210.2，209.9，210.1（电压单位为V），要求对测量数据进行处理。

解：

（1）由测量值 U_i 求算术平均值 $\overline{U}$，将计算结果填入表1-4-1中。

（2）计算每次测量的绝对误差 $\varDelta_i$，将计算结果填入表1-4-1中。

（3）计算均方根误差 δ，将计算结果填入表1-4-1中。

（4）判断是否存在疏失误差。表中绝对误差的绝对值都小于 3δ，表明测量数据均为合格数据，无疏失误差。

（5）测量结果的报告值为

$$U=\overline{U}\pm\delta=210.0\ \text{V}\pm0.2\ \text{V}$$

表 1-4-1　　测量数据的记录与处理　　V

n	U_i	Δ_i	n	U_i	Δ_i
1	210.4	0.4	6	210.0	0
2	209.8	–0.2	7	209.9	–0.1
3	209.7	–0.3	8	210.2	0.2
4	209.6	–0.4	9	209.9	–0.1
5	210.3	0.3	10	210.1	0.1
算术平均值 $\overline{U}$=210.0 V，均方根误差 δ=0.2 V					

§1—5　电工指示仪表的组成和技术要求

学习目标

1. 掌握电工指示仪表的组成及其作用。
2. 熟悉电工指示仪表的主要技术要求。

电工指示仪表的种类繁多，按照其工作原理可分为磁电系仪表、电磁系仪表、电动系仪表和感应系仪表四大类。虽然它们的工作原理各不相同，但是它们的任务却是相同的，都是要把被测电量转换为仪表可动部分的机械偏转角，然后用指针偏转角的大小来反映被测电量的数值。因此，它们在结构上就存在着相同的组成部分。

一、电工指示仪表的组成及其作用

为了实现被测电量到仪表可动部分机械偏转角的转换，电工指示仪表都是由测量线路和测量机构两大部分组成的，如图 1-5-1 所示。

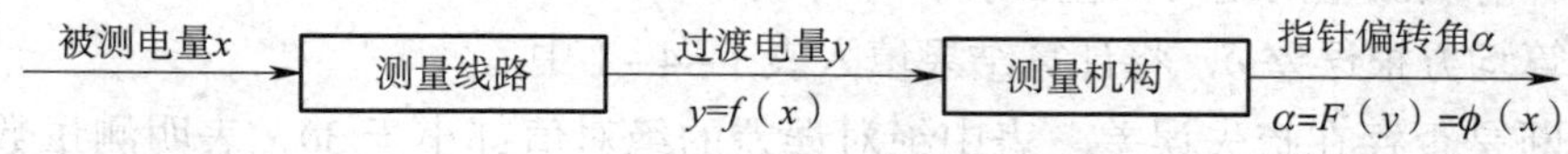

图 1-5-1　电工指示仪表的组成

1. 测量线路

测量线路通常由电阻、电容、电感、二极管等电子元器件组成。应注意，不同仪表的测量线路是不同的，如电流表中采用分流电阻，电压表中采用分压电阻等。其作用是把各种不同的被测电量按一定比例转换为测量机构所能接受的过渡电量。

为使仪表指针的偏转角能够正确反映被测电量的数值，要求偏转角一定要与被测电量（过渡电量）保持一定的函数关系。

2. 测量机构

尽管各种类型电工指示仪表的测量机构在结构及工作原理上各不相同，但是它们都是由固定部分和可动部分组成的，而且都能在被测电量的作用下产生转动力矩，驱动可动部分偏转，从而带动指针指示出被测电量的大小。测量机构是整个指示仪表的核心，其作用是把过渡电量转换成仪表可动部分的机械偏转角。

电工指示仪表的测量机构必须包括以下五个主要装置：

（1）转动力矩装置

要使电工指示仪表的指针偏转，测量机构必须有产生转动力矩 M 的装置，该装置由固定部分和可动部分组成。不同系列的指示仪表产生转动力矩的结构原理不同。例如，磁电系仪表的转动力矩是利用通电线圈在磁场中受到电磁力的作用而产生的。转动力矩 M 的大小与被测电量 x 及指针偏转角 α 成某种函数关系。

（2）反作用力矩装置

如果测量机构中只有转动力矩 M，则不论被测电量有多大，可动部分都将在其作用下偏转到尽头。为此，要求在可动部分偏转时，测量机构中能够产生随偏转角增大而增大的反作用力矩 M_f，使得当 $M=M_f$ 时，可动部分平衡，从而稳定在一定的偏转角 α 上。

反作用力矩 M_f 一般由游丝产生。其方向总是与转动力矩的方向相反，大小在游丝的弹性范围内与指针偏转角 α 成正比。如图 1-5-2 所示为用游丝产生反作用力矩的装置。当可动部分带动指针偏转时，游丝被扭紧，产生的反作用力矩 M_f 随之增大，方向与转动力矩 M 的方向相反。在游丝的弹性范围内，反作用力矩 M_f 与偏转角 α 成线性关系。

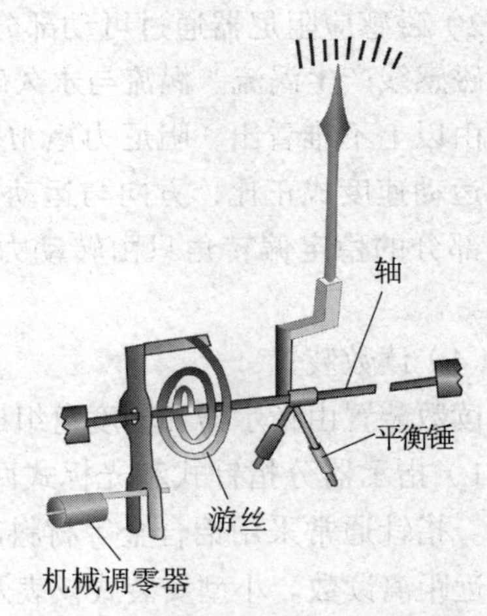

图 1-5-2　用游丝产生反作用力矩的装置

知识链接

在电工指示仪表中，除利用游丝产生反作用力矩外，还可以利用电磁力来产生反作用力矩。

（3）阻尼力矩装置

由于电工指示仪表的可动部分都具有一定的惯性，因此，当 $M=M_f$ 时，可动部分（指针）不可能马上停止下来，而是在平衡位置附近来回摆动，因而不能快速地读取测量结果。为了缩短可动部分摆动的时间以尽快读数，仪表中还必须有产生阻尼力矩的装置。电工指示仪表中常用的阻尼力矩装置有空气阻尼器和磁感应阻尼器两种，如图 1－5－3 所示。

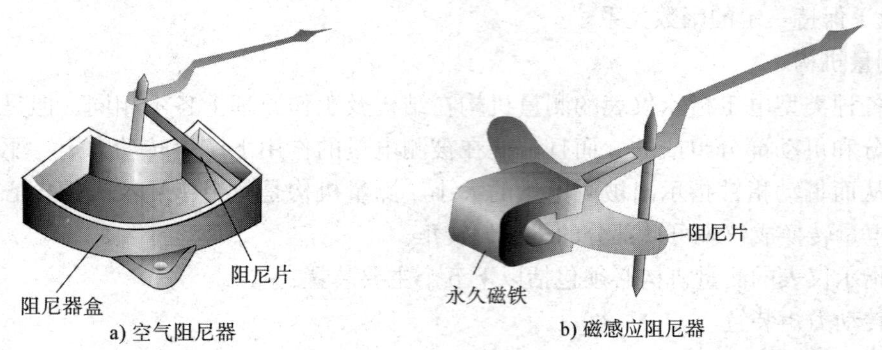

图 1－5－3　阻尼力矩装置

1）空气阻尼器是利用可动部分的运动带动阻尼片运动，而阻尼片在密封的阻尼器盒中运动时，必然要受到空气的阻力，从而产生阻尼力矩 M_z。显然，仪表可动部分运动的速度越快，阻尼力矩越大。

2）磁感应阻尼器通过可动部分的运动带动金属阻尼片在永久磁铁的磁场内运动，从而切割磁感线产生涡流。涡流与永久磁铁的磁场相互作用，产生了阻尼力矩 M_z。

由以上不难看出，阻尼力矩 M_z 只在仪表可动部分运动时才能产生。M_z 的大小与可动部分的运动速度成正比，方向与运动方向相反。当可动部分在平衡位置静止时，$M_z=0$。因此，可动部分的稳定偏转角只由转动力矩和反作用力矩的平衡关系 $M=M_f$ 决定，而与阻尼力矩无关。

（4）读数装置

读数装置由指示器和刻度盘组成。

1）指示器分指针式和光标式两种，指针式又分为矛形和刀形两种，如图 1－5－4a 和 b 所示。指针通常采用铝合金等材料制成，轻而坚固。大、中型安装式仪表多采用矛形指针，以便远距离读数。小型安装式仪表及便携式仪表多采用刀形指针，以利于精确读数。

光标式指示器如图 1－5－4c 所示，由灯泡射出的光线经过聚光装置照射到固定在可动部分转轴上的反射镜上，经反射投影在标度尺上，就能通过光标指示出被测量的数值。光标式指示器可以完全消除视觉误差，一般用于一些高灵敏度和高准确度的仪表。

2）刻度盘俗称表盘，它是一个画有标度尺和仪表符号的平面，如图 1－5－5 所示。为了消除视觉误差，有些便携式精密仪表在标度尺下面安装有一块反射镜，当看到指针与其在镜中的影像重合时才能读数。

（5）支撑装置

测量机构中的可动部分要随被测电量大小的改变而偏转就必须有支撑装置，常见的支撑方式有以下两种：

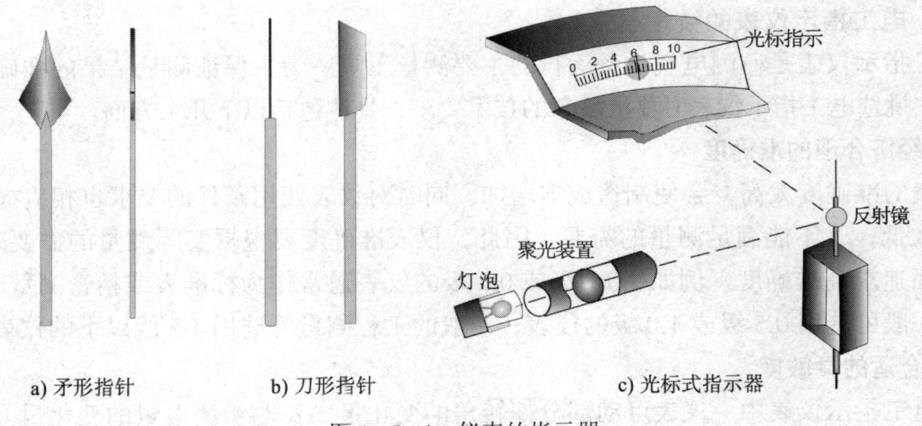

图 1-5-4　仪表的指示器

图 1-5-5　安装反射镜的刻度盘

1）轴尖轴承支撑方式。如图 1-5-6a 所示，仪表可动部分（如线圈）装在转轴上，转轴两端是轴尖，轴尖支撑在轴承内。这种支撑方式的优点是坚固耐用，缺点是由于轴承和轴尖之间的摩擦，仪表的灵敏度会受到一定的影响。

2）张丝弹片支撑方式。如图 1-5-6b 所示，其中弹片对张丝起减振及保护作用。在这种支撑方式中，由于用张丝和弹片代替了轴尖和轴承，基本消除了摩擦引起的误差，同时提高了检测灵敏度。目前，许多检流计都采用了这种支撑方式。

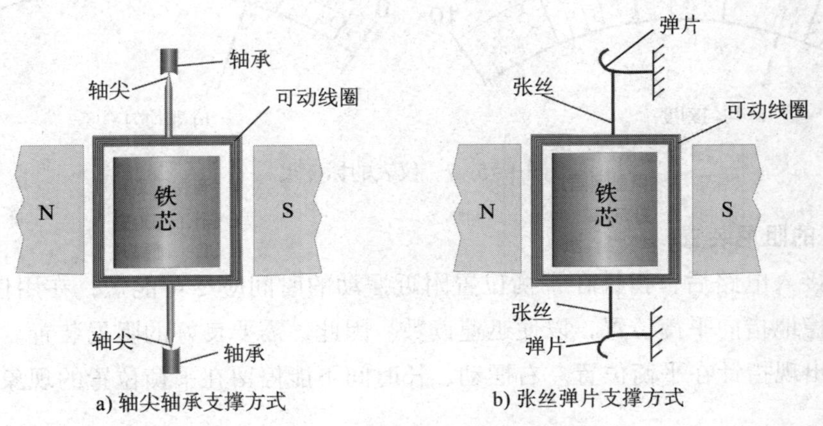

图 1-5-6　仪表的支撑方式

二、电工指示仪表的技术要求

电工指示仪表是监测电气设备运行的主要测量工具。为了保证测量结果的准确性和可靠性，在挑选电工指示仪表时要注重它的技术要求，具体包括以下几个方面。

1. 经济合理的准确度

仪表的准确度太高，会使制造成本增加，同时对仪表使用条件的要求也相应提高；而准确度太低，又不能满足测量的需要。因此，仪表准确度要根据实际测量的需要来选择，切忌片面追求高准确度。例如，0.1 级或 0.2 级的仪表通常作为标准表或精密测量时使用；实验室一般可选用 0.5 级或 1.0 级的仪表；一般的工程测量可选用 1.5 级以下的仪表。

2. 合适的灵敏度

在电工指示仪表中，仪表可动部分偏转角的变化量 $\Delta\alpha$ 与被测电量的变化量 Δx 的比值称为仪表的灵敏度，用 S 表示，即 $S=\dfrac{\Delta\alpha}{\Delta x}$。

对于标度尺刻度均匀的仪表，其灵敏度是一个常数，它的数值等于单位被测电量所引起的偏转角，即 $S=\dfrac{\alpha}{x}$。

灵敏度的倒数称为仪表常数，用 C 表示，即 $C=\dfrac{1}{S}$。

灵敏度描述了仪表对被测电量的反应能力，是电工指示仪表的一个重要指标。在实际测量中，要根据被测电量的要求选择合适的灵敏度。灵敏度太高，仪表的制造成本就高，要求的使用条件也高；灵敏度太低，仪表不能反映被测电量的微小变化。因此，选择仪表灵敏度应以满足测量需要为宜。

3. 良好的读数装置

良好的读数装置是指仪表的标度尺刻度应尽量均匀，以便于读数。对刻度不均匀的标度尺，应标明读数的起点，并用符号“.”表示，如图 1－5－7 所示。

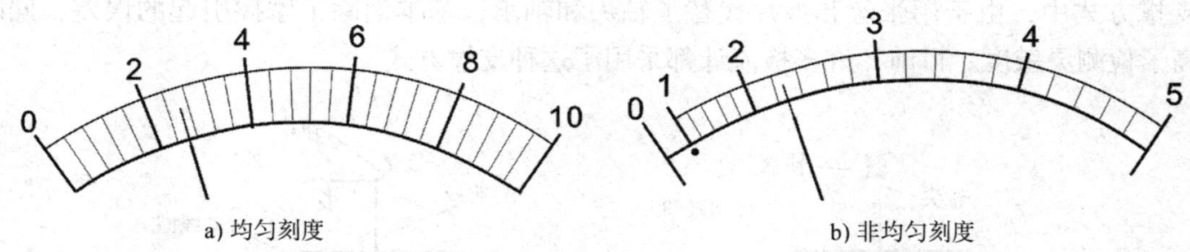

a) 均匀刻度　　b) 非均匀刻度

图 1－5－7　仪表的标度尺

4. 良好的阻尼装置

当仪表接入电路后，指针在平衡位置附近摆动的时间应尽可能短；在用仪表测量时，指针应能平稳地指向平衡位置，以便迅速读数。因此，需要良好的阻尼装置。若阻尼装置失效，则会出现指针在平衡位置左右摆动、长时间不能停留在平衡位置的现象，从而延长读数的时间。

5. 仪表本身消耗功率小

在测量过程中，仪表本身必然会消耗一定的功率，但应要求消耗的功率尽量小。如果仪表本身消耗功率太大，轻则会改变被测电路原有的工作状态，产生较大的测量误差，重则可能造成仪表损坏。

6. 足够的绝缘强度

仪表有足够的绝缘强度，可以保证使用者和仪表的安全。使用中，严禁测量电路的电压超过仪表的绝缘强度试验电压，否则将引起危害人身和设备安全的事故。

7. 足够的过载能力

在实际使用中，由于某些原因（如被测量的突然变化、仪表使用者操作错误等）使仪表过载的现象时有发生，因此要求仪表具有足够的过载能力，以延长仪表的使用寿命。否则仪表一旦过载，轻则指针被打弯，重则可能损坏仪表。电工仪表对过载能力的要求，可查看有关标准中的规定。

8. 仪表的变差小

仪表在反复测量同一被测量时，由于摩擦等原因造成的两次读数不同，它们的差值称为“变差”。一般要求仪表的“变差”不应超过其基本误差的绝对值。

在挑选仪表时，要根据使用和测量的要求，针对以上几个技术要求，全面而又有所侧重地进行选择。例如，在实验中，要尽量选择准确度较高的仪表，以确保实验结果的准确；而在工厂进行一般的机床维修时，就可以选择准确度稍低的仪表来使用。在测量较高电压的场合，要特别注意仪表的绝缘强度是否满足要求；而在电压波动大或负载变化大的场合，要注意仪表的过载能力是否能够满足要求等。

§1—6　电工数字仪表的组成和技术要求

学习目标

1. 掌握电工数字仪表的组成及其作用。
2. 熟悉电工数字仪表的主要技术要求。

通过前面的学习已经知道，测量机构是电工指示仪表的核心，而数字式电压基本表就是以数字式万用表为代表的众多数字仪表的核心。同样道理，只要在数字式电压基本表的基础上增加不同的测量线路，就能组成各种不同用途的数字仪表。如数字式电流表、数字式欧姆表以及数字式万用表等。

一、电工数字仪表的组成

为了实现被测电量到仪表数字显示的转换，电工数字仪表都是由测量线路、A/D 转换器和数字显示电路三大部分组成的，如图 1－6－1 所示。

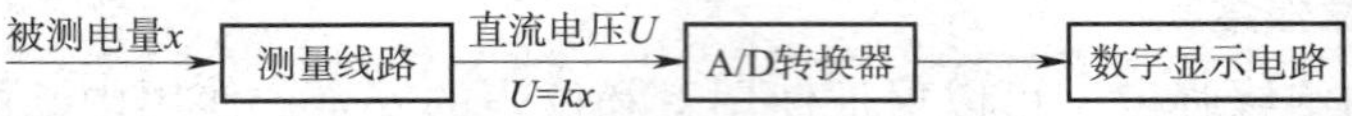

被测电量 x → 测量线路 → 直流电压 U ($U=kx$) → A/D转换器 → 数字显示电路

图 1－6－1　电工数字仪表的组成

1. 测量线路

测量线路的任务是将被测模拟量转换为便于进行模 / 数转换的另一种模拟量（即中间量），由于现在实际使用的 A/D 转换器所用的过渡电量都是直流电压，所以现在的测量线路总是把被测电量转换为直流电压。

在指示仪表中，测量线路转换出来的过渡电量只要能与被测电量 x 保持一定的函数关系，即 $y=F(x)$ 即可。即使 $y=F(x)$ 不是线性函数，也可以通过非线性的标尺来解决。而数字仪表则不然，因为从过渡电量开始，经 A/D 转换器，到数字显示器都是线性关系，因此要求在测量线路中，过渡电量必须与被测电量保持线性关系，即 $U=kx$，式中 k 为常数。

2. A/D 转换器

A/D 转换器的任务是把过渡电量（模拟量）转换为数字量。模拟量是连续的量，其数值连续可变，且随时间连续变化，大部分物理量都是模拟量。数字量则是不连续的量，只能一个单位一个单位地增加或减少，而且在时间上也不连续，例如开关通断、脉冲个数等。

所以，在电工数字仪表中，A/D 转换器就是把连续变化的直流电压转换为高电平或低电平的间断脉冲所组成的二进制数码。如果被测电量本身就已经是一种数字量，例如频率（交流电压每秒变化的次数），就无须经过 A/D 转换这个环节了。

A/D 转换器种类繁多，型号各异，而 CC7106 型是目前应用较广的一种 $3\frac{1}{2}$ 位 A/D 转换器，许多数字式电压表都采用这种芯片来完成模 / 数转换。

3. 数字显示电路

数字显示电路的任务是把转换后的数字量用数码形式显示出来。

显示器可以是数码管、指示灯或其他显示器件。常用的数码管可以直接显示并行的二进制数码。如果是串行的电脉冲信号，则可用计数器转换为数码。

电工数字仪表所用的显示器一般为发光二极管（LED）显示器和液晶（LCD）显示器。

原则上，所有电工仪表都可以做成数字仪表。数字仪表以数字形式显示，没有机械转动部分，因此可以避免摩擦、读数等引起的误差。而且对于生产过程采用计算机控制的系统，采用数字仪表便于与计算机配合。

二、电工数字仪表的技术要求

电压和频率是数字测量中的两个基本量，其他被测电量往往都转换成电压或频率进行测量，所以电工数字仪表的技术性能实际上反映数字测量的水平。

1. 显示位数

电工数字仪表的显示位数通常用一个整数和一个分数表示，例如$3\frac{1}{2}$位、$3\frac{3}{4}$位、$4\frac{1}{2}$位、$4\frac{3}{4}$位等，其中整数部分表示能显示0～9全部数字的位数有几位，分数部分用于表示最高位的显示性能，分子表示最高位数字可能显示的最大数值，分母表示满程时应该显示的数值。例如$3\frac{1}{2}$位，其整数为3，所以个位、十位和百位都可以显示0～9的任意值。分数为$\frac{1}{2}$，分子为1，表示千位最大只能显示到1。分母为2，表示满量程时千位为2，但因为分子为1，所以最大显示值只能为1 999，尽管满量程值为2 000，但到2 000时千位无法显示，仍为1并闪烁，其余各位消隐不显示，以此表示满量程或超过满量程的溢出状态。可见，分数分母只能比分子大1，例如$\frac{1}{2}$、$\frac{2}{3}$、$\frac{3}{4}$，若分子为3，则满量程最高位不能超过4，超过则为溢出。现在电工数字仪表显示位数最少为4位，最多可达10位。

2. 灵敏度

电工数字仪表可以通过电子放大器对被测电压进行放大，所以电工数字仪表的灵敏度也能够做得比较高。电工数字仪表没有刻度盘，所以它的灵敏度不用S表示，而用分辨力或分辨率表示。分辨力是指最低量程时末位1个字所对应的电压，分辨率是指能测出的电压最小变化量与最大数字之比的百分数。例如$3\frac{1}{2}$位电工数字仪表，如果最低量程时末位为1代表1 μV，则其分辨力为1 μV，或者说灵敏度为1 μV。测出的电压最小变化量为1，最大数字为1 999，则分辨率为$\frac{1}{1\,999}\approx 0.05\%$。现在的电工数字仪表分辨力可达1 nV，常用分辨率为$\frac{1}{1\,999}$～$\frac{1}{99\,999\,999}$。

3. 量程范围

量程范围指电压表测量电压时，从0到满量程的显示值，例如0～1 999 V。若有正负号，则表示从0到正负满量程的显示值，例如0～ ±1 999 V。如果有量程转换开关，则开关置不同挡位时，会有不同的量程范围，其中最小的量程范围具有最大的分辨力。当然，量程范围越大越好，但在位数不变的条件下，量程范围越大，分辨力就越低。另外，为安全起见，一般量程上限也不允许太高，都在千伏以下。有的电工数字仪表量程可达几千伏，但那是专门供测量电视机或其他具有高内阻的高压电源时使用的，不能用来测量一般的低内阻高压电源。若要测量低内阻高压电源，需要通过互感器隔离，不宜直接使用该电工数字仪表，否则将危及性命。

电工数字仪表的位数和量程范围与 A/D 转换器有何关系，扫描右侧二维码即可了解。

4. 准确度

电工数字仪表的测量结果用数字显示，不存在视觉误差，而且仪表内部没有可动部件，不存在机械摩擦、变形等问题，所以它的准确度主要取决于 A/D 转换器和其他电子元器件的质量，控制电子元器件的质量比控制机械元件容易，所以数字仪表比较容易制成高准确度仪表。一般机械类指示仪表准确度达 0.1%（0.1 级）已很不容易，而数字仪表可以达到 0.05%，有些数字仪表还可以达到 0.01%。要注意电工数字仪表的分辨率不等于准确度，分辨率为$\frac{1}{1\,999}\approx 0.05\%$ 的电压表，并不代表它的准确率为 0.05%。

5. 输入阻抗

电压表要求有较高的输入阻抗。因为电压表要与被测电路并联，如果输入阻抗太小，并联后会从被测电路吸取功率，改变被测电压值。

例如，图 1-6-2 所示被测电压源的内阻为 R_s，电压表输入阻抗为 R_i，电压源的电压为 U_x，可求得电压表测出的值为 $U'_x=\frac{R_i}{R_s+R_i}U_x$，测量的相对误差（考虑到 $R_i>>R_s$）$\gamma=\frac{U'_x-U_x}{U_x}=-\frac{R_s}{R_s+R_i}\approx-\frac{R_s}{R_i}$，可见输入阻抗 R_i 越大，测量的相对误差越小。电工数字仪表的输入电路，可以采用场效应晶体管提高输入阻抗，使输入电阻达到 20 000～25 000 MΩ，输入电容小于 40 pF。

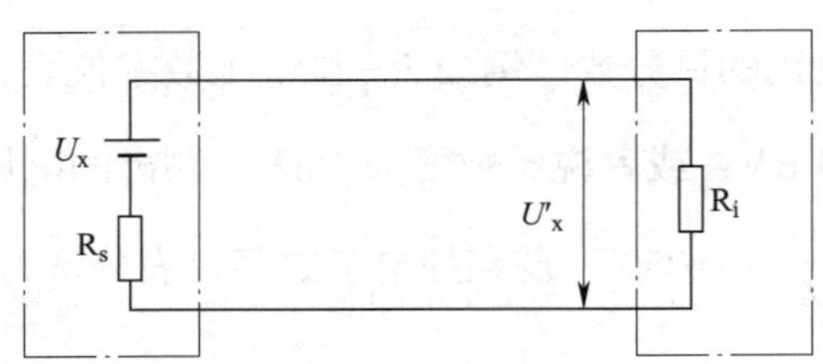

图 1-6-2　输入阻抗对测量结果的影响

6. 频率范围

数字仪表可以利用电子整流电路扩大频率宽度，其应用范围可以扩展到高频、超高频，但常用的数字仪表多用于直流和低频。

7. 测量速度

测量速度指单位时间内，以规定的准确度完成的最大测量次数。它取决于 A/D 转换的变换速率和前置放大的响应时间。因为 A/D 转换需要经过准备、复位、取样、测量、极性判断等过程，一般的测量速度为每秒几十次到每毫秒几十次。电工指示仪表由于指针的惯性，刚接入电路进行测量时，需要几秒的摆动才能稳定。相比之下，数字仪表的测量速度可以快很多。

电工数字仪表有何特点，扫描右侧二维码即可了解。

第二章　直流电流和直流电压的测量

电流与电压的测量是最基本的电工测量。通过测量电流的大小和电压的高低可以判断电气设备是否处于正常的工作状态，并确定故障的位置，因此在生产中应用十分广泛。测量电流和电压的基本工具是电流表和电压表，它们可以由不同类型的测量机构组成。本章着重分析指针式和数字式两种电流表和电压表的结构、工作原理和扩大量程的方法，以及直流电流和直流电压的测量方法等知识。

§2—1　磁电系测量机构

学习目标

1. 掌握磁电系测量机构的结构和工作原理。
2. 理解磁电系仪表的优缺点。
3. 熟悉直流检流计的结构和使用注意事项。

任何一种电工指示仪表都是由测量机构和测量线路两部分组成的，其中测量机构是整个指示仪表的核心，只要在磁电系测量机构的基础上配合不同的测量线路，就能组成各种形式、各种量程的直流电流表和直流电压表。如果再配用整流器，还能测量交流电流和交流电压，因此应用非常广泛。

一、磁电系测量机构的结构

磁电系测量机构主要由固定的磁路系统和可动的线圈组成，其实物、结构和原理如图 2-1-1 所示。

a）教学用磁电系直流电流表

b）教学用磁电系直流电压表

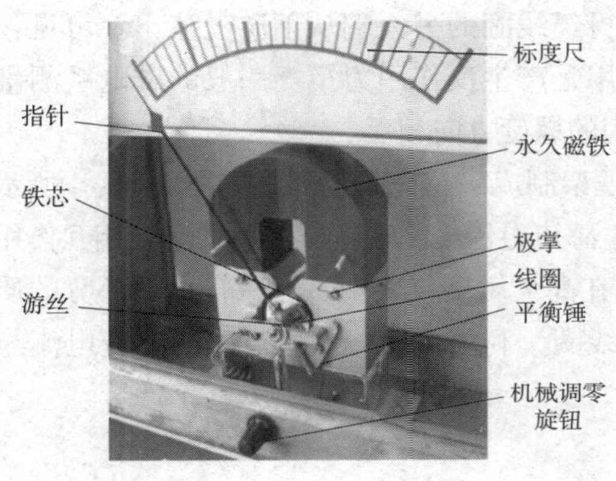

c）磁电系测量机构的结构

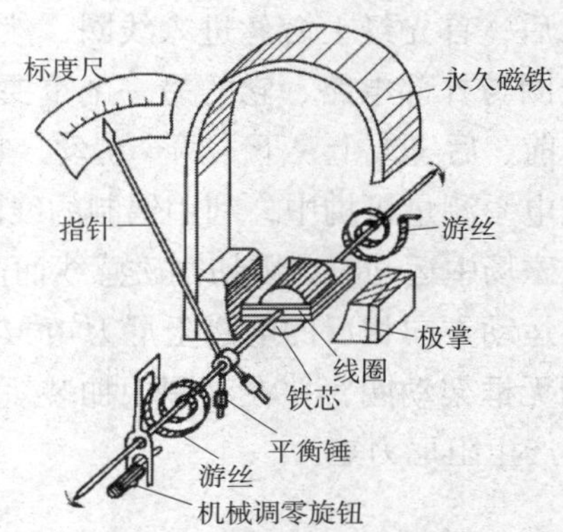

d）磁电系测量机构的原理

图 2－1－1　磁电系测量机构

1. 固定部分

固定的磁路系统主要包括永久磁铁、极掌和圆柱形铁芯，其作用是在极掌和铁芯之间的气隙中形成较强的均匀磁场。在磁电系测量机构中，磁路系统的结构有外磁式、内磁式和内外磁式三种，如图 2－1－2 所示。

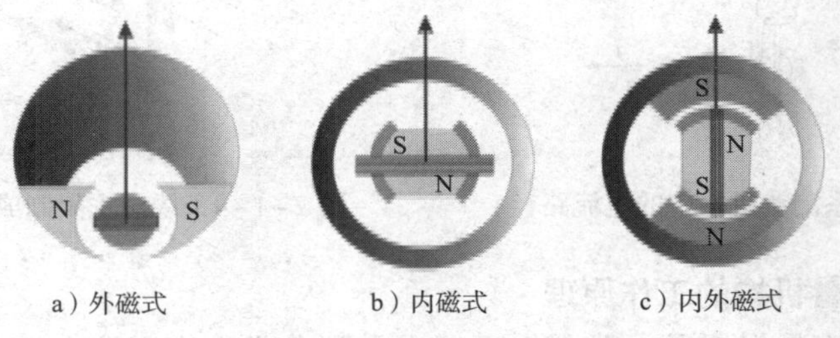

a）外磁式　　b）内磁式　　c）内外磁式

图 2－1－2　磁电系测量机构的磁路系统

若永久磁铁在可动线圈的外部，则称为外磁式。若永久磁铁在可动线圈的内部，则称为内磁式，这样可以节约磁性材料，而且体积小、成本低、对外磁泄漏少，近年来被广泛使用。若可动线圈的内部和外部都放置永久磁铁，则称为内外磁式，其磁场强度更大，结构更紧凑，制造出的仪表灵敏度更高。

2. 可动部分

磁电系测量机构的可动部分由绕在铝框架上的线圈、线圈两端的转轴、与转轴相连的指针、平衡锤以及游丝组成。整个可动部分支撑在轴承上，线圈位于环形的气隙中。为了提高仪表的灵敏度，线圈应尽可能轻些，因此线圈所用导线通常都非常细，力学强度也很低，不易制作成型，安装时要把它绕在铝框架上。铝框架不但起着支撑线圈的作用，还是产生阻尼力矩的装置。铝框架的两端装有固定转轴，转轴的另一端通过轴尖支撑于轴承中，转轴上还装有指针，当线圈受力转动时，带动指针偏转，以指示被测量的大小。

磁电系测量机构中的线圈一般通过游丝与外部电路连接，如图 2-1-3 所示。电流从上端流入后，首先经上游丝进入线圈，然后再经线圈的另一端从下游丝流出。可见，游丝连通了线圈与外部电路，它的另一个重要作用是产生反作用力矩。一般的磁电系测量机构中都装有前、后（或上、下）两个游丝，它们的螺旋方向相反。

磁电系测量机构中，利用铝制的线圈框架制成磁感应阻尼器，如图 2-1-4 所示，当铝框架在磁场中运动时，因切割磁感线而产生感应电流 i_c，磁场与感应电流 i_c 相互作用产生与铝框架运动方向相反的电磁阻尼力矩 M_Z。在高灵敏度仪表中，为减轻可动部分的质量，通常采用无框架动圈，并在动圈中加装短路线圈，利用短路线圈中产生的感应电流与磁场相互作用产生阻尼力矩。

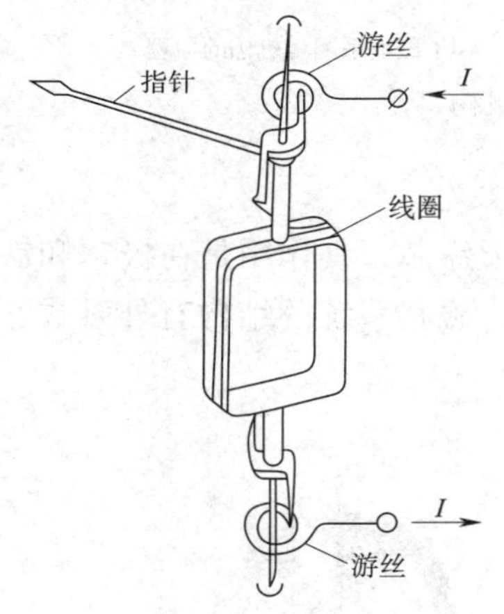

图 2-1-3　磁电系测量机构中的电流路径

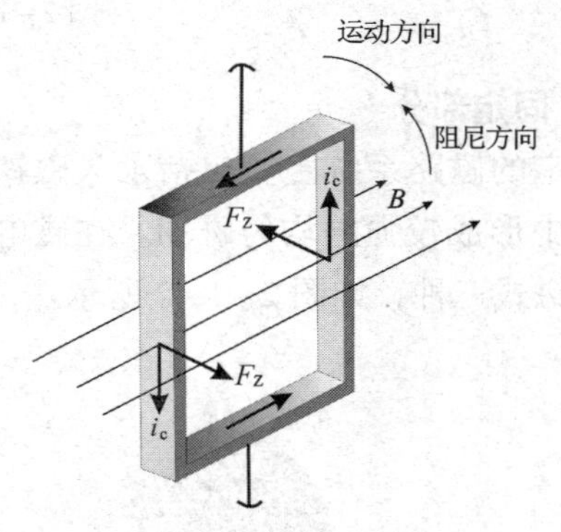

图 2-1-4　线圈框架制成的磁感应阻尼器

二、磁电系测量机构的工作原理

磁电系测量机构是根据通电线圈在磁场中受到电磁力作用发生偏转的原理而制成的，磁电系测量机构的工作原理如图 2-1-5 所示。当可动线圈中通入直流电流 I 时，载流线圈在永久磁铁的磁场中受到电磁力的作用，从而形成转动力矩 M，使可动线圈发生偏转。通过线圈的电流越大，线圈受到的转动力矩越大，仪表指针偏转的角度 α 也越大；同时，游丝扭得越紧，反作用力矩 M_f 也越大。当线圈受到的转动力矩与反作用力矩大小相等，即 $M=M_f$ 时，线圈就停留在某一平衡位置。此时，指针指示的值即为被测量的大小。

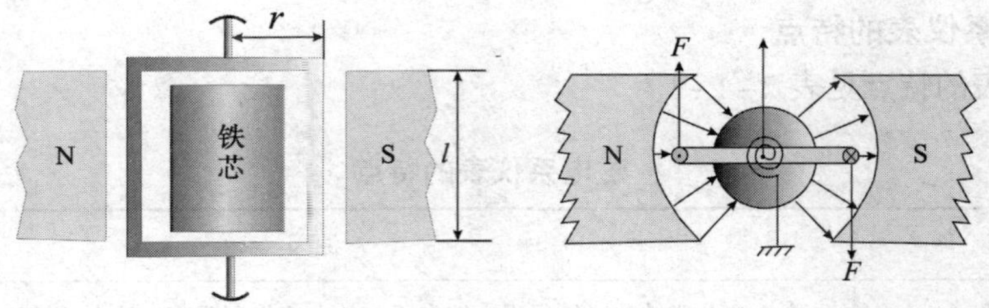

图 2-1-5　磁电系测量机构的工作原理

在图 2-1-5 中，极掌与铁芯之间的气隙中的磁场呈均匀分布，设其磁感应强度为 B，线圈匝数为 N，垂直于磁场方向线圈的有效边长度为 l，则当线圈中电流为 I 时，每个有效边受到的力为

$$F = NBIl$$

线圈受到的转动力矩为

$$M = 2Fr = 2NBIlr$$

式中，r 为线圈有效边到转轴之间的距离。

由于线圈包围的面积为

$$S = 2rl$$

故

$$M = NBSI$$

线圈在转动力矩 M 的作用下发生偏转时，引起游丝的变形，产生的反作用力矩为

$$M_f = D\alpha$$

式中，D 为游丝的反作用系数，α 为线圈（指针）的机械偏转角。

上式说明，反作用力矩 M_f 随偏转角 α 的增大而增大。当 $M_f=M$ 时，线圈（指针）就停留在某一平衡位置，形成稳定的偏转角 α。

根据 $M_f=M$，则有

$$NBSI = D\alpha$$

故

$$\alpha = \frac{NBS}{D} I$$

因为制造好的仪表中，N、B、S、D 都是常数，所以 $\frac{NBS}{D}$ 也是一个常数，若用常数 S_I 表示，则上式可写为

$$\alpha=S_I I$$

式中，S_I 称为磁电系测量机构的灵敏度，它表示单位被测量所对应的指针偏转角。

上式说明，磁电系测量机构的指针偏转角 α 与通过线圈的电流 I 成正比。因此，可以用指针偏转角的大小来衡量被测电流的大小，并由指针指示出被测电流的数值。

三、磁电系仪表的特点

磁电系仪表的特点见表 2–1–1。

表 2–1–1　　磁电系仪表的特点

特点		原因
优点	准确度高、灵敏度高	由于永久磁铁的磁性很强，能在很小的电流作用下产生较大的转矩。所以，由摩擦、温度改变及外磁场影响所造成的误差相对较小，因而准确度很高。另外，当磁场强度很大时，灵敏度必然也较高
	功率消耗小	由于通过测量机构的电流很小，故仪表本身消耗的功率很小，对被测电路的影响很小
	刻度均匀	由于磁电系测量机构指针的偏转角与被测电流的大小成正比，因此仪表标度尺的刻度是均匀的，便于准确读数
缺点	过载能力小	由于被测电流要通过游丝与线圈连通，而线圈的导线很细，因此一旦过载，容易导致游丝弹性减弱，甚至烧毁线圈。所以，磁电系仪表的过载能力很小
	只能测量直流电流	由于永久磁铁的极性是固定不变的，所以只有在线圈中通入直流电流，仪表的可动部分才能产生稳定的偏转。如果在线圈中通入交流电流，则产生的转动力矩也是交变的，可动部分由于惯性作用而来不及偏转，仪表指针只能在零位附近抖动或不动。所以，磁电系仪表只能测量直流电流。如果要测量交流电流，只有配用整流器后才能使用

四、直流检流计

直流检流计是一种专门测量微小电流或电压的高灵敏度仪表，主要在以直流电工作的电测仪器（如电位差计、电桥等）中作指零仪使用，有时也用于热分析或在光电系统中测量微小电流。常见的几种直流检流计如图 2–1–6 所示。

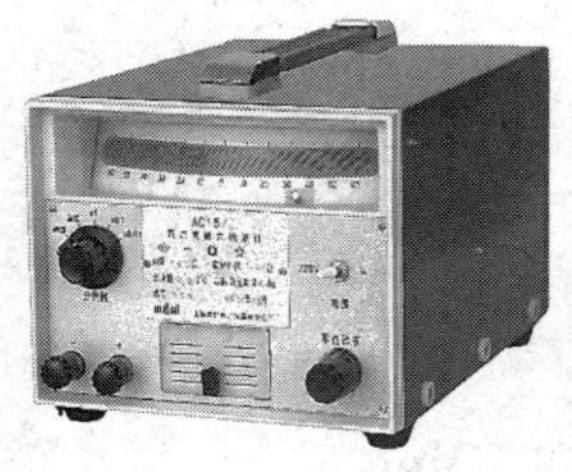

a）AC15型检流计

b）便携式检流计

c）单臂电桥用检流计

图 2–1–6　常见的直流检流计

1. 直流检流计的结构

直流检流计是磁电系仪表，它是根据载流线圈在磁场中受到力矩作用而偏转的原理制成的，结构如图 2–1–7 所示。为了提高检流计的灵敏度，通常在磁电系测量机构的基础上采取以下措施：

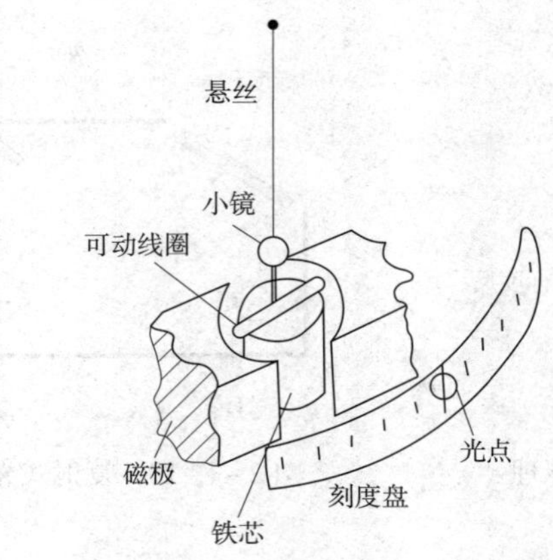

图 2-1-7　直流检流计的结构

（1）采用张丝弹片支撑或悬丝支撑代替轴尖轴承支撑

图 2-1-8a 所示为张丝弹片支撑方式，图 2-1-8b 所示为悬丝支撑方式，通过用张丝弹片或悬丝代替轴尖轴承，可以减小轴尖与轴承之间的摩擦，提高检流计的灵敏度。张丝或悬丝一般用矩形截面的磷青铜或银铜合金线制成，具有良好的弹性和抗张强度。

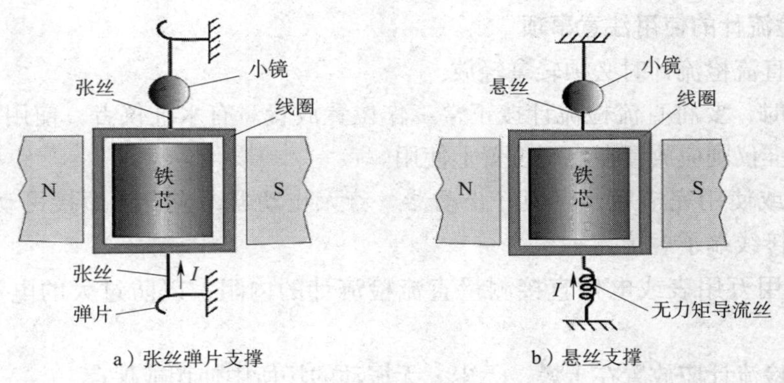

图 2-1-8　直流检流计中常见的支撑方式

（2）用光标式指示器代替指针式指示器

光标式指示器的原理如图 2-1-9 所示，灯泡的光线投向小镜，并通过小镜反射到标度尺上。当小镜偏转角为 α 时，光标沿标度尺移动几个分格的距离。显然，在 α 一定的情况下，灯泡和小镜之间的距离 l 越长，光标移动的距离越大，仪表的灵敏度就越高。因此，这种检流计常常需要使标度尺远离小镜，使用很不方便。

有些检流计把灯泡、标度尺集中放置在检流计内部，通过光点在反射镜之间的反射来增加标度尺与小镜之间的距离，其原理如图 2-1-10 所示。这种检流计也称为复射式光点检流计，具有灵敏度高、使用方便等优点，因此应用较为广泛。

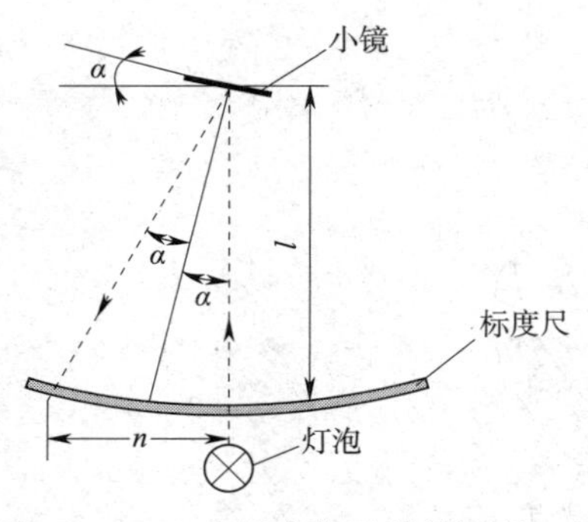

图 2-1-9　光标式指示器的原理

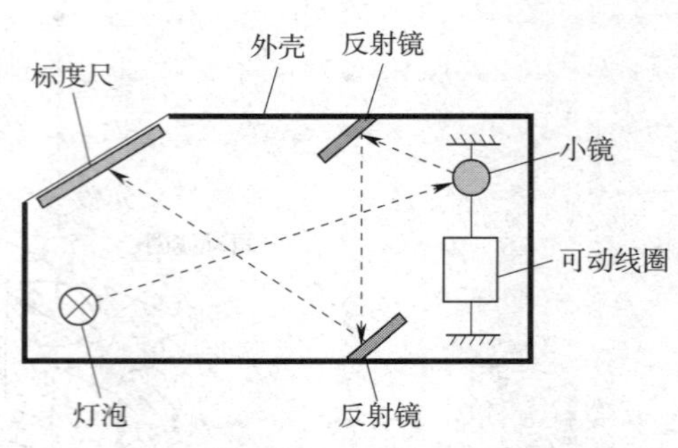

图 2-1-10　复射式光点检流计的原理

实验室中也常用到指针式平衡指示仪。它的基本原理是利用运算放大器将微弱直流电放大后输入到灵敏的检流系统中，并用大面积的指针式表头代替光标式表头。其优点是读数稳定、清晰（尤其在室内光线比较明亮的情况下），抗干扰能力强，精度也相当高。

2. 直流检流计的使用注意事项

（1）搬动直流检流计时必须轻拿轻放。

（2）使用时，要将直流检流计按正常工作位置放置。有水准仪者，使用前要先调整为水平，没有水准仪则应放置在水平位置上使用。

（3）搬动或使用完毕后，应锁好止动器。若无止动器，应合上短接可动线圈的开关，或用导线将两接线端子短接。

（4）禁止用万用表或电桥直接测量直流检流计的内阻，以防过大的电流烧毁检流计线圈。

（5）直流检流计应放置在干燥、无尘、无振动的场所中使用或保存。

AC15 型磁电系检流计的内部结构和使用方法是怎样的，扫描右侧二维码即可了解。

§2—2　指针式直流电流表和电压表

学习目标

1. 熟悉直流电流表和电压表的组成。
2. 掌握分流电阻和分压电阻的计算方法。
3. 掌握直流电流和电压的测量方法。

目前使用的直流电流表和直流电压表，绝大部分都是采用磁电系测量机构配合适当的测量线路组成的。

一、直流电流表

1. 直流电流表的组成

在磁电系测量机构中，由于可动线圈的导线很细，而且电流要经过游丝，所以允许通过的电流很小，约几微安到几百微安。如果要测量较大的电流，必须接入分流电阻。因此，磁电系电流表实际上是由磁电系测量机构与分流电阻并联组成的，如图 2-2-1 所示。由于磁电系电流表只能测量直流电流，故又称为直流电流表。

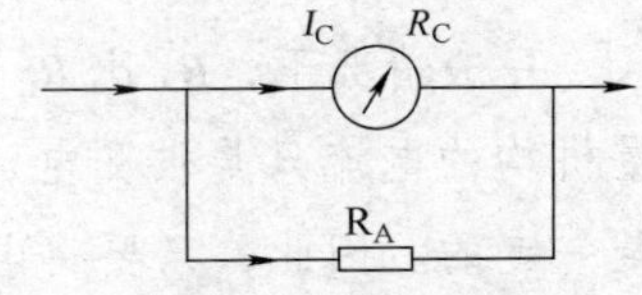

图 2-2-1　直流电流表的组成

磁电系测量机构的基本参数有哪些，扫描右侧二维码即可了解。

2. 分流电阻的计算

设磁电系测量机构的内阻为 R_C，分流电阻为 R_A，满刻度电流为 I_C，电流量程扩大为 I_X，根据分流公式得

$$I_C = \frac{R_A}{R_C + R_A} I_X$$

整理后得

$$\frac{I_X}{I_C} = \frac{R_C + R_A}{R_A}$$

令 $n = \frac{I_X}{I_C}$ 为电流量程的扩大倍数，则

$$n = \frac{I_X}{I_C} = \frac{R_C + R_A}{R_A} = \frac{R_C}{R_A} + 1$$

整理后得

$$R_A=\frac{R_C}{n-1}$$

上式表明，要使电流表量程扩大 n 倍，所并联的分流电阻应为测量机构内阻的 $\frac{1}{n-1}$ 倍。可见，对于同一个测量机构，只要配合不同阻值的分流电阻，就能制成不同量程的直流电流表。

因此，若已知磁电系测量机构的满刻度电流为 I_C，内阻为 R_C，电流量程扩大为 I_X，则应并联的分流电阻 R_A 的大小可按下述步骤进行计算：

（1）先计算电流量程扩大倍数 $n=\frac{I_X}{I_C}$。

（2）计算分流电阻 $R_A=\frac{R_C}{n-1}$。

一般情况下，R_A 比 R_C 小得多，故被测电流的绝大部分要经分流电阻分流，实际通过测量机构的电流只是被测电流的很小一部分。同时，当 R_C 与 R_A 数值一定时，I_X 与 I_C 之比也是一定的。因此，只要将电流表标度尺的刻度放大 I_X/I_C 倍，就能用仪表指针的偏转角来直接反映被测电流的数值。

【例 2-2-1】 现有一只内阻为 200 Ω、满刻度电流为 500 μA 的磁电系测量机构，由于工作需要，要将其改制成量程为 1 A 的直流电流表，应并联阻值为多大的分流电阻？

解： 先求电流量程扩大倍数

$$n=\frac{I_X}{I_C}=\frac{1\ \text{A}}{500\times 10^{-6}\ \text{A}}=2\ 000$$

应并联的分流电阻为

$$R_A=\frac{R_C}{n-1}=\frac{200\ \Omega}{2\ 000-1}\approx 0.1\ \Omega$$

分流电阻的种类有哪些，各有何特点，扫描右侧二维码即可了解。

3. 多量程直流电流表

多量程直流电流表一般采用并联不同阻值分流电阻的方法来扩大电流量程。按照分流电阻与测量机构连接方式的不同，分为开路式和闭路式两种形式。

（1）开路式分流电路

开路式分流电路如图 2–2–2 所示。它的优点是各量程间相互独立、互不影响。缺点是转换开关的接触电阻包含在分流电阻中，可能引起较大的测量误差。特别是当转换开关触点接触不良，导致分流电路断开时，被测电流将全部流过测量机构而导致其烧毁。因此，开路式分流电路目前很少应用。

（2）闭路式分流电路

闭路式分流电路如图 2–2–3 所示。这种分流电路的缺点是各个量程之间相互影响，计算分流电阻较复杂。但其转换开关处在被测电路中，而不在测量机构与分流电阻的电路中，因此对分流准确度没有影响。特别是当转换开关触点接触不良而导致被测电路断开时，它能够保证测量机构不被烧毁。所以，闭路式分流电路得到了广泛的应用。

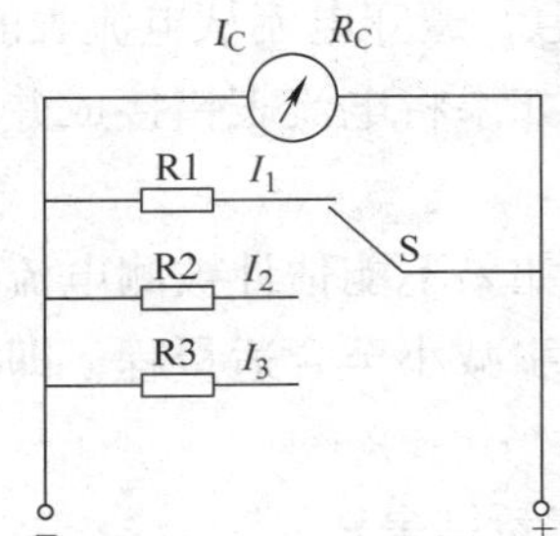

图 2–2–2　开路式分流电路

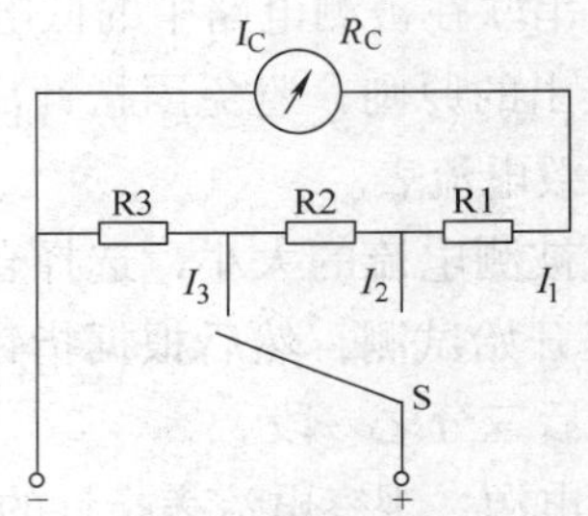

图 2–2–3　闭路式分流电路

在图 2–2–3 所示的闭路式分流电路中，因为分流电阻越小电流表量程越大，所以量程 $I_3>I_2>I_1$。

目前，许多多量程指针式直流电流表都采用闭路式分流电路。

4. 直流电流的测量方法

测量直流电流应使用直流电流表，直流电流表分为便携式和安装式两种，如图 2–2–4 所示。实际使用中，根据测量方式的不同，直流电流的测量可分为临时测量和长期测量两种，详见表 2–2–1。

a）便携式电流表

b）安装式电流表

图 2–2–4　直流电流表

表 2-2-1　　直流电流的测量

测量方式	定义	应用	采用的仪表
临时测量	指短时间测量被测电路的电流，即测量时须先断开电路，将电流表串联在被测电路中进行测量，测量完毕立即移除电流表，并恢复被测电路	常用于电路故障的排除	便携式直流电流表
长期测量	指将电流表固定串联在被测电路中进行测量	用于随时观察、监测被测电路中电流的变化情况	安装式直流电流表

测量直流电流的方法如下：

（1）断开电源，切断被测电路，将直流电流表串联接入被测电路中。在测量较大电流时，电流表应串联在被测电路中的低电位端。要特别注意，遵守电流从电流表的“+”端流入，“-”端流出的原则，避免因指针反偏而损坏仪表。如果将电流表错接成并联，会造成电路短路并烧毁电流表。

（2）估计被测电流的大小，选择合适的电流量程。如果不能估计被测电流的大小，应先从最大量程开始试测，然后根据指针的偏转幅度，逐步减小至合适量程，即指针指在电流表满刻度的后三分之一段。

（3）接通电源，观察电流表指针的偏转情况，读取测量结果。

（4）测量完毕，要先切断电源，将串联的电流表脱离电路后，再恢复被测电路，最后合上电源开关，使被测电路恢复正常运行。

在选择合适的电流量程过程中，必须切断电源，再选择量程，因为带电操作会损坏电流表。

二、直流电压表

1. 直流电压表的组成

根据欧姆定律，一只内阻为 R_C、满刻度电流为 I_C 的磁电系测量机构，本身就是一只量程为 $U_C=I_CR_C$ 的直流电压表，只是其电压量程太小而无实际使用价值。如果需要测量更高的电压，就必须扩大其电压量程。根据串联电阻具有分压作用的原理，扩大电压量程的方法就是给测量机构串联一只分压电阻 R_V，如图 2-2-5 所示。可见，磁电系直流电压表是由磁电系测量机构与分压电阻串联组成的。

设磁电系测量机构的额定电压为 $U_C=I_CR_C$，串联适当的分压电阻后，可使电压量程扩大为 U。磁电系测量机构指针满偏时，通过的电流仍为 I_C，且通过磁电系测量机构的电流大小总是与被测电压成正比。所以，可以用仪表指针偏转角的大小来反映被测电压的数值。

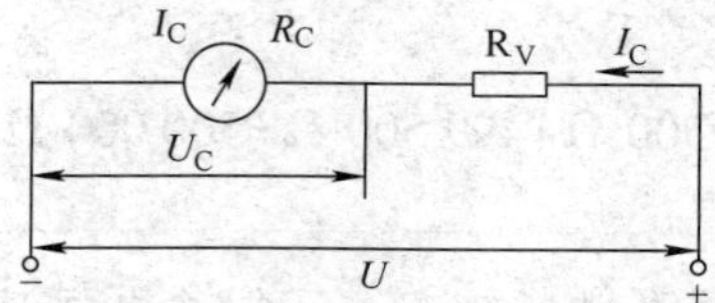

图 2–2–5　直流电压表的组成

2. 分压电阻的计算

设磁电系测量机构的内阻为 R_C，分压电阻为 R_V，满刻度电流为 I_C，根据串联电路的特点，得

$$I_C=\frac{U_C}{R_C}=\frac{U}{R_C+R_V}$$

令 $m=\dfrac{U}{U_C}$ 为电压量程的扩大倍数，则

$$m=\frac{U}{U_C}=\frac{R_C+R_V}{R_C}=\frac{R_V}{R_C}+1$$

整理后得

$$R_V=(m-1)R_C$$

上式表明，要使电压表量程扩大 m 倍，需要串联的分压电阻应为测量机构内阻的（m–1）倍。可见，对于同一个测量机构，只要配合不同阻值的分压电阻，就能制成不同量程的直流电压表。

因此，若已知磁电系测量机构的满刻度电流为 I_C，内阻为 R_C，电压量程扩大为 U，则应串联的分压电阻 R_V 的大小可按下述步骤进行计算：

（1）先计算磁电系测量机构的额定电压 $U_C=I_CR_C$。

（2）计算电压量程扩大倍数 $m=\dfrac{U}{U_C}$。

（3）计算所需串联的分压电阻 $R_V=(m-1)R_C$。

【例 2–2–2】现有一只内阻为 500 Ω、满刻度电流为 100 μA 的磁电系测量机构，根据实际需要，要将其改制成 50 V 量程的直流电压表，应串联阻值为多大的分压电阻？该电压表的总内阻是多少？

解：先求出测量机构的额定电压

$$U_C=I_CR_C=100\times10^{-6}\ \text{A}\times500\ \Omega=0.05\ \text{V}$$

再求出电压量程扩大倍数

$$m=\frac{U}{U_C}=\frac{50\ \text{V}}{0.05\ \text{V}}=1\,000$$

应串联的分压电阻为

$$R_V=(m-1)R_C=(1\,000-1)\times500\ \Omega=499\,500\ \Omega$$

该电压表的总内阻为

$$R=R_C+R_V=500\ \Omega+499\ 500\ \Omega=500\ 000\ \Omega=500\ \text{k}\Omega$$

分压电阻有哪些种类，它们各有何特点，扫描右侧二维码即可了解。

3. 多量程直流电压表

多量程直流电压表由磁电系测量机构与不同阻值的分压电阻串联组成。通常采用如图 2-2-6 所示的共用式分压电路。这种电路的优点是高量程分压电阻共用了低量程的分压电阻，达到了节约材料的目的。缺点是一旦低量程分压电阻损坏，则高量程电压挡也将不能使用。

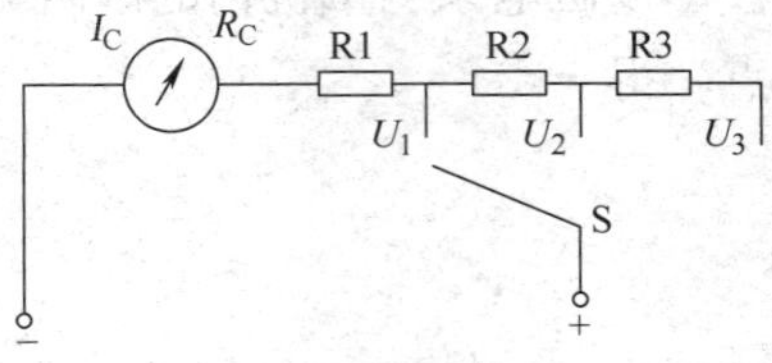

图 2-2-6 共用式分压电路

在图 2-2-6 所示分压电路中，量程 $U_3>U_2>U_1$，其中 U_3 量程的分压电阻是 $R_1+R_2+R_3$，U_2 量程的分压电阻是 R_1+R_2，U_1 量程的分压电阻是 R_1。

电压表的电压灵敏度有何作用，扫描右侧二维码即可了解。

4. 直流电压的测量方法

测量直流电压应使用直流电压表，直流电压表分为便携式和安装式两种，如图 2-2-7 所示。和测量直流电流类似，直流电压的测量也分为临时测量和长期测量两种，详见表 2-2-2。

a）便携式电压表

b）安装式电压表

图 2-2-7 直流电压表

测量直流电压的方法如下：

（1）断开电源，将电压表并联在被测电路两端，注意应遵守电压表“+”端接高电位端，“−”端接低电位端的原则，避免因指针反偏而损坏仪表。如果将电压表错接成串联，则会因其内阻过大，导致被测电路呈开路状态，电压表也无法正常工作。

表 2-2-2　　直流电压的测量

测量方式	定义	应用	采用的仪表
临时测量	指短时间测量被测电路的电压，即测量时将电压表并联在被测电路中进行测量，测量完毕后移除电压表	常用于电路故障的排除	便携式直流电压表
长期测量	指将电压表固定并联在被测电路中进行测量	用于随时观察、监测被测电路中电压的变化情况	安装式直流电压表

（2）估计被测电压的大小，选择合适的电压量程。如果不能估计被测电压的大小，应先从最大量程开始试测，然后根据指针偏转幅度，逐步减小至合适量程，即指针指在电压表满刻度的后三分之一段。

（3）接通电源，观察电压表指针的偏转情况，读取测量结果。

（4）测量完毕，要先切断电源，将并联的电压表移除电路，然后合上电源开关，使被测电路恢复正常运行。

§2—3　数字式电压基本表

学习目标

1. 熟悉数字式电压基本表的组成及各部分的作用。
2. 理解 CC7106 型 A/D 转换器的作用和组成。
3. 了解数码显示器的分类和用途。
4. 掌握数字式电压基本表的特点。

数字仪表是利用模拟 / 数字（A/D）转换器，将被测的模拟量（连续量）自动地转换成数字量（离散量），然后再进行测量，并将测量的结果以数字形式显示的电工测量仪表。

通过前面的学习可知，测量机构是电工指示仪表的核心，而数字式电压基本表是以数字式万用表为代表的众多数字仪表的核心。

一、数字式电压基本表的组成

数字式电压基本表的任务是用模 / 数转换器把被测电量的电压模拟量转换成数字量，并送入计数器中，再通过译码器变换成笔段码（由于七段数码显示器是由 a～g 七个发光笔段组合起来构成十进制数。因此，要求译码器将输入端的每一个四位二进制代码翻译成显示所要求的七段二进制代码，即所谓的"笔段码"），最终驱动显示器显示出相应的数值。一般数字式电压基本表的结构框图如图 2-3-1 所示，它主要包括模拟电路和数字电路两大部分，各部分的作用见表 2-3-1。

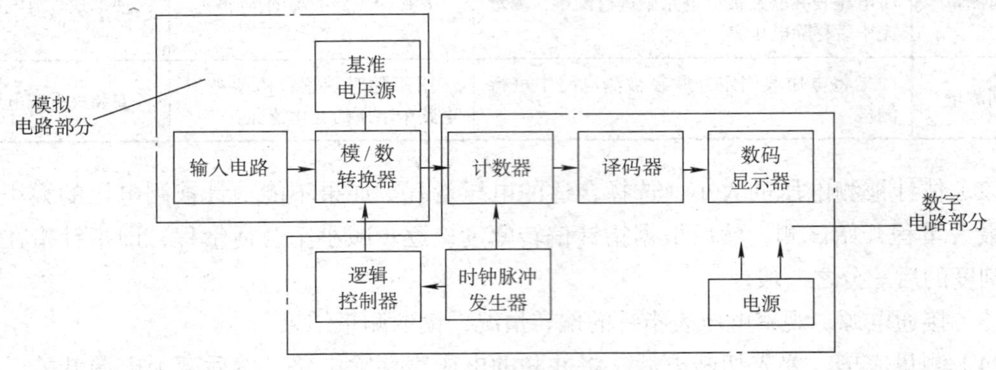

图 2-3-1　数字式电压基本表的结构框图

表 2-3-1　　数字式电压基本表组成部分的作用

组成	名称	作用
模拟电路部分	输入电路	包括衰减器、前置放大器、量程转换开关等。作用是把各种不同的被测电量转换成数字式电压基本表的基本量程以内的电量，以满足各种测量需要。若输入电压高于仪表基本量程，须经衰减器对输入电压进行衰减后，再送入模/数转换器；若输入电压低于基本量程，则可通过前置放大器对输入电压进行放大
	模/数转换器	将电压模拟量转换成数字量
	基准电压源	向模/数转换器提供一个稳定的直流基准电压，其准确度和稳定度都将直接影响转换器的转换质量
数字电路部分	逻辑控制器	它是仪表的中枢，用来控制模/数转换的顺序，保证测量的正常进行
	计数器	将由模/数转换器转换来的数字量以二进制的形式进行计数
	译码器	将二进制数变换成笔段码，送入数码显示器
	数码显示器	显示测量结果
	时钟脉冲发生器	它产生的信号可作为计数器的填充脉冲，同时作为时间基准送往逻辑控制器，控制模/数转换过程的时间分配标准（即"定时"）。时钟脉冲发生器产生的时钟脉冲频率决定了数字式电压基本表的测量速率
	电源	为数字式电压基本表的各部分提供所需的能源

二、CC7106 型 A/D 转换器

为了对模拟量（如电压）进行数字化测量，必须将被测的模拟量转换成数字量，通常把完成这种转换的装置称为模/数转换器，即 A/D 转换器。A/D 转换器是数字式电压基本表的核心。

A/D 转换器种类繁多，型号各异。CC7106 型 A/D 转换器是目前应用较广的一种 $3\frac{1}{2}$ 位 A/D 转换器，许多袖珍数字式电压表都采用这种芯片来完成模/数转换。CC7106 型 A/D 转

换器是把 A/D 转换的有关电路全部集成在一块芯片上，其芯片集成度高、功能完善、价格较低，能以最简单的方式构成一块数字式电压基本表。

CC7106 型 A/D 转换器采用双列直插式塑料或陶瓷封装，共 40 个引脚，如图 2-3-2 所示。各引脚的功能如下：

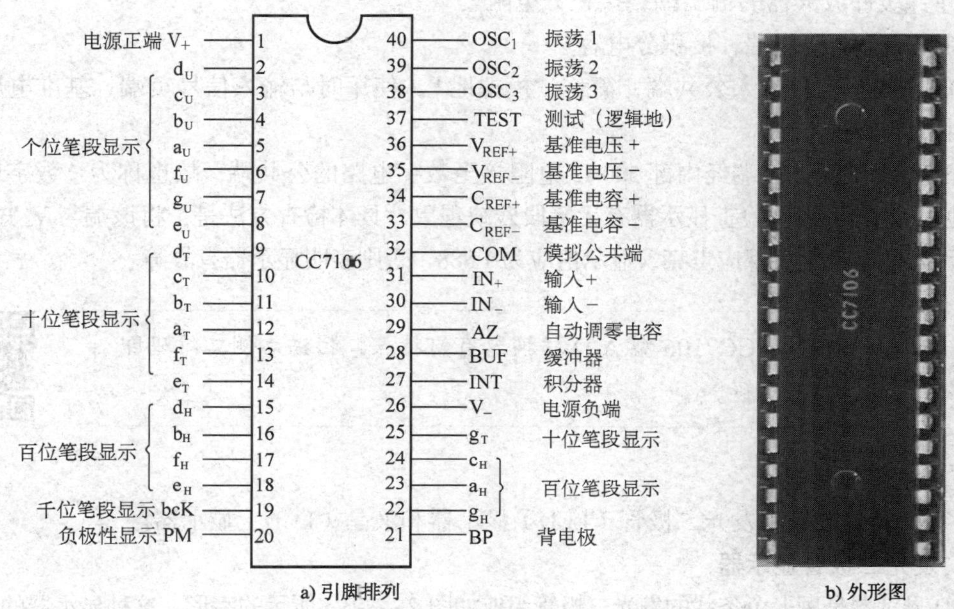

图 2-3-2　CC7106 型 A/D 转换器的引脚排列及外形图

V_+ 和 V_-：分别接电源的正、负极。

IN_+ 和 IN_-：模拟电压输入端，分别接输入直流电压的正、负端。

a_U～g_U、a_T～g_T、a_H～g_H：分别为个位、十位、百位笔段驱动信号输出端，依次接至个位、十位、百位液晶显示器的相应笔段电极，如图 2-3-3a 所示。LCD 显示器为七段显示（a～g），DP 表示小数点。

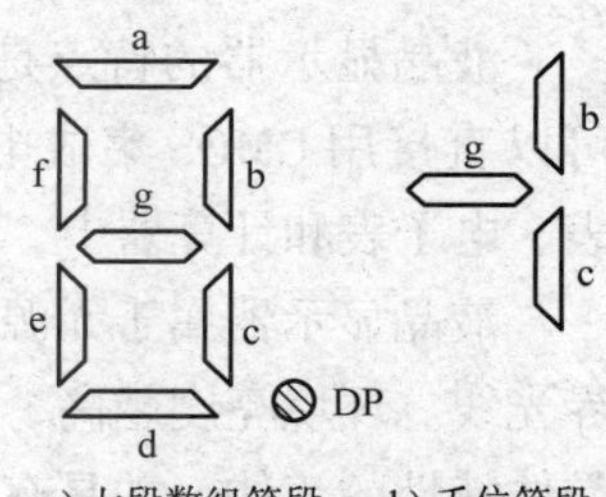

图 2-3-3　LCD 显示器笔段

bcK：千位笔段驱动信号输出端（即最高位，因为此位不能输出 0～9，只能输出“1”，故称为$\frac{1}{2}$位），接千位液晶显示器的 b、c 两个笔段电极，如图 2-3-3b 所示。当计数大于 1999 时发生溢出，千位显示“1”，其余均不亮，表示仪表过载。

PM：负极性显示的输出端，接千位数码的 g 段，PM 为低电位时，显示“-”。

BP：液晶显示器背面公共电极的驱动端，简称“背电极”。

V_{REF+} 和 V_{REF-}：分别接基准电压的正、负极，利用内部基准电压源可获得所需要的基准电压。

C_{REF+} 和 C_{REF-}：接基准电容的两端。

OSC_1～OSC_3：时钟振荡器的引出端，外接阻容元件，可组成多谐振荡器，产生时钟脉冲信号。

AZ：外接自动调零电容端。

BUF：缓冲放大器的输出端，接积分电阻。

INT：积分器输出端，接积分电容。

COM：模拟信号输入公共端，简称“模拟地”，使用时与输入信号负端、基准电压的负极相连接。

TEST：测试端，该端经内部 500 Ω 电阻接至数字电路的公共端，故也称为“数字地”或“逻辑地”。此端可用来检查显示器有无笔段残缺现象，具体检查方法是：将该端与 V_+ 短接后，LCD 显示器的全部笔段都应点亮，显示值应为 1 888，否则表明显示器有故障。

CC7106 型 A/D 转换器有何特点，扫描右侧二维码即可了解。

三、数码显示器

数字仪表一般采用发光二极管（LED）显示器和液晶（LCD）显示器。

1. 发光二极管显示器

LED 显示器是用七个条状的发光二极管组成如图 2-3-3 a 所示的字形。这种显示器的特点是发光亮度高，但驱动电流较大（5～10 mA），功耗大，适用于安装式的数字仪表。

2. 液晶显示器

液晶显示器的特点是工作时所需要的驱动电压低（3～10 V），工作电流小（μA 级），可以直接用 CMOS 集成电路驱动。因此，被广泛应用于数字仪表、电子表和计算器中。

液晶显示器属于无源显示器件。它本身不发光，只能反射外界光线。环境亮度越高，显示越清晰。这是因为液晶是一种具有晶体特性的流体，并具有光电效应，即不加电压时，液晶呈透明状；在液晶层加上电压时，液晶就变得混浊且不透光。

图 2-3-4 所示为数字式电压表所用液晶显示器的结构，它是在透明的绝缘薄板上，按需要显示的笔段制作透明导电膜，并引出电极，用反光的金属薄板作为背电极，在两极之间填充液晶，最后用绝缘密封框封装而成的。

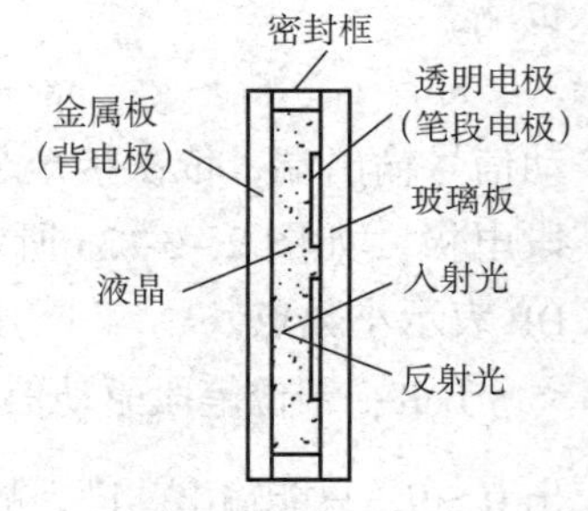

图 2-3-4　数字式电压表的液晶显示器结构

知识链接

液晶显示器必须用交流（频率为 30～200 Hz 的方波）电压驱动。若采用直流或直流成分较大的交流驱动，将会使液晶材料发生电解，导致出现气泡而变质。

便携式数字电压表中广泛使用LD-B7015A型液晶显示器，它可以用CC7106型A/D转换器直接驱动。LD-B7015A型液晶显示器的最大显示值为1 999，其内部接线和外形如图2-3-5所示。

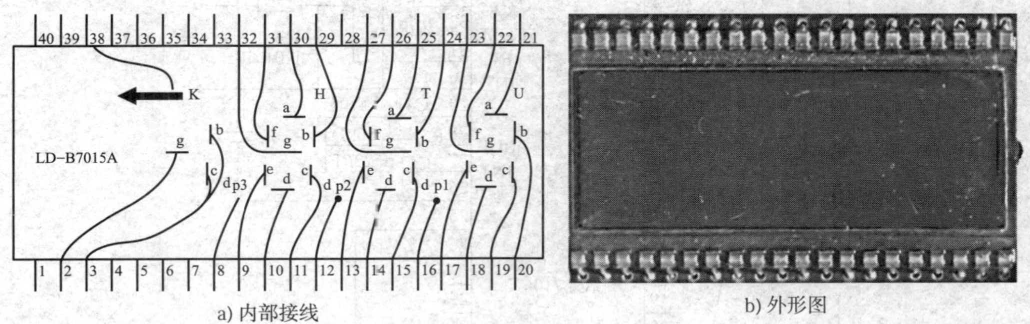

a) 内部接线　　b) 外形图

图2-3-5　液晶显示器的内部接线及外形图

LD-B7015A型液晶显示器各引脚功能如下：2脚为负极性显示；3脚为千位1笔段显示；9、10、11、29、30、31、32脚为百位0～9笔段显示；13、14、15、24、25、26、27脚为十位0～9笔段显示；17、18、19、20、21、22、23脚为个位0～9笔段显示；8、12、16脚为小数点显示；38脚为电池电压不足显示；1、28、33、34、35、36、37、39、40脚在外部并联后接CC7106的21脚（背电极）；4、5、6、7脚空置。

四、典型的数字式电压基本表

由CC7106型A/D转换器组成的$3\frac{1}{2}$位数字式电压基本表的典型电路如图2-3-6所示。该表量程U_m=200 mV，称为基准挡或基本表。图中各元器件的作用如下：

R1、C1：时钟振荡器的组成部分。

R2、R3：组成基准电压源的分压电路。其中，R2为可调电阻，调整R2可使基准电压U_{REF}=100 mV。仪表调好后不得再调整R2，因为整机测量的准确度就取决于R2的调整。

R4、C3：组成模拟输入端的阻容滤波电路，用于增强仪表的抗干扰和过载能力。

C2：基准电容。

C4：自动调零电容。

R5、C5：积分电阻和积分电容。

V_+与模拟公共端（32脚）之间有2.8 V（典型值）的稳定电压。仪表使用9 V叠层电池供电，测量速率为2.5次/s。

数字式电压基本表的工作过程分为三步：第一步，输入模拟量的直流电压；第二步，A/D转换器将模拟量直流电压变换成数字量脉冲输出；第三步，计数器检测脉冲数，由译码显示电路以数字形式显示被测电压值。

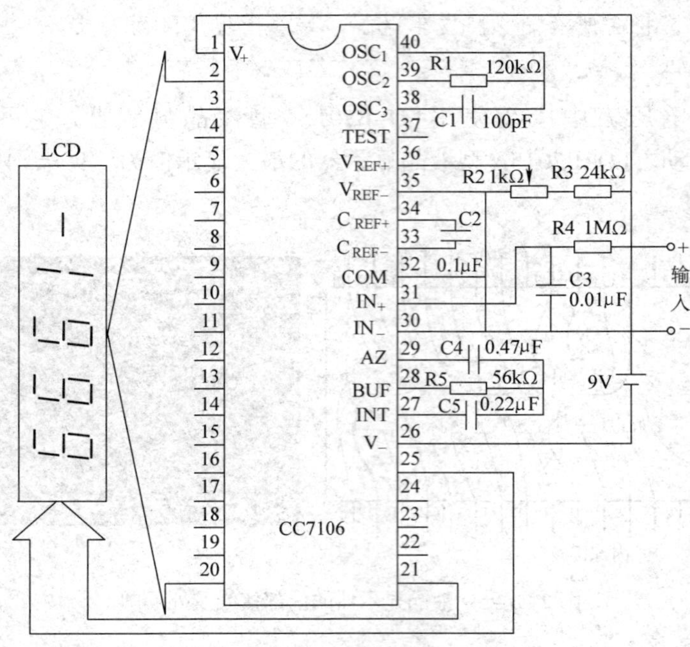

图 2-3-6　$3\frac{1}{2}$ 位数字式电压基本表的典型电路

五、数字式电压基本表的特点

数字式电压基本表的特点见表 2-3-2。

表 2-3-2　　**数字式电压基本表的特点**

特点	说明
显示清晰直观，读数准确	数字式电压基本表能避免人为测量误差（例如视差），保证读数的客观性与准确性；同时它符合人们的读数习惯，能缩短读数和记录的时间，具备标志符显示功能
分辨率高	常用的数字式电压基本表的分辨率可达$\frac{1}{1\,999}$～$\frac{1}{99\,999\,999}$
输入阻抗高	数字式电压基本表的输入阻抗最高可达 1 TΩ。在测量时取自被测电路的电流极小，不会影响被测信号源的工作状态
扩展能力强	在数字式电压基本表的基础上可扩展成各种通用及专用数字仪表和智能仪器，以满足不同的需要。如通过转换电路可测量交直流电压和电流，通过特性运算可测量峰值、有效值、功率等，通过不同的适配器可测量频率、周期、相位等
测量速率快	数字式电压基本表在每秒内对被测电路参数的测量次数称为测量速率，单位是“次 /s”。测量速率主要取决于 A/D 转换器的转换速率，其倒数是测量周期
抗干扰能力强	$5\frac{1}{2}$位以下的数字式电压基本表大多采用积分式 A/D 转换器，其串模抑制比（SMR）、共模抑制比（CMR）分别可达 100 dB、80～120 dB。高档的数字式电压基本表还采用数字滤波、浮地保护等先进技术，进一步提高了抗干扰能力，CMR 可达 180 dB

续表

特点	说明
准确度高	数字式电压基本表的准确度远优于指针式电压表。例如，$3\frac{1}{2}$位、$4\frac{1}{2}$位数字式电压表的准确度分别可达 ±0.1%、±0.02%
集成度高，功耗小	数字式电压基本表普遍采用 CMOS 大规模集成电路，整机功耗很低

数字仪表与指示仪表相比有何特点，扫描右侧二维码即可了解。

§2—4 数字式直流电压表和电流表

学习目标

1. 了解数字式直流电压表和电流表的功能和选型。
2. 掌握数字式直流电压表和电流表接线的方法和规则。
3. 熟悉数字式直流电压表和电流表的显示面板、参数设置及通信。

数字仪表的原理较为复杂，各种型号、功能不同，原理也不尽相同。共同之处在于都是由电子元器件组成，都是将被测的模拟量转换成数字量，最终由数码显示器来显示被测量的数值。由于读数直观、方便、没有视觉误差等优点，数字仪表的发展很快，近几年更发展为可以与其他执行机构（如打印机）连接，还可以输出开关量或模拟量，用以连接控制系统或计算机。还有些数字仪表有自己的中央处理器（CPU）和各种存储器，这些数字仪表已经“微机”化、智能化。如图 2-4-1 所示为数字式直流电压表和电流表。

数字式直流仪表的产品种类较多，有的着重于提高性能，比如有较宽的频率范围、较高的灵敏度和准确度，电路结构比较复杂。有的性能一般，但其结构简单、价格便宜。尽管它们的复杂程度不同，但其组成原则基本相同。下面以常见的 SPA-96BD 系列数字式直流电压表和电流表为例作介绍。

a) 数字式直流电压表　　b) 数字式直流电流表

图 2-4-1　数字式直流电压表和电流表

一、数字式直流电压表和电流表的功能

该系列数字式直流电压表和电流表专为光伏系统、移动电信基站、直流屏等电力监控而设计，可以测量并显示直流数值。可选配 RS485 通信接口，通过标准的 Modbus-RTU 协议，与各种组态系统兼容，从而把前端采集到的直流电量实时传送给系统数据中心。作为一种先进的智能化、数字化的电力信号采集装置，数字式直流电压表通过前部按键，可以方便设置所接传感器的量程，从而使仪表直接显示出直流电压数值。数字式直流电流表通过前部按键，可以方便设置所接分流器或传感器的量程，从而使仪表直接显示直流电流数值。该系列数字仪表有两路继电器报警输出，一路模拟量变送输出，使用范围较广。

二、数字式直流电压表和电流表的型号说明

1. 数字式直流电压表的型号说明

例如，型号 SPA-96BDV-V10-HL-A1 表示该仪表为数字式直流电压表，其输入信号为 DC 0～100 V，具有上下限报警功能，工作电源为 AC 220 V。

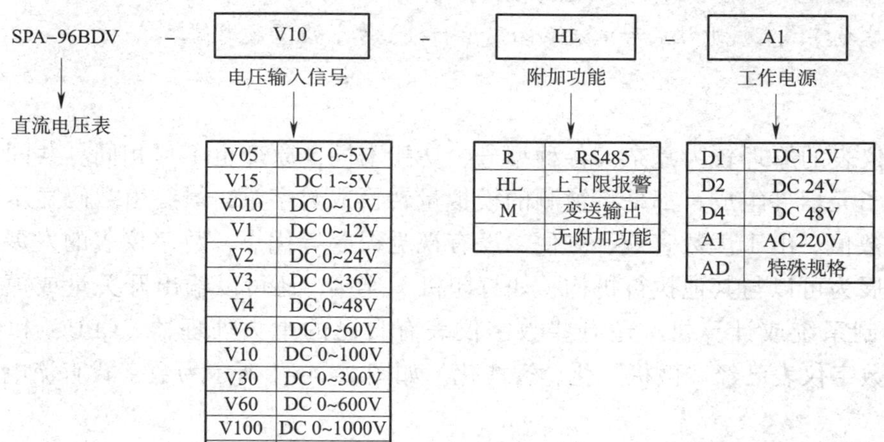

V05	DC 0~5V
V15	DC 1~5V
V010	DC 0~10V
V1	DC 0~12V
V2	DC 0~24V
V3	DC 0~36V
V4	DC 0~48V
V6	DC 0~60V
V10	DC 0~100V
V30	DC 0~300V
V60	DC 0~600V
V100	DC 0~1000V
Y	用户自定义

R	RS485
HL	上下限报警
M	变送输出
	无附加功能

D1	DC 12V
D2	DC 24V
D4	DC 48V
A1	AC 220V
AD	特殊规格

2. 数字式直流电流表的型号说明

例如，型号 SPA-96BDA-A10-R-A1 表示该仪表为数字式直流电流表，其输入信号为 DC 0～10 A，具有 RS485 通信输出功能，工作电源为 AC 220 V。

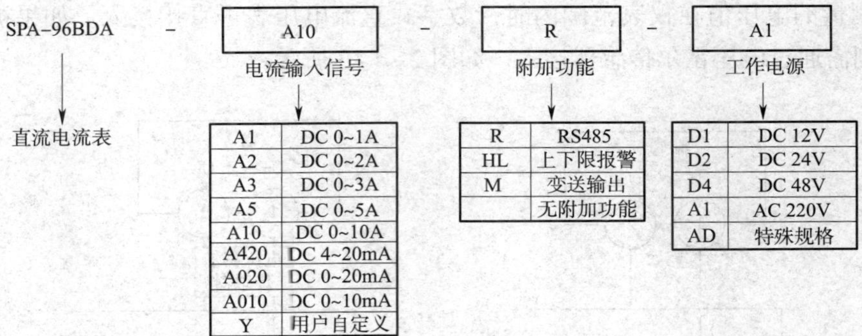

三、数字式直流电压表和电流表的接线方式

1. 数字式直流电压表接线方式

数字式直流电压表的接线端子如图 2–4–2 所示，接线端子的参数含义见表 2–4–1。

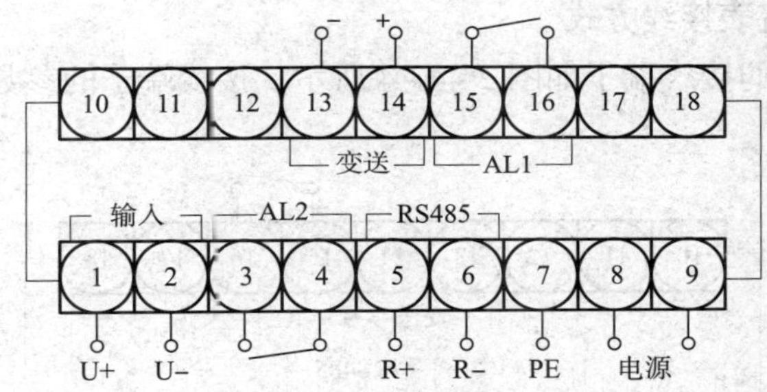

图 2–4–2　数字式直流电压表的接线端子

表 2–4–1　　数字式直流电压表接线端子的参数含义

端子	功能	参数含义
①②	电压输入	最大直接输入电压为 DC 1 000 V（范围可定制），超出 DC 1 000 V 需加电压霍尔传感器
③④ ⑮⑯	继电器输出	最多可选两路继电器输出，可设置报警方式和报警值。采用常开继电器，其容量为 DC 2 A/30 V 或 AC 2 A/250 V
⑤⑥	通信	RS485 通信接口，Modbus-RTU 协议，通信地址为 1～254（可设置），传输速率为 300～9 600 bit/s（可设置）
⑦	接地	用于接地保护
⑧⑨	工作电源	有 AC 220 V、DC 48 V、DC 24 V、DC 12 V，其功耗 <3 W
⑬⑭	输出	有一路 DC 0～10 V 输出
⑩⑪⑫ ⑰⑱		备用

当被测量的电压值在仪表范围内时，数字式直流电压表可直接接入。如果被测量值超出范围，则需通过电压霍尔传感器接入，如图 2-4-3 所示。

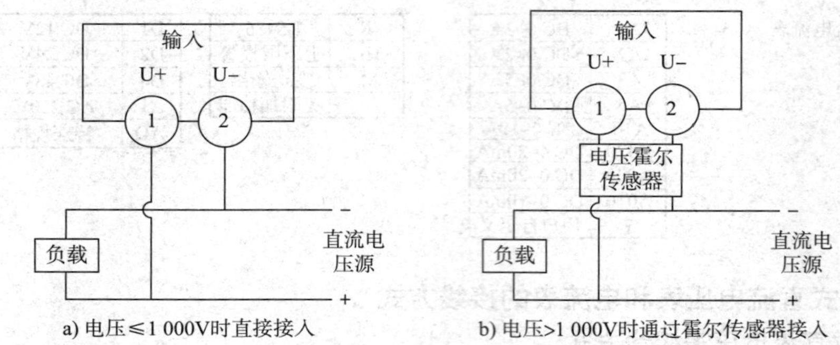

图 2-4-3　数字式直流电压表电压输入接线

2. 数字式直流电流表接线方式

数字式直流电流表的接线端子如图 2-4-4 所示，接线端子的参数含义见表 2-4-2。

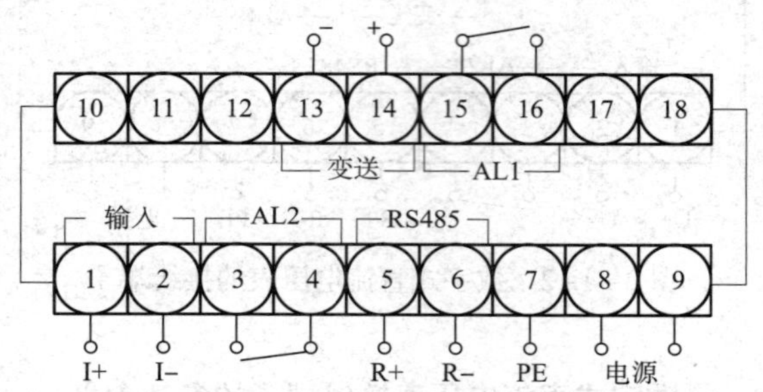

图 2-4-4　数字式直流电流表的接线端子

表 2-4-2　数字式直流电流表接线端子的参数含义

端子	功能	参数含义
①②	电流输入	最大直接输入电流为 DC 10 A（范围可定制），超出 DC 10 A 需加分流器或传感器

注：数字式直流电流表其他接线端子的参数含义同表 2-4-1。

当被测量的电流值在仪表范围内时，数字式直流电流表可直接接入。如果被测量值超出范围，则需通过分流器或穿孔式电流霍尔传感器接入，如图 2-4-5 所示。

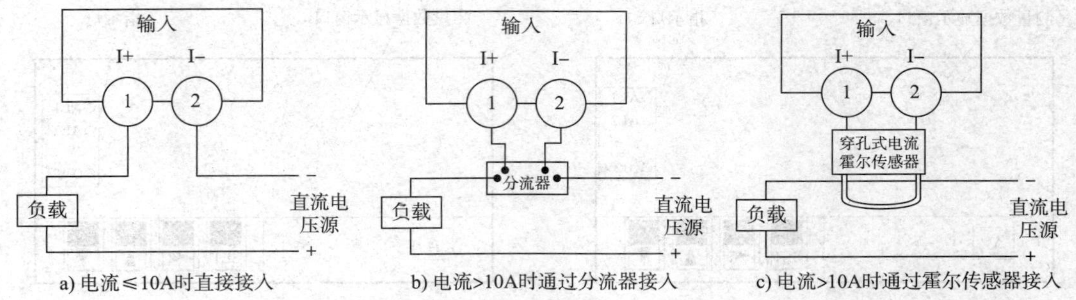

图 2-4-5　数字式直流电流表电流输入接线

3. 数字式直流电压表和电流表工作电源的接线方式

为了保证供配电安全，给数字式直流电压表和电流表供电的回路中，必须加装熔断器或小型空气断路器，熔断器可选用长延时熔丝，如图 2-4-6 所示。

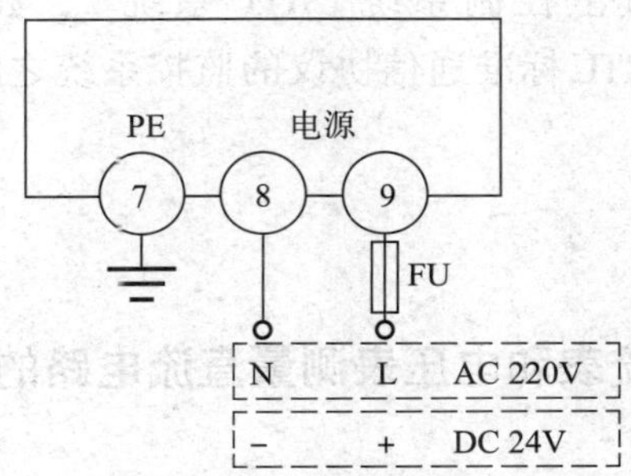

图 2-4-6　数字式直流电压表和电流表工作电源接线

四、数字式直流电压表和电流表的显示面板

数字式直流电压表和电流表的显示面板如图 2-4-7 所示。面板上的测量数据显示窗口（四位 LED 数码管）实时显示电压测量值和电流测量值。面板右上角的两个指示灯 AL1、AL2 为报警指示灯，报警继电器动作时，对应指示灯亮；报警继电器恢复时，对应指示灯熄灭。COMM 为通信指示灯。

五、数字式直流电压表和电流表的参数设置

如图 2-4-7 所示，在仪表面板的右下部，长按“SET”键大于 3 s，可进入参数设置主菜单；在测量界面下同时长按“SET”键和“◄”键，可进入参数设置子菜单。进入参数设置界面后，按“SET”键可选择需修改的参数，选定参数后按“◄”键可进入参数修改界面，此时按“◄”键可实现移位，按“▲”“▼”键可修改闪烁数码管的数值，参数修改完成后，按“SET”键确认。在参数设置界面中，长按“◄”键大于 3 s，可返回仪表测量显示界面。

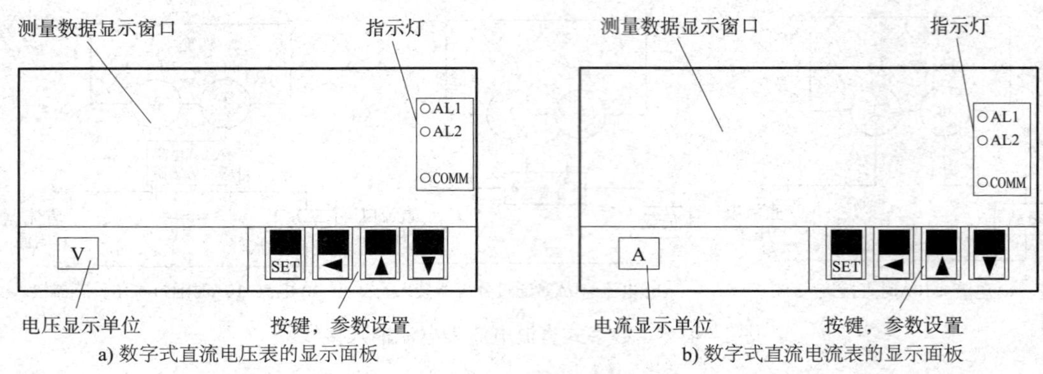

a) 数字式直流电压表的显示面板　　b) 数字式直流电流表的显示面板

图 2－4－7　数字式直流电压表和电流表的显示面板

六、数字式直流电压表和电流表的通信

Modbus-RTU 通信协议允许 SPA 系列仪表与施耐德、西门子、AB、GE 等品牌的可编程序控制器（PLC）、分散控制系统（RTU 系统）、数据采集与监控系统（SCADA 系统）以及其他具有 Modbus-RTU 标准通信协议的监控系统之间进行信息交换和数据传送。

用电流表和电压表测量直流电路的参数

一、实训目的

1. 理解磁电系仪表的结构和工作原理。
2. 掌握指针式和数字式直流仪表接线的方法和规则。
3. 掌握直流电路中电流和电压的测量方法。

二、实训器材

用电流表和电压表测量直流电路参数所需的实训器材明细见表 2－4－3。

表 2－4－3　　实训器材明细表

名称	规格	数量
直流稳压电源	0～15 V，1 A	1 台
指针式直流电流表	50 mA，2.5 级	1 个
指针式直流电压表	15 V，2.5 级	2 个
	50 V，2.5 级	2 个
数字式直流电流表	50 mA，2.5 级	1 个
数字式直流电压表	15 V，2.5 级	2 个
	50 V，2.5 级	2 个

续表

名称	规格	数量
电阻	1 kΩ，1 W	2 个
	500 Ω，1 W	1 个
开关		1 个

三、实训内容及步骤

1. 外观检查

主要检查仪表的外壳、指针、端钮、调零器、刻度盘、数字显示面板等是否完好无损，指针转动是否灵活，有无卡阻现象，必要的标志和极性符号是否清晰，表内有无元器件脱落等。

2. 直流电流的测量

（1）按图 2－4－8 所示测量电路接线。

（2）接通直流稳压电源 15 V，用指针式直流电流表测量电路的电流 I，填入表 2－4－4 中。

（3）接通直流稳压电源 15 V，合上开关 S，再次用指针式直流电流表测量电路的直流电流 I，填入表 2－4－4 中。

（4）将指针式直流电流表更换为数字式直流电流表，重复上述步骤，将测量结果填入表 2－4－4 中。

（5）分析使用指针式直流电流表和数字式直流电流表的测量结果有何不同。

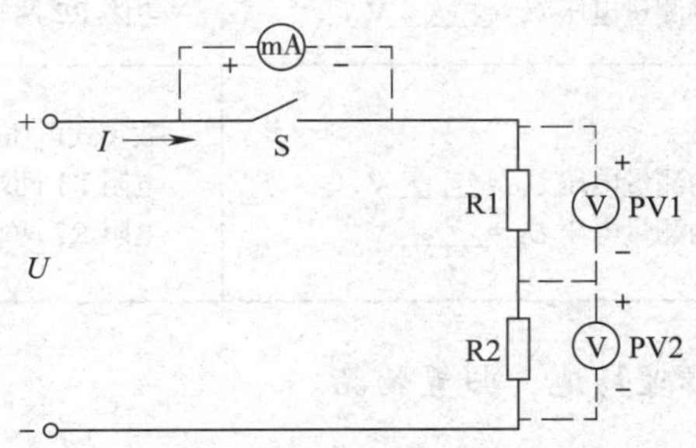

图 2－4－8　直流电流、电压测量电路

表 2－4－4　直流电流测量记录表

电阻	接通直流电源	接通直流电源并合上开关
R_1= 500 Ω R_2=1 000 Ω	计算值 I=______mA	计算值 I=______mA
	指针式电流表的测量值 I=______mA	指针式电流表的测量值 I=______mA
	数字式电流表的测量值 I=______mA	数字式电流表的测量值 I=______mA

续表

电阻	接通直流电源	接通直流电源并合上开关
R_1=1 000 Ω R_2=1 000 Ω	计算值 I=______mA	计算值 I=______mA
	指针式电流表的测量值 I=______mA	指针式电流表的测量值 I=______mA
	数字式电流表的测量值 I=______mA	数字式电流表的测量值 I=______mA

3. 直流电压的测量

（1）按图 2–4–8 所示测量电路接线。

（2）接通直流电源 15 V，合上开头 S，用两种不同量程等级的指针式直流电压表，分别测量电阻 R1 和 R2 两端的电压，将结果填入表 2–4–5 中。

（3）将指针式直流电压表更换为数字式直流电压表，重复上述步骤，将测量的结果填入表 2–4–5 中。

（4）分析使用不同规格的直流电压表的测量结果有何不同。

表 2–4–5　　直流电压测量记录表

电阻	用 15 V 电压表测量	用 50 V 电压表测量
R_1=1 000 Ω R_2=5 00 Ω	电阻 R1 两端的计算电压 U_{R1}=______V 电阻 R2 两端的计算电压 U_{R2}=______V	
	指针式电压表： 电阻 R1 两端的测量电压 U_{R1}=______V 电阻 R2 两端的测量电压 U_{R2}=______V	指针式电压表： 电阻 R1 两端的测量电压 U_{R1}=______V 电阻 R2 两端的测量电压 U_{R2}=______V
	数字式电压表： 电阻 R1 两端的测量电压 U_{R1}=______V 电阻 R2 两端的测量电压 U_{R2}=______V	数字式电压表： 电阻 R1 两端的测量电压 U_{R1}=______V 电阻 R2 两端的测量电压 U_{R2}=______V

4. 按照现场管理规范清理场地，归置物品。

四、实训注意事项

1. 必须在断电的情况下进行接线。

2. 在使用电流表和电压表之前，首先要根据被测电量的性质和大小选择合适的仪表和量程，然后按要求进行接线。

3. 通电前，一定要检查电路连接是否正确，经实训指导教师同意并在其监护下方能进行通电实训。

4. 测量完毕，必须切断电源。

五、实训测评

根据表 2–4–6 的标准对实训进行测评，并将评分结果填入表中。

表 2-4-6　　用电流表和电压表测量直流电路的参数实训评分标准

序号	测评内容	测评标准	配分（分）	得分（分）
1	仪表外观检查	仪表的外观检查结果符合实训的要求	15	
2	直流电流的测量	按照实训步骤要求进行，电流的计算值正确，指针式电流表测量值在合理范围内	15	
		按照实训步骤要求进行，数字式电流表测量值在合理范围内	10	
		能正确回答开关接通前后电流值发生变化的原因	10	
3	直流电压的测量	按照实训步骤要求进行，电压的计算值正确，指针式电压表测量值在合理范围内	15	
		按照实训步骤要求进行，数字式电压表测量值在合理范围内	10	
		能正确回答采用两种量程的电压表，测量值会有误差的原因	10	
4	安全文明实训	工作环境整洁，操作习惯良好，具有安全意识，能积极参与教学活动，整体符合 6S 标准	15	
合计			100	

第三章 交流电流和交流电压的测量

在生产生活中，由于交流电的产生较直流电容易，电压的改变也很方便，因此交流电的使用范围更广泛。这使得在电能的产生、传输和使用过程中，使用的几乎都是交流仪表。目前指针式交流电流表和交流电压表大部分采用电磁系测量机构，也有采用整流系测量机构的，只有在极少数的场合，如要求测量精度很高的实验室，才会采用电动系测量机构。随着时代的发展，数字式交流电流表和交流电压表的应用也越来越广泛。本章着重分析指针式和数字式两种电流表和电压表的结构、工作原理及其扩大量程的方法，以及交流电流和交流电压的测量方法等知识。

§3—1 电磁系测量机构和整流系测量机构

学习目标

1. 熟悉电磁系和整流系测量机构的结构。
2. 掌握电磁系和整流系测量机构的工作原理。
3. 掌握电磁系和整流系测量机构的特点。

交流电流表和交流电压表的测量机构多采用电磁系测量机构和整流系测量机构。由于电磁系测量机构具有结构简单、抗过载能力强、价格便宜等优点，故在安装式交流电流表和交流电压表中被广泛采用。将磁电系测量机构加装整流电路，使得交流量通过整流变为直流量，磁电系测量机构也就成为了能够测量交流量的整流系测量机构。

一、电磁系测量机构

电磁系仪表如图 3-1-1 所示，许多安装式交流电流表和交流电压表都采用了电磁系测量机构。电磁系测量机构主要由固定线圈和可动软磁铁片组成。根据其结构形式的不同，可分为吸引型和排斥型两类。

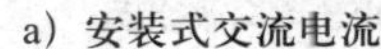
a）安装式交流电流表

b）安装式交流电压表

图 3-1-1　电磁系仪表

1. 吸引型测量机构

（1）结构

吸引型测量机构的结构如图 3-1-2 所示。固定线圈和偏心地装在转轴上的可动铁片组成产生转动力矩的装置，转轴上还装有指针、阻尼片和游丝等。另外，为防止磁感应阻尼器中永久磁铁的磁场对线圈磁场产生影响，在永久磁铁前加装了用导磁性能良好的材料制成的磁屏蔽。

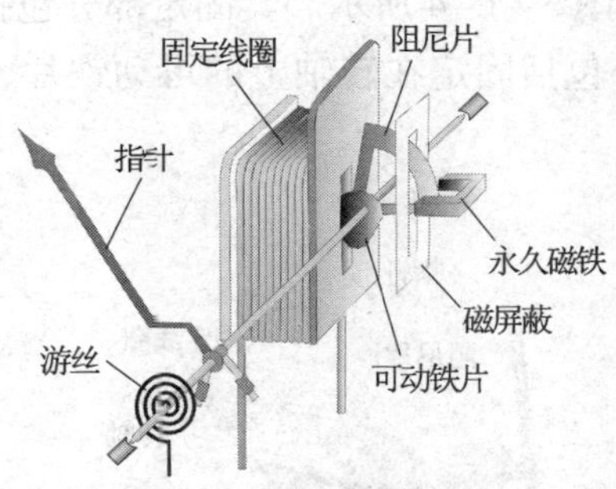

图 3-1-2　吸引型测量机构

在电磁系测量机构中，游丝的作用只是产生反作用力矩，而不通过被测电量的电流。

（2）工作原理

吸引型电磁系测量机构的工作原理如图 3-1-3 所示。

当固定线圈通电后，线圈产生磁场 B，将可动铁片磁化并对铁片产生吸引力，使固定在同一转轴上的指针随之发生偏转，同时游丝产生反作用力矩。线圈中电流越大，磁化作用越强，指针偏转角就越大。当游丝产生的反作用力矩与转动力矩相平衡时，指针就稳定地停留在某一位置，指示出被测量的大小（见图 3-1-3a）。

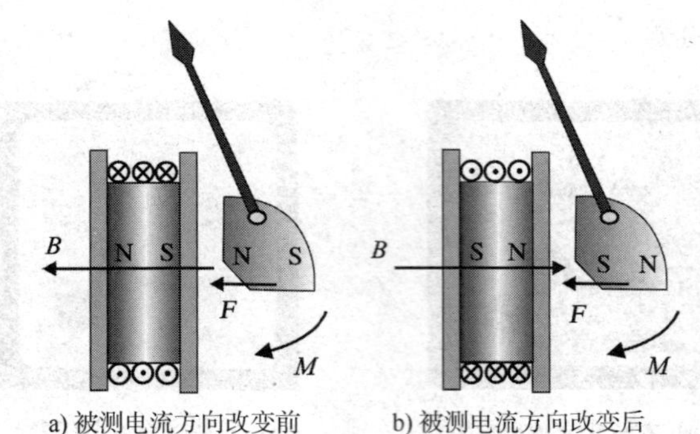

a) 被测电流方向改变前　　b) 被测电流方向改变后

图 3－1－3　吸引型电磁系测量机构的工作原理

显然，当通过线圈的电流方向改变而大小不变时，线圈产生的磁场极性及可动铁片被磁化的极性也同时改变，但它们之间的作用力仍是吸引力，转动力矩的大小和方向不变，保证了指针偏转角不会改变（见图 3－1－3b）。所以，吸引型电磁系测量机构可用来组成交直流两用仪表。

2. 排斥型测量机构

（1）结构

排斥型测量机构的结构如图 3－1－4 所示。其固定部分包括固定线圈以及固定在线圈内侧壁上的固定铁片。可动部分包括固定在转轴上的可动铁片、游丝、指针及阻尼片等，阻尼装置采用了磁感应阻尼器。

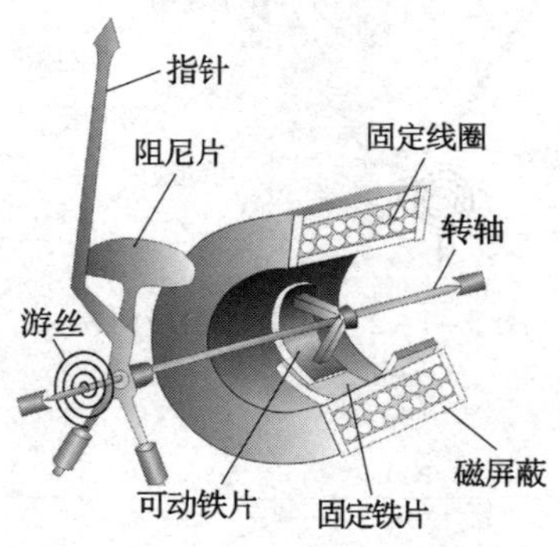

图 3－1－4　排斥型测量机构

磁感应阻尼器的工作原理是怎样的，扫描右侧二维码即可了解。

（2）工作原理

排斥型电磁系测量机构的工作原理如图 3－1－5 所示。

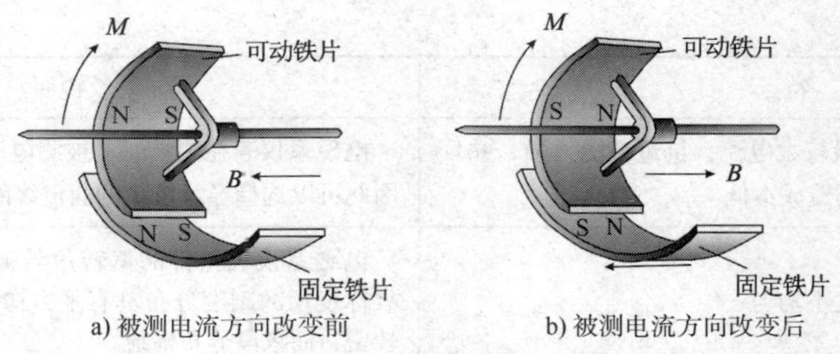

图 3－1－5　排斥型电磁系测量机构的工作原理

当电流通过固定线圈时，产生磁场 B，使固定铁片和可动铁片同时磁化，且两铁片的同一侧为相同的极性。由于同性磁极相互排斥，产生的转动力矩使可动铁片转动，带动指针偏转。当游丝产生的反作用力矩与转动力矩相平衡时，指针就停留在某一位置，指示出被测量的大小（见图 3－1－5a）。如果线圈中电流方向改变，线圈产生磁场的方向会随之改变，两铁片的磁化极性也同时改变，但其相互间排斥力的方向不变（见图 3－1－5b）。所以，由排斥型电磁系测量机构组成的电磁系仪表同样适用于交直流测量。

综上所述，电磁系测量机构的工作原理是利用通电的固定线圈产生磁场，使铁片磁化。然后利用线圈与铁片（吸引型）或铁片与铁片（排斥型）的相互作用产生转动力矩，带动指针偏转。当可动铁片在转动力矩 M 的作用下转动时，游丝也要产生反作用力矩 M_f。当 $M=M_f$ 时，可动部分停在某一平衡位置，指针就有一个稳定的偏转角 α。

3. 指针偏转角与线圈中电流的关系

对吸引型电磁系测量机构而言，转动力矩的大小取决于固定线圈的磁场和可动铁片被磁化后的磁场强弱，而它们磁场的强弱又都与被测电流有关。可见，转动力矩的大小与线圈产生磁势的平方成正比。对排斥型电磁系测量机构而言，其转动力矩取决于固定铁片和可动铁片被磁化后磁场的强弱，而它们的磁场也都与被测电流有关。所以，排斥型电磁系测量机构转动力矩的大小也应与线圈产生磁势的平方成正比。

显然，电磁系测量机构的转动力矩与线圈产生磁势的平方成正比，即

$$M=K_1(NI)^2$$

式中，M 为转动力矩，K_1 为比例系数，N 为线圈匝数，I 为线圈中的电流。

上式说明，电磁系测量机构的转动力矩 M 与被测电流的平方成正比，因此可用来测量被测电流的大小。

4. 电磁系仪表的特点

电磁系仪表的特点见表 3－1－1。

表 3－1－1　电磁系仪表的特点

特点		说明
优点	既可测量直流，又可测量交流。但由于测量直流时有磁滞误差，故只有当铁片采用优质坡莫合金材料时，才可以制成交直流两用仪表	当流过线圈的电流方向改变而大小不变时，线圈产生的磁场极性及可动铁片（或动静铁片）被磁化的极性也同时改变，因此转动力矩的大小和方向不变

续表

特点		说明
优点	可直接测量较大电流，抗过载能力强，并且结构简单，制造成本低	电磁系仪表在测量时，被测电流不经过游丝进入线圈，因此可以选择导线较粗的固定线圈，以测量较大电流
缺点	标度尺刻度不均匀	电磁系仪表指针的偏转角与被测电流的平方成正比，故标度尺的刻度分布具有平方律的特性，即起始段分布较密，而末段分布稀疏
	易受外磁场影响	电磁系仪表的磁场由固定线圈通入电流而产生，强度较弱，故易受外磁场影响，因此必须设法减小外磁场的影响

电磁系仪表减小外磁场影响的方法有两种，扫描右侧二维码即可了解。

二、整流系测量机构

除了前面所讲的电磁系交流电压表和电流表之外，目前，许多安装式交流电压表和电流表也采用了整流系测量机构，如图 3-1-6 所示。前述已知，磁电系测量机构只能测量直流量，在磁电系测量机构的基础上加装整流电路，即可将被测的交流量变为直流量，这种由磁电系测量机构和整流电路组成的测量机构称为整流系测量机构。

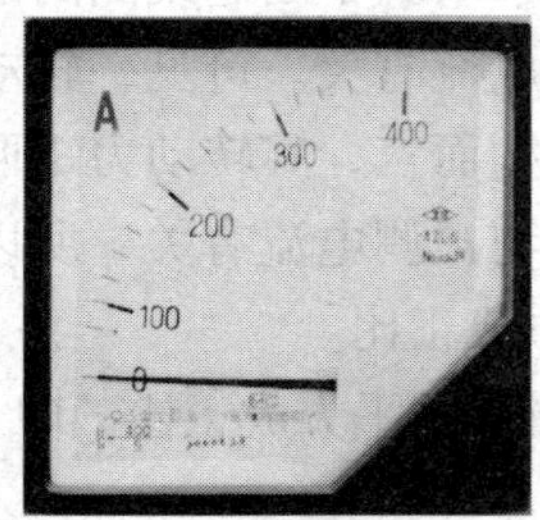

a) 安装式交流电流表

b) 安装式交流电压表

图 3-1-6　整流系仪表

1. 工作原理

整流系仪表中所用的整流电路有半波和全波两种形式。

（1）半波整流电路

图 3-1-7 所示为半波整流电路和波形，图中的 R_V 为分压电阻。与测量机构串联的 VD1 是整流二极管，它能将输入的交流电流变成脉动直流电流，送入磁电系微安表中。VD2 是保护二极管，可以防止输入交流电压在负半周时反向击穿整流二极管 VD1。如果没有 VD2，则在外加电压负半周时，由于整流二极管 VD1 反向截止而承受很高的反向电压，可能造成 VD1 的反向击穿。接入 VD2 后，在负半周时 VD2 导通，使 VD1 两端的反向电压大

大降低，保证了 VD1 不会被反向击穿。此外，VD2 的接入还可消除指针的颤抖。

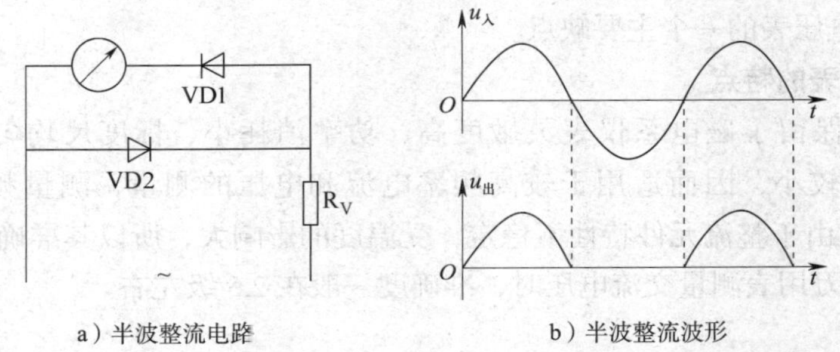

a）半波整流电路　　b）半波整流波形

图 3－1－7　半波整流电路和波形

（2）全波整流电路

图 3－1－8 所示为全波整流电路和波形，全波整流电路通常由 4 个整流元件构成，图中的 R_V 为分压电阻。当 A、B 两端加上交流电压时，如正半周时 A 端的极性为正，B 端为负，则电流的途径为 A → R_V → VD1 →表头→ VD3 → B，如图中实线箭头所示；而在电压负半周时，B 端极性为正，A 端为负，电流的途径变为 B → VD2 →表头→ VD4 → R_V → A，如图中虚线箭头所示。可见，不管在外加电压的正半周还是负半周，表头中都只有同一方向的电流通过。在外加电压相同的情况下，全波整流时的表头电流要比半波整流时增大一倍，仪表的灵敏度较高。

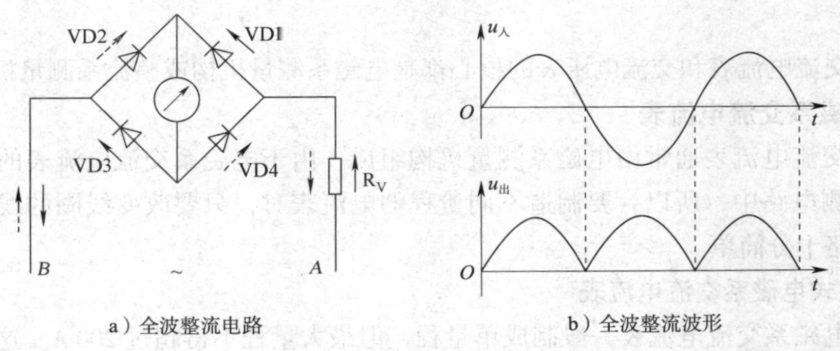

a）全波整流电路　　b）全波整流波形

图 3－1－8　全波整流电路和波形

2. 标度尺

由于通过测量机构的电流实际上是经过整流后的单向脉动电流，而其指针的偏转角是与脉动电流的平均值成正比的，所以，整流系仪表所指示的值应该是交流电的平均值。但是，交流电的大小习惯上是指交流电的有效值。为此，可根据交流电有效值与平均值之间的关系来刻度标度尺。

对于半波整流电路，$I_{有效}=2.22I_{平均}$；

对于全波整流电路，$I_{有效}=1.11I_{平均}$。

这样，交流电压表的标度尺就可以直接按交流电的有效值来进行刻度，即整流系交流电压表的读数是正弦交流电压的有效值。如果被测电压不是正弦波，将会产生波形误差，这是整流系交流电压表的一个主要缺点。

3. 整流系仪表的特点

整流系仪表保留了磁电系仪表灵敏度高、功率消耗小、标度尺均匀等优点。此外，由于电路内电感较小，因而适用于较高频率电流和电压的测量，测量频率范围为 40～1 000 Hz。但是，由于整流元件特性不稳定，受温度的影响大，所以其准确度较低，一般在 1.0 级以下。做成万用表测量交流电压时，准确度一般在 2.5 级左右。

§3—2 指针式交流电流表和电压表

学习目标

1. 了解指针式交流电流表和电压表的结构。
2. 掌握指针式交流电流表和电压表的使用方法。

指针式交流电流表和交流电压表的核心都是电磁系测量机构或整流系测量机构。

一、电磁系交流电流表

电磁系交流电流表通常由电磁系测量机构组成。由于电磁系交流电流表的固定线圈直接串联在被测电路中，所以，要制造不同量程的电流表时，只要改变线圈的线径和匝数即可，测量线路十分简单。

1. 安装式电磁系交流电流表

安装式电磁系交流电流表一般制成单量程，但最大量程不得超过 200 A。这是因为电流太大时，靠近仪表的导线产生的磁场会引起仪表较大的误差，且仪表端钮与导线接触不良时，会严重发热而酿成事故。因此，在测量较大的交流电流时，仪表必须与电流互感器配合使用。

2. 便携式电磁系交流电流表

为了方便使用，便携式电磁系交流电流表一般制成多量程，但它不能采用并联分流电阻的方法扩大量程。这是因为电磁系交流电流表的内阻较大，所以要求分流电阻也较大，这会造成分流电阻的体积及功率损耗都很大。因此，为扩大便携式电磁系交流电流表量程，一般将固定线圈分段，然后利用分段线圈进行串、并联。图 3-2-1 所示为双量程电磁系交流电流表的原理电路：当连接片按图 3-2-1a 连接时，两段线圈串联，电流表量程为 I；按图 3-2-1b 连接时，两段线圈并联，电流表量程扩大为 $2I$。仪表的标度尺一般按量程 I 来刻度，当量程为 $2I$ 时，只需将读数乘 2 即可。

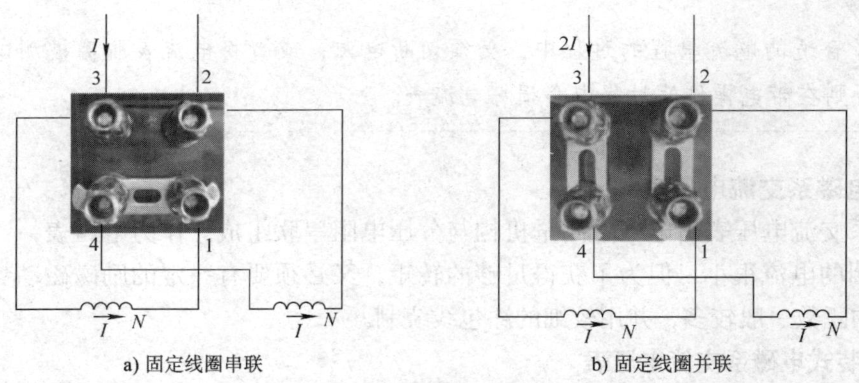

图 3－2－1　双量程电磁系交流电流表的原理电路

3. 交流电流的测量方法

测量交流电流应用交流电流表。交流电流表有安装式和便携式两种，实际应用中的交流电流表大多为安装式的，实验室中偶尔使用便携式交流电流表。交流电流的测量可分为临时测量和长期测量，测量方法如下：

（1）断开电源，切断被测电路，将交流电流表串联接入被测电路中，如图 3－2－2 所示。在测量较大电流时，电流表应串联在被测电路中的低电位端。测量更大的电流时，需要借助电流互感器来扩大电流表的量程，如图 3－2－3 所示（电流互感器将在 §3－4 学习）。如果将电流表错接成并联，会造成电路短路并烧毁电流表。

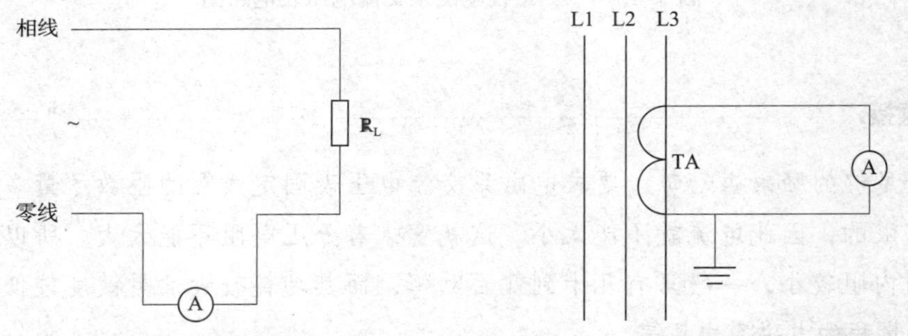

图 3－2－2　交流电流表的接线　　图 3－2－3　带有电流互感器的交流电流表的接线

（2）估算被测电流的大小，选择合适的电流量程。若无法估计被测电流的大小，应先从最大量程开始试测，然后根据指针的偏转幅度，逐步减小至合适量程，即指针指在电流表满刻度的后三分之一段。

（3）接通电源，观察电流表指针的偏转情况，读取测量结果。

（4）测量完毕，要先切断电源，将串联的电流表脱离电路后，再恢复被测电路，最后合上电源开关，使被测电路恢复正常运行。

在选择合适的电流量程的过程中，必须切断电源，或者将电流表脱离被测电路后再选择量程，否则在带电操作的过程中会损坏电流表。

二、电磁系交流电压表

电磁系交流电压表由电磁系测量机构与分压电阻串联组成。作为电压表，一般要求通过固定线圈的电流很小，但为了获得足够的转矩，又必须要有一定的励磁磁动势，所以其固定线圈的匝数一般较多，并用较细的漆包线绕制。

1. 安装式电磁系交流电压表

安装式电磁系交流电压表一般制成单量程，但最大量程不超过 600 V。测量更高的交流电压时，仪表必须与电压互感器配合使用。

2. 便携式电磁系交流电压表

便携式电磁系交流电压表一般制成多量程，如图 3-2-4 所示为三量程电磁系交流电压表的电路图，它采用了共用式分压电路。

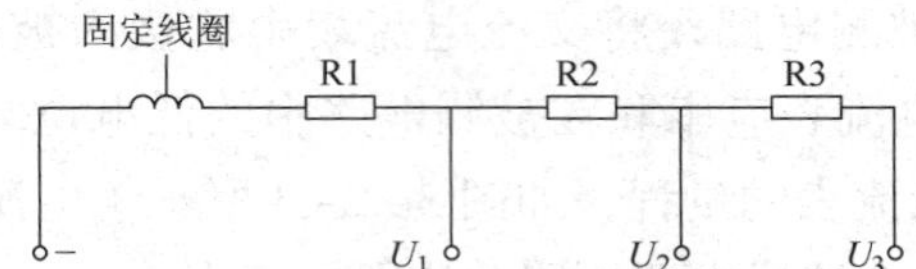

图 3-2-4　三量程电磁系交流电压表电路图

知识链接

为保证足够的励磁磁动势，要求电磁系交流电压表固定线圈的匝数尽量多。但是线圈匝数总是有限的，因此电流就不能太小，这就意味着分压电阻不能太大。所以，电磁系交流电压表的内阻较小，一般只有几十到几百欧姆，而其功耗较大，灵敏度较低，故一般不适合制造低量程的电磁系电压表。

3. 交流电压的测量方法

测量交流电压应用交流电压表。交流电压表有安装式和便携式两种，与交流电流的测量类似，交流电压的测量也分为临时测量和长期测量，测量方法如下：

（1）断开电源，将电压表并联在被测电路两端，如图 3-2-5 所示。为安全起见，对于 600 V 以上的交流电压，不宜直接接入电压表。一般都是通过电压互感器，将一次侧较高的交流电压变换到二次侧的低电压后再进行测量，如图 3-2-6 所示（电压互感器将在 §3-4 学习）。如果将电压表错接成串联，则会因其内阻太大，使被测电路呈开路状态，电压表也

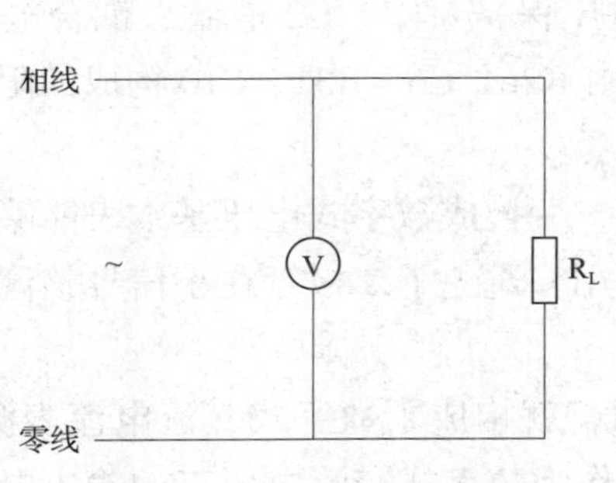

图 3-2-5　交流电压表的接线

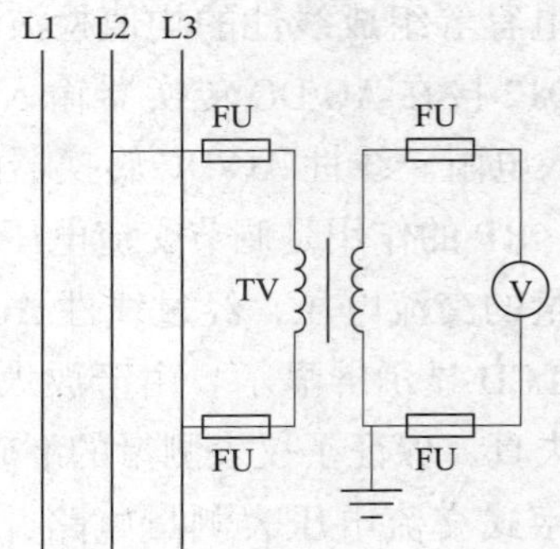

图 3-2-6　带有电压互感器的交流电压表的接线

无法正常工作。

（2）估算被测电压的大小，选择合适的电压量程。若无法估计被测电压的大小，应先从最大量程开始试测，然后根据指针偏转幅度，逐步减小至合适量程，即指针指在电压表满刻度的后三分之一段。

（3）接通电源，观察电压表指针的偏转情况，读取测量结果。

（4）测量完毕，要先切断电源，将并联的电压表移除电路后，合上电源开关，使被测电路恢复正常运行。

§3—3　数字式交流电压表和电流表

学习目标

1. 了解数字式交流电压表和电流表的结构。
2. 掌握数字式交流电压表和电流表的选型、接线方式和通信。
3. 了解三相智能电力仪表的选型和接线方式。

在数字式交流仪表中，为了提高测量的灵敏度和准确度，一般先将被测交流电压降压，经线性 AC/DC 转换器（注意不要和模拟 / 数字转换器的简称 A/D 转换器混淆）变换成微小直流电压，再送入电压基本表中进行显示。

一、数字式交流电压表和电流表的结构

图 3-3-1 所示为数字式交流电压表的测量电路。运算放大器 062、二极管 VD7、VD8

和电阻、电容等组成线性的均值检波电路（简称线性 AC/DC 转换器）。二极管 VD5、VD6、VD11、VD12 接在 AC/DC 转换器输入端作双向过压保护。C1、C2 是输入耦合电容，R21、R22 是输入电阻。线性 AC/DC 转换器的输出端接由 R26、C6、R31、C10 构成的阻容滤波器进行滤波。RP 的作用是调节交流电压测量的灵敏度。

被测量的交流电压，经过线性 AC/DC 转换器，变换成数字式电压基本表能够接收的直流信号给 LCD 显示屏显示。由于放大器 062 的作用，避免了二极管在小信号整流时所引起的非线性失真，保证了仪表测量的准确性。

将数字式交流电压表测量电路并联分流电阻，就构成了数字式交流电流表测量电路。只要使被测电流在分流电阻上产生压降，并以此作为数字式交流电压表的输入电压，即可显示被测电流的大小。

下面以 SPC-96B 系列数字式交流电压表和电流表为例作介绍。

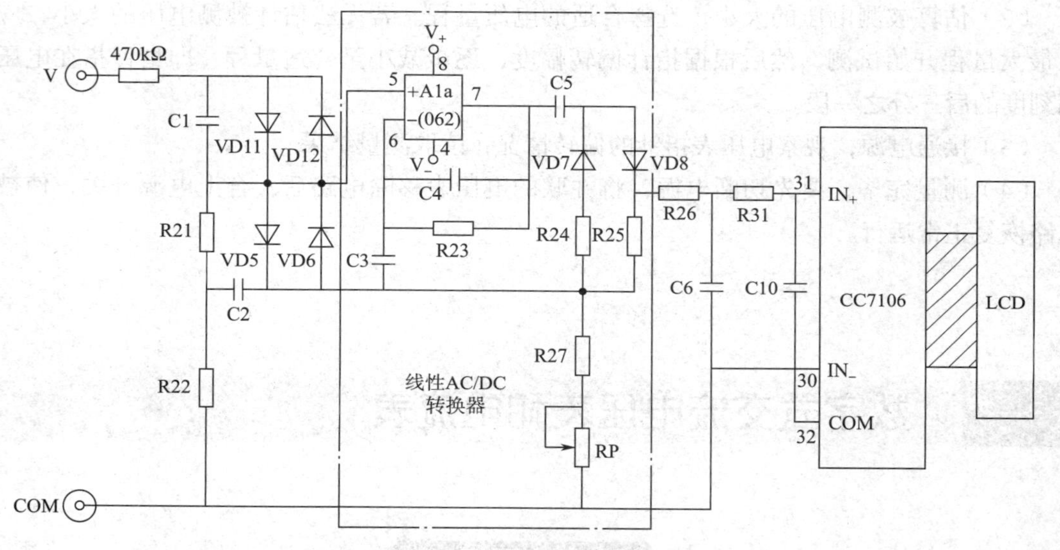

图 3-3-1　数字式交流电压表测量电路

二、数字式交流电压表和电流表的功能

SPC-96B 系列数字式交流电压表和电流表专门为工矿企业、民用建筑、楼宇自动化等行业的电力监控系统而设计。仪表采用交流采样技术，通过面板按键设置参数，可直观显示系统电压、电流参数。该表配有 RS485 通信接口，通过标准的 Modbus-RTU 协议，可与各种组态系统兼容，从而把前端采集到的电压、电流量实时传送给系统数据中心。该系列数字式电压表和电流表可设置电压互感器和电流互感器的参数，用于不同电压、电流等级的交流系统。数字式交流电流表是在数字式交流电压表的基础上设计制造的，显示的是流经负载的电流值。作为一种先进的智能化、数字化电力信号采集装置，该系列仪表已广泛应用于各种控制系统、SCADA 系统、DCS 系统和电能管理系统中，如图 3-3-2 所示。

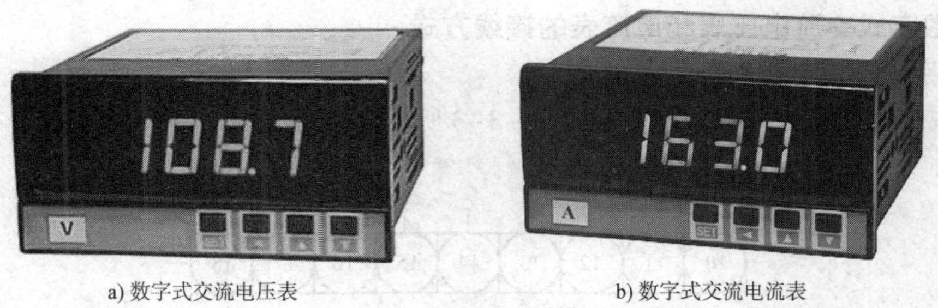

a) 数字式交流电压表　　b) 数字式交流电流表

图 3－3－2　数字式交流电压表和电流表

三、数字式交流电压表和电流表的型号说明

1. 数字式交流电压表型号说明

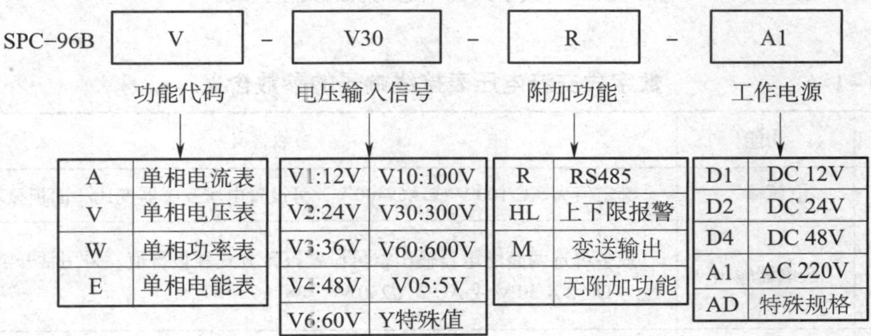

例如，型号 SPC－96BV－V30－R－A1 表示该仪表为数字式交流电压表，其输入信号为 AC 0～300 V，具有 RS485 通信输出功能，工作电源为 AC 220 V。

2. 数字式交流电流表型号说明

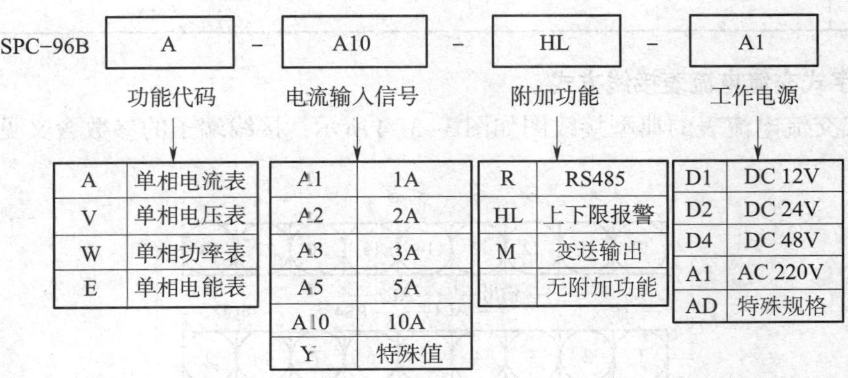

例如，型号 SPC－96BA－A10－HL－A1 表示该仪表为数字式交流电流表，其输入信号为 AC 0～10 A，具有上下限报警功能，工作电源为 AC 220 V。

四、数字式交流电压表和电流表的接线方式

1．数字式交流电压表接线方式

数字式交流电压表的典型接线图如图 3–3–3 所示，接线端子的参数含义见表 3–3–1。

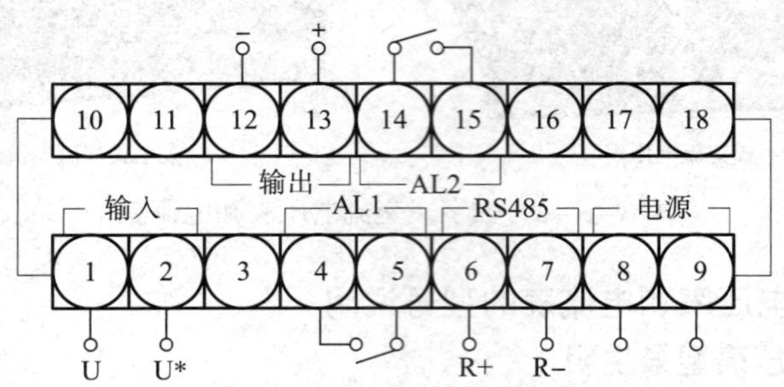

图 3–3–3　数字式交流电压表的典型接线图

表 3–3–1　　数字式交流电压表接线端子的参数含义

端子号	功能	参数含义
①②	电压输入	额定值为 AC 100 V 或 AC 400 V，可设置电压互感器变比（面板显示为一次值）
④⑤ ⑭⑮	继电器输出	最多可选两路继电器输出，可设置报警方式和报警值，采用常开继电器，其容量为 DC 2 A/30 V 或 AC 2 A/250 V
⑥⑦	通信	RS485 通信接口，Modbus-RTU 协议，传输速率为 300～9 600 bit/s（可设置）
⑧⑨	工作电源	有 AC/DC 220 V，DC 48 V，DC 24 V，功耗 <2 W
⑫⑬	输出	有一路 DC 4～20 mA 输出
③⑩⑪ ⑯⑰⑱	—	备用

2．数字式交流电流表接线方式

数字式交流电流表的典型接线图如图 3–3–4 所示，接线端子的参数含义见表 3–3–2。

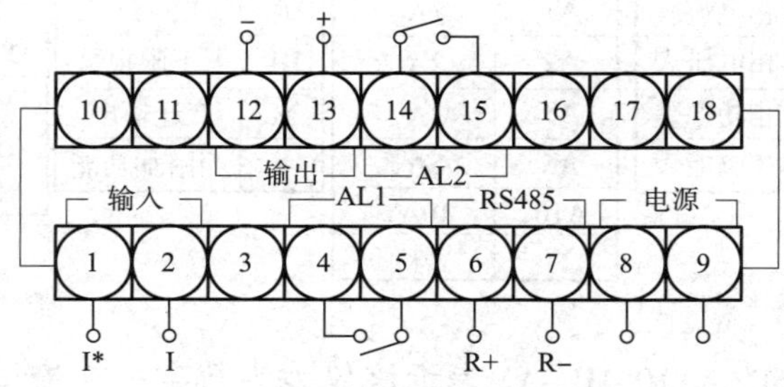

图 3–3–4　数字式交流电流表的典型接线图

表 3-3-2　　数字式交流电流表接线端子的参数含义

端子号	功能	参数含义
①②	电流输入	额定值为 AC 1 A 或 AC 5 A，可设置电流互感器变比（面板显示为一次值）

注：数字式交流电流表其他接线端子的参数含义同表 3-3-1。

3. 数字式交流电压表和电流表工作电源的接线方式

数字式交流电压表和电流表工作电源的接线与数字式直流电压表和电流表工作电源的接线相同。

五、数字式交流电压表和电流表的通信

SPC 系列数字式交流电压表和电流表只要简单地增加一套基于计算机（或工控机）的监控软件（如组态王、Intouch、FIX、Synall 等）就可以构成一套电力监控系统，如图 3-3-5 所示。

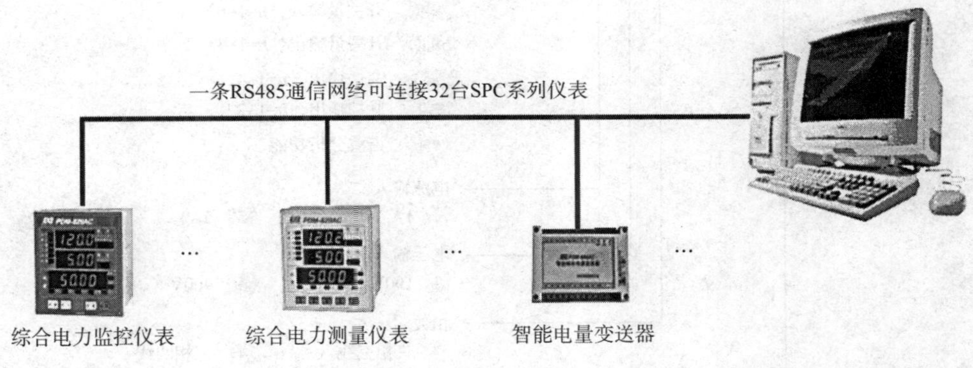

图 3-3-5　电力监控系统

数字式交流电压表和电流表显示面板和参数设置与数字式直流电压表和电流表类似，这里不再赘述。

六、三相智能电力仪表

三相智能电力仪表是一种能够采集多种配电信息，具备数据分析和传输功能的高性能数字智能电力仪表。下面以 SPC660 系列三相智能电力仪表（见图 3-3-6）为例作介绍。

SPC660 系列三相智能电力仪表专为配电系统、工矿企业、公共楼宇的电力监控系统而设计。它采用大规模集成电路和高亮度、长寿命的 LED 显示器，运用数字采样技术对三相交流电路中常用的电力参数（如三相相电压、三相线电压、三相电流、有功功率、无功功率、视在功率、功率因数、频率等）进行实时测量、显示和控制，并配有 RS485 通信接口，通过标准的 Modbus-RTU 协议，可与各种组态系统兼容，从而把前端采集到的电力参数实时传送给系统数据中心。通常 SPC660 系列三相智能电力仪表的电压互感器变比为 220 V/0 ～ 220 V（可设），电流互感器变比为 800 A/5 A（可设）。

图 3-3-6　SPC660 系列三相智能电力仪表

1. 三相智能电力仪表型号说明

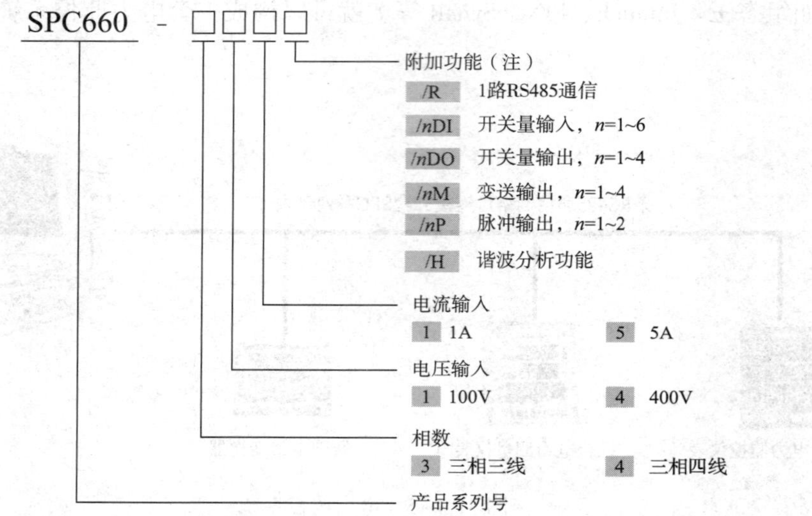

例如，型号 SPC660-445/R 表示三相智能电力仪表的电源供电方式为三相四线制，输入电压最大值为 400 V，输入电流最大值为 5 A，具有 1 路 RS485 通信输出功能。

2. 三相智能电力仪表接线端子和接线注意事项

三相智能电力仪表插拔式端子如图 3-3-7 所示。

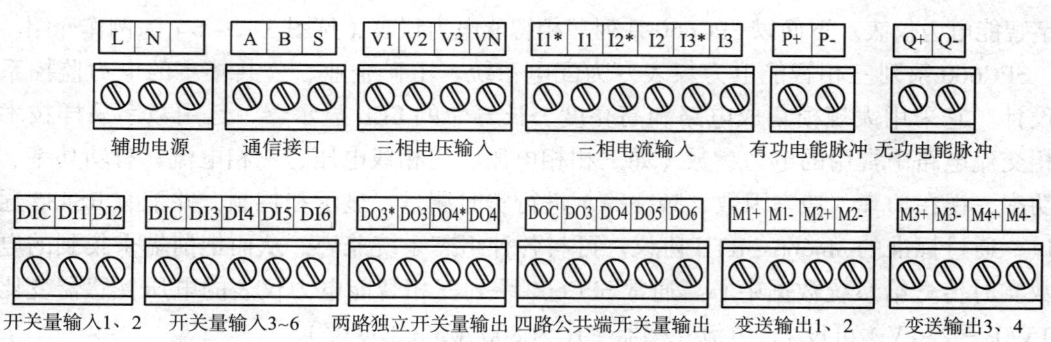

图 3-3-7　三相智能电力仪表插拔式端子

三相智能电力仪表接线注意事项如下：

（1）在电压输入端的相线上须加装熔丝或小型空气断路器。电流互感器出线上不要加装熔丝或小型空气断路器。

（2）工作电源不要接在电压互感器的输出线上，否则将会导致电压测量不准确。

（3）确保输入电压与输入电流相对应，保证相号和相序一致，否则会出现测量数据和符号错误。

（4）如果使用的电流互感器上接有其他仪表，应采用串联方式连接该回路所有仪表。

（5）拆除仪表或修改电流输入连接线之前，一定要确保一次回路断电或者短接电流互感器二次回路。

（6）建议使用接线排，不要直接连接电流互感器，以便于短路和拆装。

（7）RS485 通信连接应使用优质带铜网的屏蔽双绞线，线径不小于 0.7 mm，布线时应使通信线远离其他强电场环境，保证一条总线屏蔽层的单点连接独立于盘柜的接地点。

用电流表和电压表测量交流电路的参数

一、实训目的

1. 理解指针式电磁系仪表的结构和工作原理。
2. 掌握指针式和数字式交流仪表接线的方法和规则。
3. 掌握交流电路中电流和电压的测量方法。

二、实训器材

用电流表和电压表测量交流电路参数所需的实训器材明细详见表 3–3–3。

表 3–3–3　实训器材明细表

名称	规格	数量
调压器	220 V，1 kV · A	1 台
变压器	220 V/36 V，100 V · A	1 台
指针式交流电流表	50 mA，2.5 级	1 个
指针式交流电压表	50 V，2.5 级	1 个
	250 V，2.5 级	1 个
数字式交流电流表	50 mA，2.5 级	1 个
数字式交流电压表	50 V，2.5 级	1 个
	250 V，2.5 级	1 个

续表

名称	规格	数量
电阻	1 kΩ，1 W	2个
	500 Ω，1 W	2个
开关		1个

三、实训内容及步骤

1. 外观检查

主要检查仪表的外壳、指针、端钮、调零器、刻度盘、数字显示面板等是否完好无损，指针转动是否灵活，有无卡阻现象，必要的标志和极性符号是否清晰，表内有无元器件脱落等。

2. 交流电流的测量

（1）按图 3-3-8 所示测量电路接线。

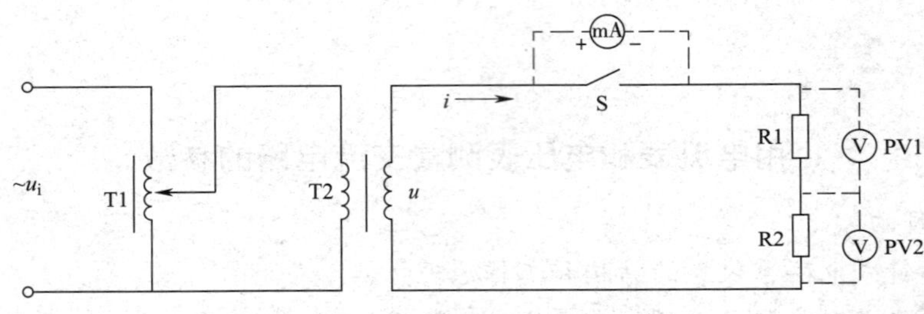

图 3-3-8　交流电流、电压测量电路

（2）接通交流电源，用指针式交流电流表测量电路的电流 i，填入表 3-3-4 中。

（3）接通交流电源，合上开关 S，再次用指针式交流电流表测量电路的交流电流 i，填入表 3-3-4 中。

（4）将指针式交流电流表更换为数字式交流电流表，重复上述步骤，将测量的结果填入表 3-3-4 中。

表 3-3-4　　交流电流测量记录表

电阻	接通交流电源	接通交流电源和开关
R_1=500 Ω，R_2=1 000 Ω	计算值 I=______mA	计算值 I=______mA
	指针式电流表的测量值 I=______mA	指针式电流表的测量值 I=______mA
	数字式电流表的测量值 I=______mA	数字式电流表的测量值 I=______mA
R_1=1 000 Ω，R_2=1 000 Ω	计算值 I=______mA	计算值 I=______mA
	指针式电流表的测量值 I=______mA	指针式电流表的测量值 I=______mA
	数字式电流表的测量值 I=______mA	数字式电流表的测量值 I=______mA

（5）分析使用指针式交流电流表和数字式交流电流表的测量结果有何不同。

3. 交流电压的测量

（1）按图 3–3–8 所示测量电路接线。

（2）接通交流电源，合上开关 S，用两种不同量程等级的指针式交流电压表，分别测量电源电压 u、电阻 R1 和 R2 两端的电压，将结果填入表 3–3–5 中。

（3）将指针式交流电压表更换为数字式交流电压表，重复上述步骤，将测量的结果填入表 3–3–5 中。

（4）分析使用不同规格的交流电压表测量结果有何不同。

4. 按照现场管理规范清理场地，归置物品。

表 3–3–5　　　　交流电压测量记录表

<table>
<tr><th>电阻</th><th>用 50 V 电压表测量</th><th>用 250 V 电压表测量</th></tr>
<tr><td rowspan="3">R_1=1 000 Ω
R_2=500 Ω</td><td colspan="2">电阻 R1 两端的计算电压 U_{R1}=____V
电阻 R2 两端的计算电压 U_{R2}=____V</td></tr>
<tr><td>指针式电压表：
电源电压 U=____V
电阻 R1 两端的测量值 U_{R1}=____V
电阻 R2 两端的测量值 U_{R2}=____V</td><td>指针式电压表：
电源电压 U=____V
电阻 R1 两端的测量值 U_{R1}=____V
电阻 R2 两端的测量值 U_{R2}=____V</td></tr>
<tr><td>数字式电压表：
电源电压 U=____V
电阻 R1 两端的测量值 U_{R1}=____V
电阻 R2 两端的测量值 U_{R2}=____V</td><td>数字式电压表：
电源电压 U=____V
电阻 R1 两端的测量值 U_{R1}=____V
电阻 R2 两端的测量值 U_{R2}=____V</td></tr>
</table>

四、实训注意事项

1. 必须在断电的情况下进行接线。

2. 在使用电流表和电压表之前，首先要根据被测电量的性质和大小选择合适的仪表和量程，然后按要求进行接线。和测量直流参数不同，交流仪表接线端钮上无“+”“-”极性标记。

3. 通电前，一定要检查电路连接是否正确，经实训指导教师同意并在其监护下方能进行通电实训。

4. 测量完毕，关断电源。

一般测量的交流电流比较大，交流电压也比较高，所以交流电流表、电压表的接线必须牢固可靠。

五、实训测评

根据表 3–3–6 中的测评标准对实训进行测评，并将评分结果填入表中。

表 3-3-6　　用电流表和电压表测量交流电路的参数实训评分标准

序号	测评内容	测评标准	配分（分）	得分（分）
1	仪表外观检查	仪表的检查结果符合实训的要求	20	
2	交流电流的测量	按照实训步骤要求进行，电流的计算值正确，指针式电流表的测量值在合理范围内	10	
		按照实训步骤要求进行，数字式电流表的测量值在合理范围内	10	
		正确回答开关接通前后电流值变化的原因	10	
3	交流电压的测量	按照实训步骤要求进行，电压的计算值正确，指针式电压表的测量值在合理范围内	10	
		按照实训步骤要求进行，数字式电压表的测量值在合理范围内	10	
		正确回答采用两种量程的电压表，测量值不同的原因	10	
4	安全文明实训	工作环境整洁，操作习惯良好，具有安全意识，能积极参与教学活动，整体符合 6S 标准	20	
合计			100	

§3—4　交流测量用互感器

学习目标

1. 了解交流测量用互感器的作用。
2. 掌握电流互感器的结构、原理及使用方法。
3. 掌握电压互感器的结构、原理及使用方法。

实际生产中，前面介绍的交流电流表和交流电压表的量程往往不能满足测量的要求，这就需要利用交流测量用互感器来扩大交流仪表的量程。交流测量用互感器是用来按比例变换交流电压或交流电流的仪器，它包括变换交流电压的电压互感器和变换交流电流的电流互感器。

一、交流测量用互感器的作用

交流测量用互感器的作用主要有以下三个方面。

1. 扩大交流仪表的量程，降低功耗

在大电流、高电压的情况下，采用分流电阻和分压电阻的方法来扩大仪表量程已显得非常困难。例如，一只内阻为 0.1 Ω 的电流表直接串联接入电路中去测量 1 000 A 的电流时，电流表本身的压降就有 100 V，功率损耗高达 100 000 W。显然，这时电流表不仅要为散热而增大体积，而且串联接入电路后还会影响电路正常的工作状态。在这样的情况下，如果利用互感器把大电流、高电压按比例变换成小电流、低电压，再用低量程的仪表进行测量，就相当于扩大了交流仪表的量程，同时大大降低了仪表本身的功耗。

2. 隔离高压，安全可靠

由于交流测量用互感器能将高电压变换成低电压，并且仪表与被测电路之间没有直接的电联系。所以，在测量高压电路时，不但可以保证工作人员和仪表的安全，而且降低了对仪表的绝缘要求。

3. 有利于仪表生产的标准化，降低生产成本

由于电压互感器二次侧的额定电压统一规定为 100 V，电流互感器二次侧的额定电流统一规定为 5 A。因此，只要生产量程为 100 V 的交流电压表和 5 A 的交流电流表，再配合不同变比的交流测量用互感器，就能满足测量各种高电压和大电流的要求。

鉴于以上原因，交流测量用互感器在电气测量中得到了广泛的应用。

二、电流互感器

1. 电流互感器的构造与原理

电流互感器实际上是一个降流变压器，它能把一次侧的大电流变换成二次侧的小电流。由于变压器的一次侧、二次侧电流之比与一次侧、二次侧的匝数之比成倒数关系，所以电流互感器一次侧的匝数远少于二次侧的匝数，一般只有一匝到几匝。电流互感器的符号如图 3-4-1a 所示。使用时，将一次侧与被测电路串联，二次侧与电流表串联，如图 3-4-1b 所示。由于电流表的内阻一般很小，所以电流互感器在正常工作时，接近于变压器的短路状态。

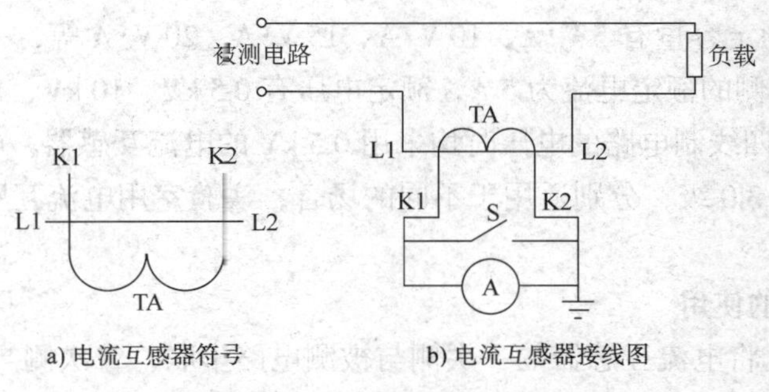

图 3-4-1　电流互感器的符号和接线图

电流互感器的一次侧额定电流 I_{1N} 与二次侧额定电流 I_{2N} 之比，称为电流互感器的额定变流比，用 K_{TA} 表示，即

$$K_{TA}=\frac{I_{1N}}{I_{2N}}$$

每个电流互感器的铭牌上都标有它的额定变流比。测量时，可根据电流表的指示值 I_2，计算出一次侧被测电流 I_1 的数值，即

$$I_1=K_{TA}\times I_2$$

同理，为使用方便，对与电流互感器配合使用的交流电流表，可按一次侧电流直接进行刻度。例如，按 5 A 量程设计制造，与 K_{TA}=400/5 的电流互感器配合使用的电流表，其标度尺可直接按 400 A 进行刻度。数字式电流表因内含电流互感器，可以通过按键直接设置数字式电流表的变流比，如图 3－4－2 所示。

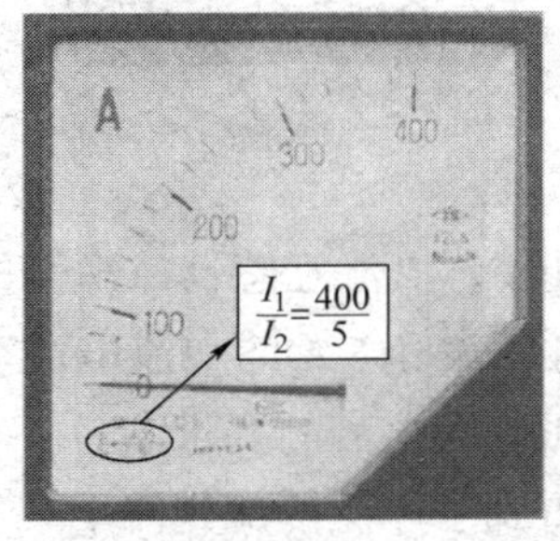

a) 与电流互感器配合使用的交流电流表

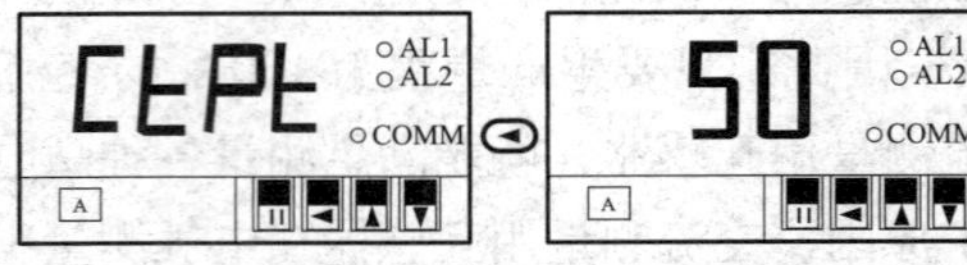

b) 数字式电流表设置变流比

图 3－4－2　电流表与电流互感器的配合使用

知识链接

购买大量程的指针式交流电流表时，一定要看清楚表盘上所标明的与之配套的电流互感器的额定变流比，并同时购买所要求的电流互感器。

2. 电流互感器的选择

电流互感器的额定容量有 5 V·A、10 V·A、15 V·A、20 V·A 等，一次侧的额定电流为 10～25 000 A，二次侧的额定电流为 5 A，额定电压有 0.5 kV、10 kV、15 kV、35 kV 等，测量 380/220 V 的三相四线制电路的电压时均采用 0.5 kV 的电流互感器。电流互感器的准确度等级通常为 0.2 级～3.0 级，分别适用于不同的场合，实验室用电流互感器的准确度等级多在 0.2 级以上。

3. 电流互感器的使用

（1）正确接线。将电流互感器的一次侧与被测电路串联，二次侧与电流表（或仪表的电流线圈）串联。当功率表、电能表等转动力矩与电流方向有关的仪表与电流互感器配合使用时，还要注意电流互感器的极性，极性接反会导致仪表指针反转。电流互感器一次侧、二次侧的 L1 和 K1、L2 和 K2 是同名端。电流互感器二次侧回路的连接导线应采用铜质单芯绝缘线，连接导线的截面面积不应小于 4 mm^2。

（2）电流互感器的二次侧在运行中绝对不允许开路。因此，在电流互感器的二次侧回路中严禁加装熔断器。运行中需拆除或更换仪表时，应先将电流互感器的二次侧短路后再进行操作。为使用方便，有的电流互感器中装有供短路用的开关，例如，图 3－4－1b 中的开关 S 就起这个作用。

（3）在高压电路中，电流互感器的铁芯和二次侧的一端必须可靠接地，以确保人身和设备的安全。但在 380 V/220 V 低压电路中，电流互感器的铁芯和二次侧的一端可以不接地。

（4）接在同一互感器上的仪表不能太多，否则接在二次侧的仪表消耗的功率将超过互感器二次侧的额定功率，从而导致测量误差增大。

常用的电流互感器见表 3－4－1。

表 3－4－1　　　　常用的电流互感器

型号	用途	外形
SPKH-0.66 系列 开口式电流互感器	SPKH-0.66 系列开口式电流互感器专为改造项目而设计，安装时无须穿线或断开母线、母排，可以节省大量的安装时间和安装成本，适用于 3 kV 及以下、50 Hz 的交流线路，作电流、电能测量及继电保护用	
LDZJ1-10 型 电流互感器	LDZJ1-10 型电流互感器适用于户内 10 kV、50 Hz 交流电力系统，作电流、电能测量及继电保护用	
LQG-0.5 型 电流互感器	LQG-0.5 型电流互感器为户内装置线圈式电流互感器，用于 500 V、50 Hz 的交流线路中，作电流、电能测量及继电保护用	
LAZBJ-10 型 电流互感器	LAZBJ-10 型电流互感器适用于户内 10 kV、50 Hz 交流电力系统，作电流、电能测量及继电保护用	

续表

型号	用途	外形
LMZ1-0.5 系列电流互感器	LMZ1-0.5 系列电流互感器适用于 0.5 kV 及以下、50 Hz 的交流线路，作电流、电能测量及继电保护用	

三、电压互感器

1. 电压互感器的构造与原理

电压互感器实际上是一个降压变压器，它能将一次侧的高电压变换成二次侧的低电压，其一次侧的匝数远多于二次侧匝数。电压互感器的符号如图 3-4-3a 所示。使用时，将一次侧与被测电路并联，二次侧与电压表并联，如图 3-4-3b 所示。由于二次侧的额定电压一般为 100 V，故不同变压比的电压互感器，其一次侧的匝数是不同的。另外，由于电压表的内阻都很大，所以电压互感器的正常工作状态接近于变压器的开路状态。

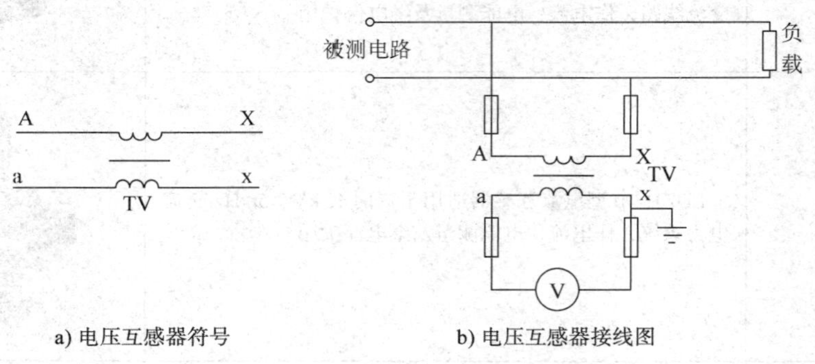

a) 电压互感器符号　　b) 电压互感器接线图

图 3-4-3　电压互感器的符号和接线图

电压互感器一次侧额定电压 U_{1N} 与二次侧额定电压 U_{2N} 之比，称为电压互感器的额定变压比，用 K_{TV} 表示，即

$$K_{TV}=\frac{U_{1N}}{U_{2N}}$$

K_{TV} 一般都标在电压互感器的铭牌上。测量时可根据电压表的指示值 U_2，计算出一次侧被测电压 U_1 的大小，即

$$U_1=K_{TV}\times U_2$$

在实际测量中，为测量方便，对与电压互感器配合使用的电压表，常按一次侧电压进行刻度。例如，按 100 V 电压设计制造，与 K_{TV}=10 000/100 的电压互感器配合使用的电压表，其标度尺可按 10 000 V 直接刻度，如图 3-4-4 所示。同理，数字式电压表因内含电压互感器而可以通过按键直接设置数字式电压表的变压比。

图 3-4-4　与电压互感器的配合使用

2. 电压互感器的选择

选择电压互感器时，要保证其额定电压与测量电路的电压相符，二次侧负载电流不得超过二次侧的额定电流。电压互感器分为五个准确度等级：0.1 级和 0.2 级用于实验室中的精密测量，0.5 级和 1.0 级用于发电配电设备的测量和保护，3.0 级用于一般的非精密测量。

3. 电压互感器的使用

（1）正确接线。将电压互感器的一次侧与被测电路并联，二次侧与电压表（或仪表的电压线圈）并联。当将某些转动力矩与电流方向有关的仪表（如功率表、电能表等）与电压互感器连接时，要注意极性，极性接反会导致仪表指针反转。电压互感器一次侧的 A 与二次侧的 a 是同名端，一次侧的 X 与二次侧的 x 是同名端，即若一次侧电流从 A 流入电压互感器，二次侧电流应从其对应的同名端 a 流入电压互感器。

（2）电压互感器的一次侧、二次侧在运行中绝对不允许短路。因此，电压互感器的一次侧、二次侧都应装设熔断器，以免一次侧短路影响高压供电系统以及二次侧短路烧毁电压互感器。

（3）电压互感器的铁芯和二次侧的一端必须可靠接地，以防止绝缘损坏时，一次侧的高压电窜入低压端，危及人身和设备的安全。

（4）为了保证测量的准确度，要求电压互感器的准确度等级比所接仪表的准确度等级高两级。

常用的电压互感器见表 3-4-2。

表 3-4-2　　常用的电压互感器

型号	用途	外形
JDJ-6、10 型电压互感器	JDJ-6、10 型电压互感器分别适用于 6 kV、10 kV，50 Hz 的交流电路，作电压、电能测量和继电保护用	

续表

型号	用途	外形
JDZ-3、6、10Q 型和 JDZJ-3、6、10Q 型电压互感器	JDZ-3、6、10Q 和 JDZJ-3、6、10Q 型电压互感器都是用环氧树脂浇注的半封闭式电压互感器，分别适用于户内频率为 50 Hz，3 kV、6 kV、10 kV 的电力系统，作电压、电能测量及继电保护用	
JDG4-0.5 型电压互感器	JDG4-0.5 型电压互感器用于频率为 50 Hz、500 V 及以下的交流线路中，作电压、电能测量及继电保护用	

用电流互感器配合交流电流表测量交流电流

一、实训目的

1. 熟悉电流互感器的结构及工作原理。
2. 掌握用电流互感器配合交流电流表测量交流电流的方法。

二、实训器材

用电流互感器配合交流电流表测量交流电流所需的实训器材明细见表 3-4-3。

表 3-4-3　　实训器材明细表

名称	规格	数量
三相三线制交流电源	380 V	1 处
电流互感器	SPKH-0.66	3 个
交流电流表	5 A，2.5 级	3 个
	5 A，1.0 级	3 个
三相交流异步电动机	7.5 kW	1 台
连接导线		若干

三、实训内容及步骤

1. 外观检查

主要检查仪表的外壳、端钮、按键等是否完好无损，必要的标志和极性符号是否清晰，表内有无元器件脱落等。

2. 单相交流电流的测量

（1）将交流电流表与电流互感器按图 3-4-5 进行连接，合上电源开关，测量电路中的电流，将测量结果填入表 3-4-4 中。

（2）更换不同准确度等级的电流表，再次测量电路中的电流，将测量结果填入表 3-4-4 中。

3. 三相交流电流的测量

（1）按图 3-4-6 所示的原理图连接三相交流电流的测量电路。

（2）按照线路原理图，将三个交流电流表与电流互感器分别与三相电源线连接，要求接线安全可靠，布局合理。

（3）合上电源开关，测量三相交流电路的电流，并将测量结果填入表 3-4-4 中。

（4）更换不同准确度等级的电流表，再次测量三相交流电路的电流，并将测量结果填入表 3-4-4 中。

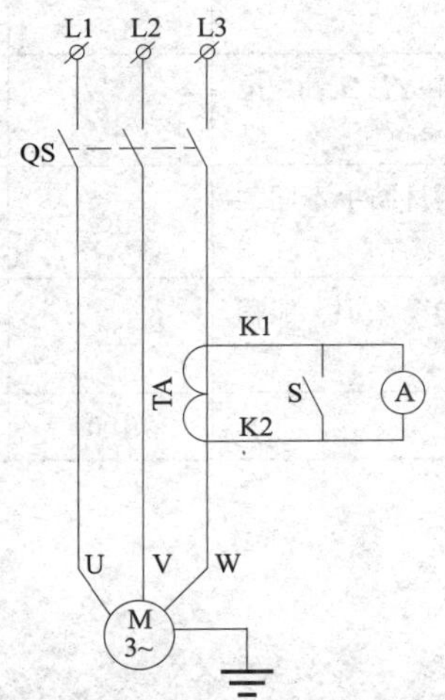

图 3-4-5 单相交流电流测量

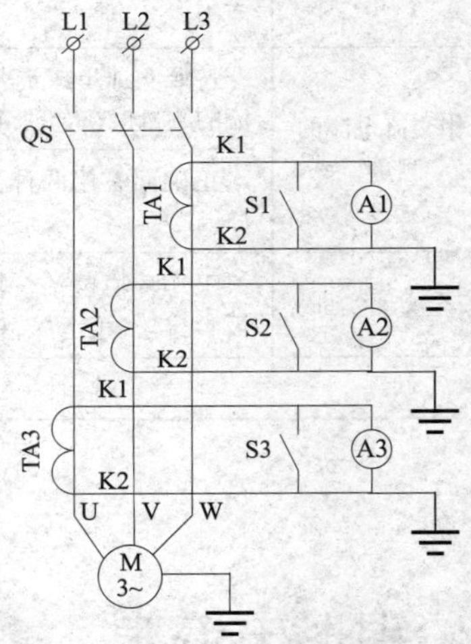

图 3-4-6 三相交流电流测量

表 3-4-4　　交流电流测量记录表

测量位置	单相交流电路		三相交流电路	
	1.0 级电流表	2.5 级电流表	1.0 级电流表	2.5 级电流表
U 相	—	—	I_U=______mA	I_U=______mA
V 相	—	—	I_V=______mA	I_V=______mA
W 相	I_W=______mA	I_W=______mA	I_W=______mA	I_W=______mA

4. 按照现场管理规范清理场地，归置物品。

四、实训注意事项

1. 实训时，电源开关应采用自动空气断路器，以免出现电弧。

2. 如被测电流较小，可将被测导线在电流互感器的铁芯上多绕几圈，此时测量值应为电流表指示值除以互感器铁芯上的导线圈数所得的值。

3. 要根据线路电流的大小，选择合适变流比的电流互感器。

4. 通电前，一定要检查电路连接是否正确，经实训指导教师同意并且在其监护下方能进行通电实训。

五、实训测评

根据表 3－4－5 中的测评标准对实训进行测评，并将评分结果填入表中。

表 3－4－5　　电流互感器配合交流电流表测量电流实训评分标准

序号	测评内容	测评标准	配分（分）	得分（分）
1	仪表外观检查	仪表的检查结果符合实训的要求	20	
2	单相交流电流的测量	按照实训步骤要求进行，电流互感器使用方法正确，电流的测量值在合理范围内	15	
		正确回答用两种不同准确度的电流表测量结果不同的原因	15	
3	三相交流电流的测量	按照实训步骤要求进行，电流互感器使用方法正确，电流的测量值在合理范围内	15	
		正确回答用两种不同准确度的电流表测量结果不同的原因	15	
4	安全文明实训	工作环境整洁，操作习惯良好，具有安全意识，能积极参与教学活动，整体符合 6S 标准	20	
合计			100	

§3—5　钳形电流表

学习目标

1. 熟悉钳形电流表的构造及原理。
2. 熟练掌握钳形电流表的使用方法。
3. 熟悉钳形电流表的使用注意事项。

在测量电路中的电流时，首先应当切断被测电路，再将电流表串联接入后才能进行。那么，有没有不用切断电路就能测量电路中电流的仪表呢？下面介绍的钳形电流表的最大优点就是能在不停电、不切断线路的情况下测量电流。例如，用钳形电流表可以在不切断电路的情况下，测量运行中的交流异步电动机的工作电流，从而更方便地了解其工作状况。

实际中使用的钳形电流表主要分为指针式和数字式两大类，本节将介绍这两种钳形电流表的构造和原理，并重点介绍其使用方法。

一、钳形电流表的构造及原理

钳形电流表按照用途分为专门测量交流电流的互感器式钳形电流表和可以交直流两用的电磁系钳形电流表两种。

1. 互感器式钳形电流表

指针互感器式钳形电流表由电流互感器和整流系电流表组成，数字互感器式钳形电流表由电流互感器和数字式电压基本表组成，分别如图 3-5-1a、b 所示。

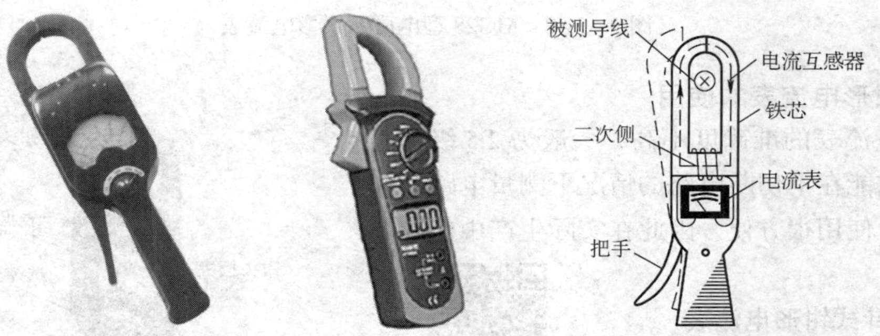

a) 指针互感器式钳形电流表 b) 数字互感器式钳形电流表 c) 互感器式钳形电流表的结构

图 3-5-1 互感器式钳形电流表

电流互感器的铁芯呈钳口形，如图 3-5-1c 所示，当握紧钳形电流表的把手时，其铁芯可以张开（如图中虚线所示），此时可将被测电流的导线放入钳口中央。松开把手后铁芯闭合，被测电流的导线相当于电流互感器的一次侧，于是在二次侧就会产生感应电流，并送入整流系电流表或数字式电压基本表中进行测量。指针互感器式钳形电流表的标度尺一般是直接按一次侧电流刻度的，所以仪表的读数就是被测导线中的电流值。数字互感器式钳形电流表的 LCD 显示屏可以直接显示被测导线中的电流值。

指针互感器式钳形电流表（如 T301、T302、MG3 等）和数字互感器式钳形电流表（如 UT200A、UT200B 等）都只能测量交流电流。

2. 电磁系钳形电流表

电磁系钳形电流表主要由电磁系测量机构组成，以 MG28 型电磁系钳形电流表为例，其结构如图 3-5-2 所示。

处在铁芯钳口中的被测导线相当于电磁系测量机构中的线圈。当被测电流通过导线时，会在铁芯中产生磁场，使可动铁片磁化，产生电磁推力，带动仪表指针偏转，指示出被测电流的大小。由于电磁系仪表可动部分的偏转方向与电流方向无关，因此它可以交直流两用。特别是在测量运行中的绕线式异步电动机的转子电流时，因为转子电流的频率很低，用互感器式钳形电流表无法准确测量其数值，这时只能采用电磁系钳形电流表。MG28 型钳形电流表就属于交直流两用的电磁系钳形电流表。

a) 电磁系钳形电流表外形

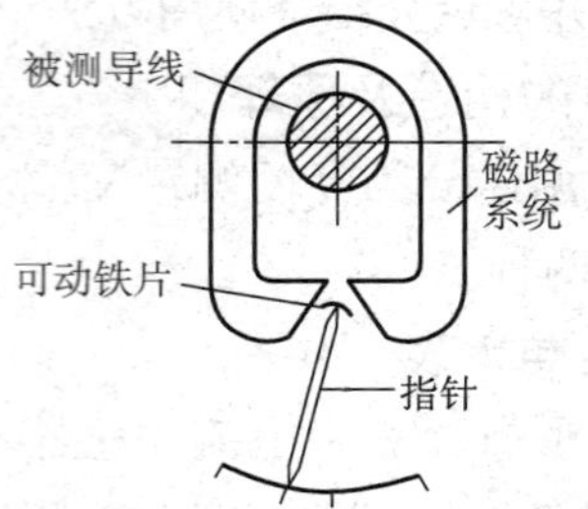

b) 电磁系钳形电流表结构

图 3－5－2　MG28 型电磁系钳形电流表

二、钳形电流表的使用

钳形电流表的准确度不高，一般为 2.5 级以下。但它能在不切断电路的情况下测量电路中的电流，使用很方便，因此在实际生产中广泛应用。

1. 指针式钳形电流表

（1）外形结构

MG3 型指针式钳形电流表的外形结构如图 3－5－3 所示。

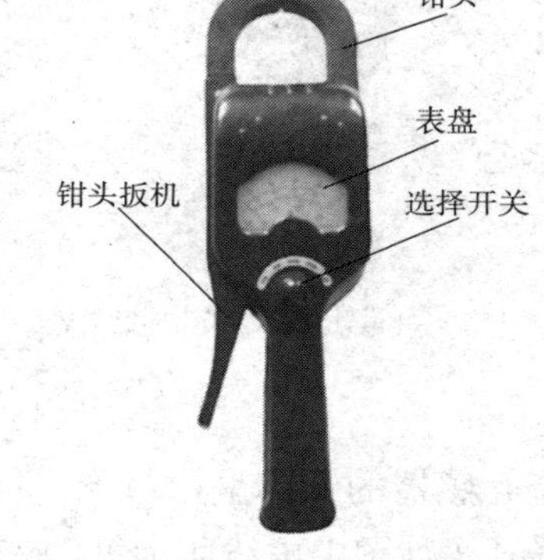

图 3－5－3　MG3 型指针式钳形电流表的外形结构

（2）使用方法

以 MG3 型指针式钳形电流表为例，用指针式钳形电流表测量交流电流的方法和步骤见表 3－5－1。

表 3－5－1　　用指针式钳形电流表测量交流电流的方法和步骤

序号	步骤	图例	操作说明	备注
1	准备工作		检查仪表外观，将钳形电流表平放，观察指针是否指在零位	仪表内部有异常声响，则不能使用。钳口要结合紧密，检查钳口结合处是否有污垢存在

续表

序号	步骤	图例	操作说明	备注
2	选择挡位		将选择开关置于合适的挡位：10 A/30 A/100 A/300 A/1 000 A。选择挡位量程应在未测量前或者退出线路后进行	测量前先估计被测电流的大小，选择合适的量程。若无法估计被测电流的大小，则应从最大量程开始，逐步换至合适的量程
3	测量交流电流	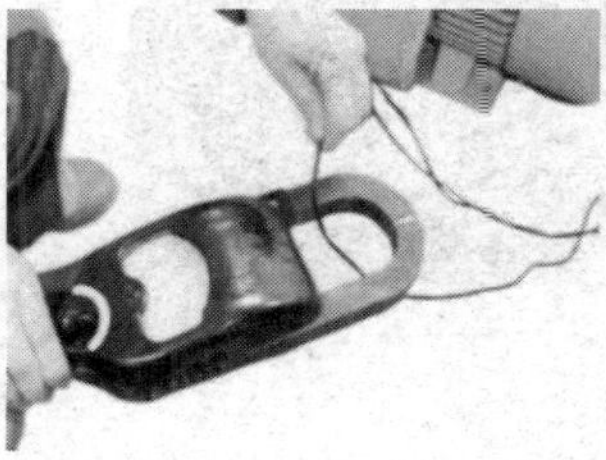	用钳头卡住单根被测导线，调整被测导线使之与钳头垂直并处于钳头的中心位置，检查钳头确保其闭合良好	若同时测量两根或两根以上的导线，测量读数将是错误的 严禁在测量进行中转换选择开关的挡位，以防损坏钳形电流表
4	观察读数		钳形电流表均可直接读数，此时指针的指示值即为被测交流电流值	测量 5 A 以下的较小电流时，为确保读数准确，在条件允许的情况下，可将被测导线多绕几圈再放入钳口进行测量，被测的实际电流值应等于仪表读数除以放进导线的圈数
5	测量完毕，整理仪表		将钳形电流表从被测量线路中退出，将仪表的选择开关置于最大量程位置	防止下次使用时粗心或不熟练者使用仪表时损坏仪表

2. 数字式钳形电流表

UT202A+ 型数字式钳形电流表是一种性能稳定、安全可靠的三位半数字式钳形电流表。该型号的钳形电流表以大规模集成电路双积分 A/D 转化器为核心，全量程的过载保护电路使之成为性能优越的专用电工仪表，不仅可用于测量交流电流，还可以测量交直流电压、电阻，判断二极管及电路通断等。

（1）外形结构

UT202A+ 型数字式钳形电流表的外形结构如图 3-5-4 所示，其功能见表 3-5-2。

（2）使用方法

用数字式钳形电流表测量交流电流等电量的方法和步骤见表 3-5-3。

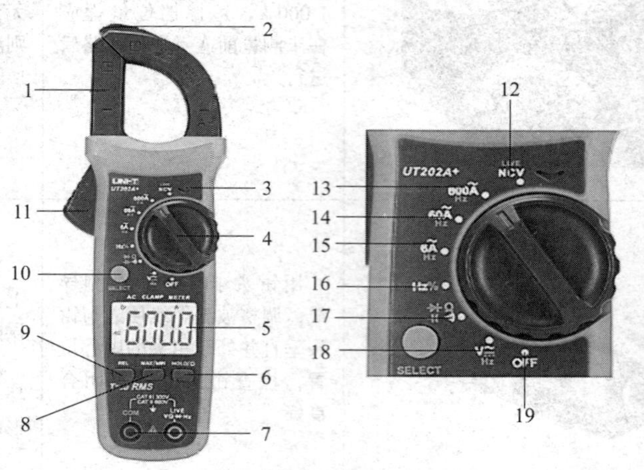

图 3-5-4　UT202A+ 型数字式钳形电流表的外形结构

表 3-5-2　　UT202A+ 型数字式钳形电流表结构说明

序号	组成	说明
1	钳头	测量交流电流的电流互感器装置
2	NCV 感应端点	NCV 电场检测端点
3	LED 指示灯	NCV 电场检测声光报警提示
4	选择开关	用于测量功能挡位的选择
5	LCD 显示屏	测量数据及功能符号的显示区域
6	HOLD/💡	数据保持（短按）/ 背光开关（长按）按键
7	插孔	红黑表笔的插孔位置
8	MAX/MIN	最大值 / 最小值模式按键
9	REL	相对值按键。在电压挡位和电容挡位上，按下“REL”按键存储当前读数，LCD 显示屏显示值归零，所存储的读数将从以后的读数中减去，再按“REL”按键退出该模式
10	SELECT	功能切换按键。在复合功能挡位上，按下“SELECT”按键可以在相应功能间切换

续表

序号	组成	说明
11	钳头扳机	用于张开钳口，放入被测量的导线
12	NCV	非接触验电挡位
13	600 A/Hz	交流电流 600 A/ 频率挡位
14	60 A/Hz	交流电流 60 A/ 频率挡位
15	6 A/Hz	交流电流 6 A/ 频率挡位
16	Hz/%	频率/占空比挡位
17	Ω/ ▶ / ⊣⊢ / •)))	电阻 / 二极管 / 电容 / 蜂鸣器挡位
18	V/Hz	交直流电压 / 频率挡位
19	OFF	关机挡位

表 3-5-3　用数字式钳形电流表测量交流电流等电量的方法和步骤

序号	步骤	图例	操作说明	备注
1	准备工作		将钳形电流表平放，按下电源开关。如果电池电压不足，显示屏将显示“[battery symbol]”，需要更换电池	表笔插孔旁的“⚠”表示输入电压或被测量电流不应超过最大量程
2	选择挡位		根据被测量的对象，选择不同的挡位。测量交流电流时，应从 6 A/60 A/600 A 中选择合适的挡位	如果不清楚被测量值的大小，应选择最大量程挡位
3	测量电流	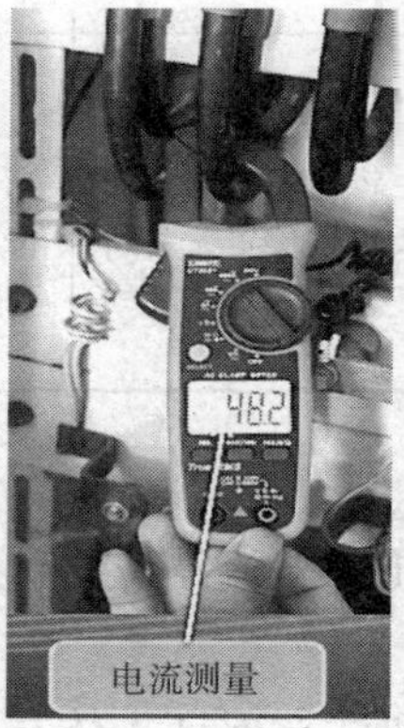 电流测量	用钳头卡住单根被测导线，调整被测导线使之与钳头垂直并处于钳头的中心位置，检查钳头确保其闭合良好	若同时测量两根或两根以上的导线，测量读数将是错误的 严禁在测量进行中转换选择开关的挡位，以防损坏钳形电流表 当被测电流大于 400 A 时，仪表会自动发出报警声且高压警示符自动闪烁

续表

序号	步骤	图例	操作说明	备注
4	观察读数		数字式钳形电流表均可直接读数，此时LCD显示屏的显示值即为被测交流电流值	当LCD显示屏显示“OL”时，说明被测电量已超量程，需要增大挡位量程
5	测量电压	电压测量	将红、黑表笔对应插入两个插孔，将选择开关置于交直流电压测量挡位，将表笔连接到待测电源或负载上，即可读数	不要测量高于600 V的电压。当被测电压高于30 V时，LCD显示屏显示高压警告提示符。当测量电压高于600 V时，仪表会自动发出报警声且高压警示符自动闪烁
6	检测NCV	声光报警 4级强弱显示	将钳头部位的NCV感应端点接近被测导线，约≤15 mm时蜂鸣器发出声响，LED发光闪烁	根据感应的强度，显示“- - - -”状态，并改变声响大小和LED闪烁的频率
7	测量频率	电流频率测量	该型号钳形电流表电流挡位增加了频率测量功能，在测量电流时，只需要按下“SELECT”按键切换到频率测量功能，就能测量电流的频率	此方法测量频率，无须使用表笔，方便快捷
8	测量完毕，整理仪表		将钳形电流表从被测导线中退出，将仪表的选择开关置于最大量程位置，关断电源	当电池电压小于7.5 V或当LCD显示屏显示“🔋”符号时，应立即更换电池，否则将会影响测量精度

三、钳形电流表的使用注意事项

1．使用钳形电流表时，应注意钳形电流表的电压和电流挡位的选择，要在合理范围内使用。

2．测量时，应戴绝缘手套，穿绝缘鞋。读数时要注意保证人体与带电体之间有足够的安全距离。

3. 测量回路电流时，钳形电流表的钳口必须钳在有绝缘层的导线上，同时要与其他带电体保持足够的安全距离，防止因仪表本身引起的事故。

4. 测量低压母线电流时，如各相间安全距离不足，测量前应将各相母线测量处用绝缘材料加以保护隔离后再测量，以免引起相间短路。

5. 禁止在裸露的导体上和高压线路上使用钳形电流表。

6. 钳口未套入导线前应调节好量程，不准在套入后再调节量程。因为仪表本身的电流互感器在测量时不允许二次侧断路，若套入后发现量程选择不合适，应先把钳口从导线中退出，然后方可调节量程。

7. 钳口套入导线后，应使钳口完全封闭，并使被测导线处于钳口正中位置，否则会因漏磁严重而使所测数值不正确。

8. 钳口不可同时套入两根导线。因为两根导线产生的磁势可能会相互抵消，使所测数据失去意义。

用钳形电流表测量三相交流异步电动机的电流

一、实训目的

1. 熟悉钳形电流表的结构及工作原理。

2. 掌握用钳形电流表测量三相交流异步电动机电流的方法。

二、实训器材

用钳形电流表测量三相交流异步电动机电流所需的实训器材明细见表3-5-4。

表3-5-4　　实训器材明细表

名称	规格	数量
指针式钳形电流表	MG3	1个
数字式钳形电流表	UT200 A+	1个
三相交流异步电动机	7.5 kW	1台
连接导线		若干

三、实训内容及步骤

1. 外观检查

检查仪表的外壳、端钮、按键、绝缘等是否完好无损，必要的标志和极性符号是否清晰，表内有无元器件脱落，钳口是否完全密闭等。检查指针式钳形电流表的指针是否灵活有效，然后进行机械调零；数字式钳形电流表的显示面板是否清晰等。

2. 测量正常状态下的电流

给三相交流异步电动机通电，用指针式钳形电流表和数字式钳形电流表分别测量其三相电流，将测量结果填入表 3-5-5 中，测量方法和步骤见表 3-5-1 和表 3-5-3。

3. 测量故障状态下的电流

先将三相交流电源的任意一相断开，再将三相交流异步电动机通电，使其短时间处于缺相运行状态，用指针式钳形电流表和数字式钳形电流表分别测量其三相电流，将测量结果填入表 3-5-5 中。

表 3-5-5　　测量三相交流异步电动机电流记录表　　A

电动机工作状态	仪表类型	U 相	V 相	W 相
正常运行	指针式			
	数字式			
缺相运行	指针式			
	数字式			

4. 按照现场管理规范清理场地，归置物品。

四、实训注意事项

1. 测量时应戴绝缘手套，并保证身体各部位与带电体保持安全距离。

2. 只能测量低压电流，不能测量裸导线的电流。

3. 三相交流异步电动机缺相运行时，动作要快，时间要短，必要时每测量一相前断电，做好准备工作后再通电。

4. 通电前，一定要检查电路连接是否正确，经实训指导教师同意并在其监护下方能进行通电实训。

五、实训测评

根据表 3-5-6 中的测评标准对实训进行测评，并将评分结果填入表中。

表 3-5-6　　用钳形电流表测量三相交流异步电动机的电流实训评分标准

序号	测评内容	测评标准	配分（分）	得分（分）
1	仪表外观检查	仪表的检查结果符合实训的要求	20	
2	指针式钳形电流表的使用	按照实训步骤要求进行，指针式钳形电流表的使用方法正确	15	
		按照实训步骤要求进行，电流的测量值在合理范围内	15	
3	数字式钳形电流表的使用	按照实训步骤要求进行，数字式钳形电流表的使用方法正确	15	
		按照实训步骤要求进行，电流的测量值在合理范围内	15	

续表

序号	测评内容	测评标准	配分（分）	得分（分）
4	安全文明实训	工作环境整洁，操作习惯良好，具有安全意识，能积极参与教学活动，整体符合 6S 标准	20	
合计			100	

§3—6　电流表和电压表的选择

学习目标

掌握指针式和数字式电流表、电压表的选用原则。

在电流与电压的测量中，能否正确选择和使用电流表和电压表，不仅直接影响测量结果的准确性，还关系到仪表的使用寿命，甚至操作者的安全。

一、指示仪表的选择

根据电工测量的目的和要求，合理选择电流表和电压表。在选择时应关注仪表类型、准确度、内阻、量程、工作条件以及绝缘强度等方面，既全面又有所侧重地进行选择，选用的一般原则见表 3－6－1。

表 3－6－1　　指示仪表选用原则

项目	选用原则
仪表类型	若要测量直流电流、电压，应选择磁电系仪表；测量交流电流、电压，应选择电磁系或整流系仪表，当准确度要求较高时，可选择电动系仪表（电动系仪表内容见 §6-1）；如要求交直流两用，可选择交直流两用的电磁系仪表，在准确度要求较高的场合，可选择电动系仪表
仪表准确度	（1）作为标准表或进行精密测量时，可选用 0.1 级或 0.2 级的仪表；实验室可选用 0.5 级或 1.0 级的仪表；一般的工程测量可选用 1.5 级以下的仪表 （2）与仪表配合使用的附加装置，如分流电阻、分压电阻、交流测量用互感器等，其准确度等级应比仪表本身的准确度等级高 2～3 挡，这样才能保证测量结果的准确性
仪表内阻	仪表接入被测电路后，应尽量减小仪表本身的功耗，以免影响电路原有的工作状态。因此，选择仪表内阻时，电压表内阻应尽量大些，电流表内阻应尽量小些

续表

项目	选用原则
仪表量程	在实际测量中，为使测量误差尽量减小，且保证仪表的安全，应根据以下原则选择电流表和电压表的量程：所选量程要大于被测量；被测量应在仪表标度尺满刻度的2/3以上范围内；在无法估计被测量大小时，应先选用仪表最大量程试测，再逐步换至合适的量程
仪表的工作条件	实验室使用的仪表一般选择便携式仪表，开关板或电气设备面板上的仪表应选择安装式仪表。当环境温度、湿度、外界电磁场等条件有特定要求时，应按其要求进行选择，以尽量减小仪表的附加误差
仪表的绝缘强度	选择仪表时，要根据被测电路电压的高低来确定仪表的绝缘强度，以免发生危害人身安全或损坏仪表的事故

实际中选择仪表时，要根据具体情况选择合适的仪表。例如，实训课学生使用的仪表可选用准确度在1.5级以下、价格不高的仪表，而理论课实验中需要准确度较高的仪表，如0.5级或1.0级的仪表，以保证实验结果的准确性。

二、数字仪表的选择

目前，随着时代的进步，数字仪表的使用日渐广泛，应根据电工测量的目的和要求，合理选择数字式电流表和数字式电压表。选用的一般原则见表3－6－2。

表3－6－2　　数字仪表选用原则

项目	选用原则
仪表尺寸	安装在柜体上的数字仪表要考虑仪表的体积大小，体积过大可能装不下，过小看不清显示数字。另外，体积大的仪表一般功能扩展性较强，价格也偏高，体积小的仪表功能扩展性较差。目前，数字仪表面板的国际标准尺寸主要有48 mm×24 mm、48 mm×48 mm、48 mm×96 mm、72 mm×72 mm、96 mm×95 mm、96 mm×48 mm和160 mm×80 mm
显示位数	显示位数关系到数字仪表的测量精度。一般来讲，显示位数越高，测量越精确，价格也越贵。显示位数主要有以下几种：两位（99，特殊）、三位（999，极少）、三位半（1 999，普通数显仪表占主流）、四位（9 999，智能数显仪表占主流）、四位半（19 999）、四又四分之三（39 999）、五位及五位以上（常见于计数器、累计表和高端仪表）。用户可以根据测量精度要求进行选择
输入信号	指直接输入仪表的测量信号。有些信号是直接接入仪表测量的，有些信号是经过转化后接入仪表的。必须弄清楚测量信号的性质，否则数字仪表不能使用，甚至会损坏仪表及原有设备。要弄清楚信号的类型是电流还是电压、交流还是直流、脉冲信号还是线性信号等，还要弄清楚信号的大小。仪表的名称与输入信号不是同一概念。例如，输入信号是DC 0～75 mV的电流表，它的名称是电流表，输入信号却是电压信号，因为电流经过分流器取得电压信号

续表

项目	选用原则
工作电源	所有数字仪表都需要工作电源，工作电源主要有：AC 220 V、AC 110 V/220 V、AC/DC 85～265 V 开关电源、DC 24 V（一般要定制）、DC 5 V（小面板表）
仪表功能	仪表功能一般都是模块化的、可选择的。仪表价格也会因功能不同而有所差异。数字仪表主要有以下可选功能：报警功能及报警输出的组数（即继电器动作输出），馈电电源输出及输出电压的大小及功率，变送输出及变送输出的类型（4～20 mA 还是 0～10 V），通信输出及通信方式和协议（RS485 还是 RS232，Modbus-RTU 协议还是其他协议）。调节控制仪表的可选功能更多，具体要参照厂家的选型，选出一个规范的型号，并与厂家确认无误后才可以使用
特殊要求	有特殊要求应当与厂家沟通，确认厂家能否满足，例如 IP 防护等级、高温工作场合、强干扰场合、特殊信号场合、特殊工作方式等

知识链接

数字仪表的其他选用原则和指示仪表类似。其实，数字仪表选型并不复杂，简单的仪表一般可以直接使用，若初次使用或选用功能复杂的数字仪表，只要把握了以上原则，也能很好地选购到合适的产品，并能正确接线和使用。

第四章 电阻的测量

电阻的测量在电气测量中十分重要，如测量线路的通断，判断电气设备和线路的故障，测量电阻阻值的变化等。工程中所测量的电阻阻值一般为1 μΩ～1 TΩ。实际工作中为了选用合适的仪表，减小测量误差，通常将电阻按其阻值大小分为三类：1 Ω 以下为小电阻，1 Ω～100 kΩ 为中电阻，100 kΩ 以上为大电阻。

本章以目前应用较为广泛的数字式电阻测量仪表为主，同时兼顾对常用的指针式仪表的介绍。

§4—1 常用的电阻测量方法

学习目标

1. 了解电阻测量的常用方法。
2. 熟悉用伏安法测量直流电阻的方法及适用范围。

测量电阻的方法较多，分类的方式也较多。常用的电阻测量分类方式如下：

一、按测量的方式分类

按测量方式的不同，电阻测量方法可分为直接法、比较法和间接法三种。

1. 直接法

直接法即采用直读式仪表测量电阻的方法，如用万用表、兆欧表测量电阻。直接法测量电阻的优点是读数方便，操作简单；缺点是误差大，一些直读式仪表会受到仪表内部电源电压的影响。

2. 比较法

比较法即采用比较仪表测量电阻的方法，如用直流电桥测量电阻。比较法测量电阻的优点是测量准确度高，测量范围广；缺点是操作麻烦，设备费用高。

3. 间接法

间接法即先测量与电阻有关的电量，然后通过相关的公式计算出被测电阻的方法，如伏安法测量电阻。间接法测量电阻的优点是可以在给定工作状态下测量，特别适合测量非线性元器件的电阻；缺点是准确度较低，测量的结果还需通过计算求得。

二、按测量使用的仪表分类

按测量使用仪表的不同，电阻测量方法可分为万用表法、伏安法、兆欧表法、低电阻测试仪法和接地电阻测试仪法等，用不同仪表测量电阻的方法比较见表 4－1－1。

表 4－1－1　　用不同仪表测量电阻的方法比较

测量方法	适用范围	优点	缺点
万用表法	中电阻	直接读数，使用方便	测量误差较大
伏安法	中电阻	能测量工作状态下元器件的电阻，尤其适用于非线性元器件（二极管）电阻的测量	测量误差较大，测量结果需要计算
兆欧表法	大电阻	直接读数，使用方便	测量误差较大
低电阻测试仪法	中、小电阻	准确度高	操作麻烦
接地电阻测试仪法	接地电阻	准确度较高，适用于测量接地电阻	操作麻烦

用伏安法测量直流电阻的电路有两种，扫描右侧二维码即可了解。

§4—2　兆欧表和绝缘电阻测试仪

学习目标

1. 熟悉兆欧表和绝缘电阻测试仪的结构及工作原理。
2. 掌握兆欧表和绝缘电阻测试仪的使用方法及使用注意事项。

在实际工作中，要测量电气设备绝缘性能的好坏，往往需要测量它的绝缘电阻。正常情况下，电气设备的绝缘电阻数值都非常大，通常为几兆欧甚至几百兆欧，远远大于万用表欧姆挡的有效量程。在此范围内，万用表欧姆刻度的非线性会造成很大的误差。另外，由于万用表内部的电池电压太低，而在低电压状态下测量的绝缘电阻不能反映高电压状态下绝缘电阻的真正数值。因此，电气设备的绝缘电阻必须用一种本身具有高压电源的仪表进行测量，这类仪表主要有兆欧表和绝缘电阻测试仪。

一、兆欧表

1. 兆欧表的结构

兆欧表是一种专门用于测量电气设备绝缘电阻的便携式仪表。一般的兆欧表主要由手摇直流发电机、磁电系比率表以及测量线路组成。手摇直流发电机的额定电压主要有 500 V、1 000 V、2 500 V 等几种。手摇直流发电机上装有离心调速装置，能使转子恒速转动。兆欧表的测量机构通常采用磁电系比率表，它的主要构造包括一个永久磁铁和两个固定在同一转轴上且彼此相差一定角度的线圈。电路中的电流通过无力矩的游丝分别进入两个线圈，使其中一个线圈产生转动力矩，另一个线圈产生反作用力矩。仪表气隙内的磁场是不均匀的，这样的结构可以使仪表可动部分的偏转角 α 与两个线圈中电流的比率有关，所以称为磁电系比率表。兆欧表的外形和内部结构如图 4－2－1 所示。

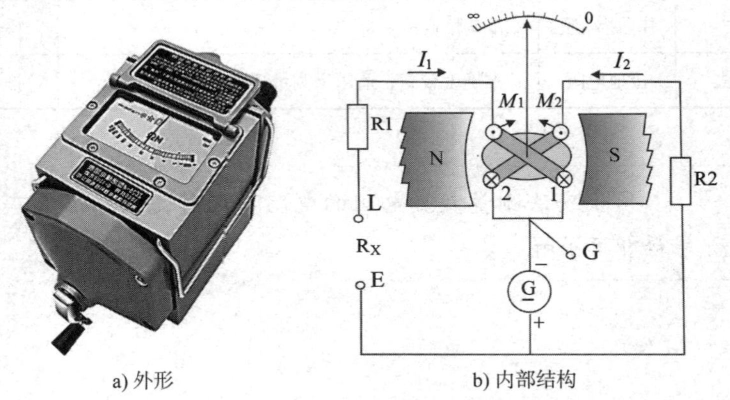

a) 外形　　b) 内部结构

图 4－2－1　兆欧表的外形和内部结构

目前生产的兆欧表也有很多采用手摇交流发电机，扫描右侧二维码即可了解。

2. 兆欧表的工作原理

如图 4－2－1 所示，被测电阻 R_X 接在线路接线柱 L 与接地接线柱 E 两端钮之间。摇动直流发电机的手柄，发电机两端产生较高的直流电压，线圈 1 和线圈 2 同时通电。通过线圈 1 的电流 I_1 与气隙磁场相互作用产生转动力矩 M_1；通过线圈 2 的电流 I_2 也与气隙磁场相互作用产生反作用力矩 M_2，转动力矩 M_1 与反作用力矩 M_2 方向相反。因为气隙磁场是不均匀的，所以转动力矩 M_1 不仅与通过线圈 1 的电流 I_1 成正比，还与线圈 1 所处的位置（用指针偏转角 α 表示）有关，即

$$M_1 = I_1 f_1\ (\alpha)$$

同理可得

$$M_2 = I_2 f_2\ (\alpha)$$

由于转动力矩 M_1 与反作用力矩 M_2 方向相反，当 $M_1=M_2$ 时，可动部分平衡。此时 $I_1 f_1(\alpha) = I_2 f_2\ (\alpha)$，可整理为

$$\frac{I_1}{I_2} = \frac{f_2\ (\alpha)}{f_1\ (\alpha)} = f\ (\alpha)$$

由此可得

$$\alpha = F\left(\frac{I_1}{I_2}\right)$$

上式说明，兆欧表指针的偏转角 α 只取决于两个线圈电流的比值，而与其他因素无关，所以兆欧表能够克服手摇发电机电压不太稳定的问题。因为 I_2 的大小一般不变，而 $I_1 = \dfrac{U}{R_1 + R_X}$ 随被测绝缘电阻 R_X 的改变而变化，所以可动部分的偏转角 α 能直接反映被测绝缘电阻的数值。

特别地，当 $R_X=0$ 时，相当于线路接线柱 L 与接地接线柱 E 两接线端短路，只要适当选择 R_1 的数值，就能使指针平衡，并指在欧姆“0”的位置。当 $R_X=\infty$ 时，相当于 L 与 E 两接线端开路，$I_1=0$，而 I_2 在气隙磁场中受力产生 M_2，根据左手定则，M_2 将使线圈 2 逆时针转动至欧姆“∞”位置。接通 R_X 后，开始时 $M_1>M_2$，指针按 M_1 方向顺时针转动。由于磁场不均匀，M_1 将逐渐减弱，M_2 逐渐增强，当 $M_1=M_2$ 时，指针就停留在某一位置，指示出被测电阻的大小。可见，兆欧表的标度尺为反向刻度，如图 4-2-2 所示。

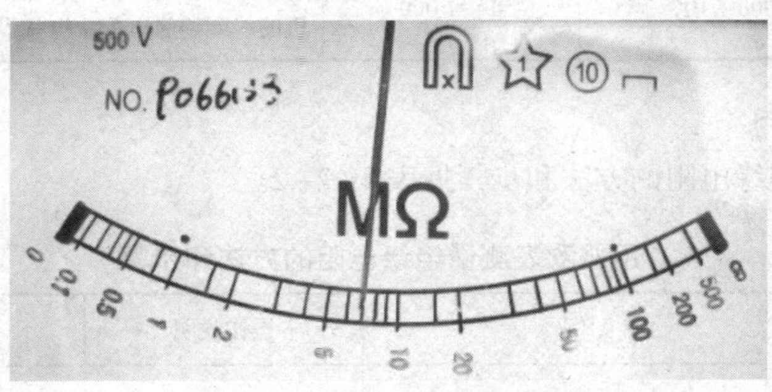

图 4-2-2　兆欧表的标度尺

3. 常用的兆欧表

ZC25 型携带式兆欧表为较常用的兆欧表，适用于测量各种电机、电缆、变压器、电器元器件、家用电器和其他电气设备的绝缘电阻。该表内部采用手摇交流发电机，通过整流和滤波电路将交流电转换成仪表所需要的直流电。ZC25 型兆欧表主要有 ZC25-1、ZC25-2、ZC25-3 和 ZC25-4 四种规格，可以根据需要选择不同规格的兆欧表。ZC25 型兆欧表的

外形和内部电路如图 4－2－3 所示，不同规格兆欧表的额定输出电压、测量范围和测量对象见表 4－2－1。

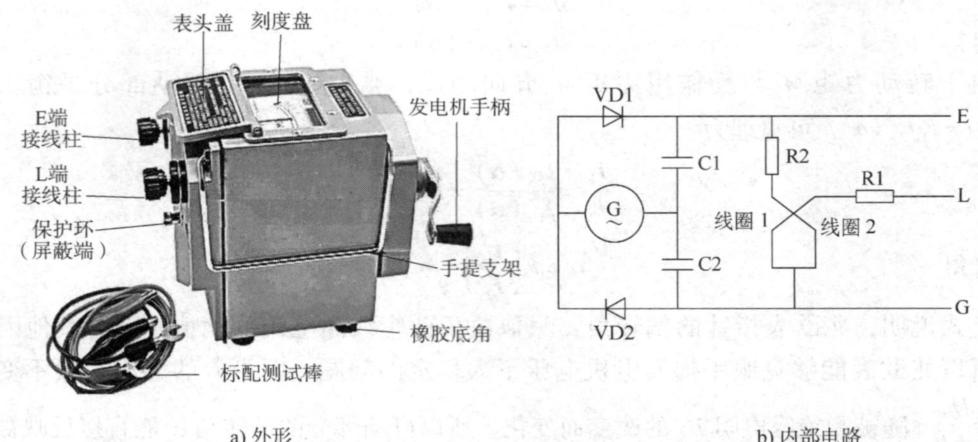

a) 外形　　b) 内部电路

图 4－2－3　ZC25 型兆欧表的外形和内部电路

表 4－2－1　不同规格兆欧表的额定输出电压、测量范围和测量对象

规格	额定输出电压 /V	测量范围 /MΩ	测量对象
ZC25-1	100 ± 10%	0～100	额定电压小于 100 V 的电器等
ZC25-2	250 ± 10%	0～250	额定电压小于 250 V 的电器等
ZC25-3	500 ± 10%	0～500	接触器、继电器等线圈绝缘电阻等
ZC25-4	1 000 ± 10%	0～1 000	高压线圈绝缘电阻，电力变压器、电动机、发电机的线圈绝缘电阻，电气设备的绝缘电阻等

4. 兆欧表的使用

用兆欧表测量绝缘电阻的方法和步骤见表 4－2－2。

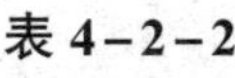

表 4－2－2　用兆欧表测量绝缘电阻的方法和步骤

序号	步骤	图例	操作说明	备注
1	准备工作		选择兆欧表。一是其额定电压一定要与被测电气设备或线路的工作电压相适应，二是兆欧表的测量范围要与被测绝缘电阻的范围相符合，以免引起大的读数误差	如果用 500 V 以下的兆欧表测量高压设备的绝缘电阻，则测量结果不能正确反映其工作电压下的绝缘阻值。同样，也不能用电压太高的兆欧表去测量低压电气设备的绝缘电阻，以免损坏其绝缘

续表

序号	步骤	图例	操作说明	备注
2	接线	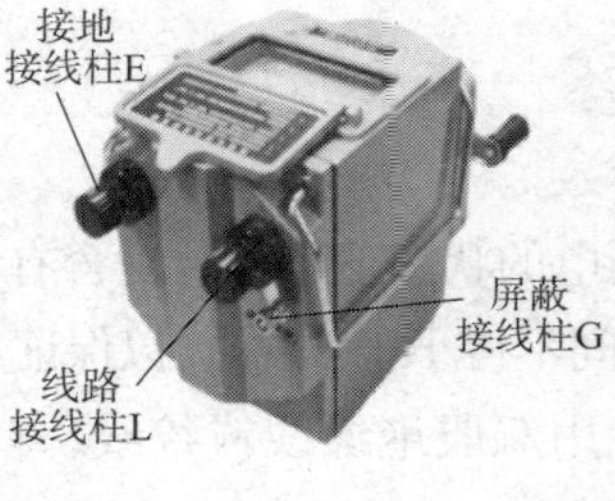 接地接线柱E；屏蔽接线柱G；线路接线柱L	兆欧表有三个接线柱，分别标有字母L（线路）、E（接地）和G（屏蔽），使用时应按测量对象的不同来选用	当测量电气设备对地（金属外壳）的绝缘电阻时，应将L接到被测设备上，并将E可靠接地（金属外壳）
3	开路检查	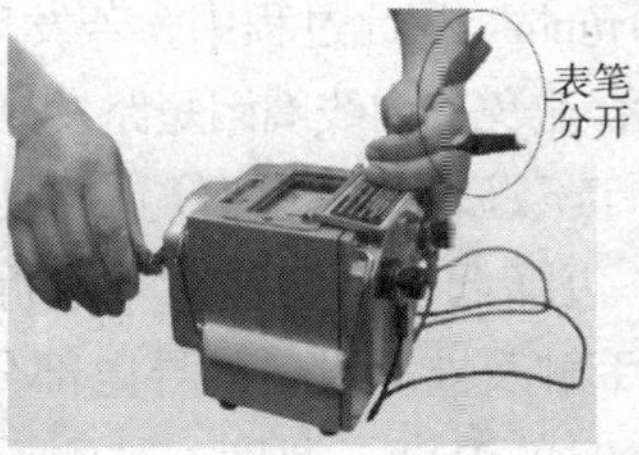 表笔分开	在兆欧表未接被测电阻前，摇动手柄使发电机达到120 r/min的额定转速，观察指针是否指在标度尺的“∞”位置	如果指针不能指在“∞”位置，说明兆欧表有故障，必须排除故障后才能使用
4	短路检查	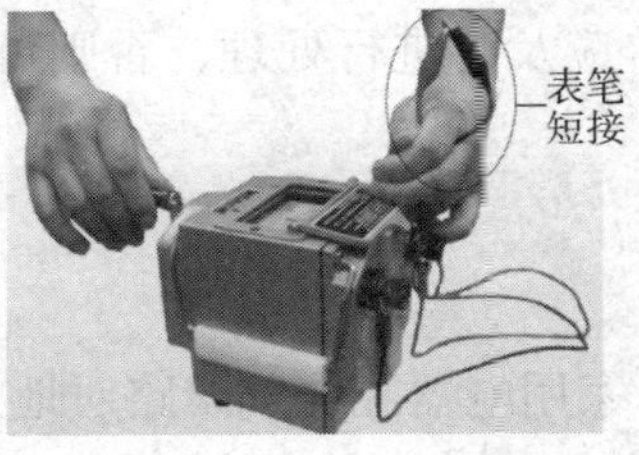 表笔短接	在兆欧表未接被测电阻前，将线路接线柱L和接地接线柱E短接，缓慢摇动手柄，观察指针是否指在标度尺的“0”位置	如果指针不能指在“0”位置，说明兆欧表有故障，必须排除故障后才能使用。进行短路检查时，摇动手柄的时间要短，否则会烧毁交流发电机的线圈
5	进行测量	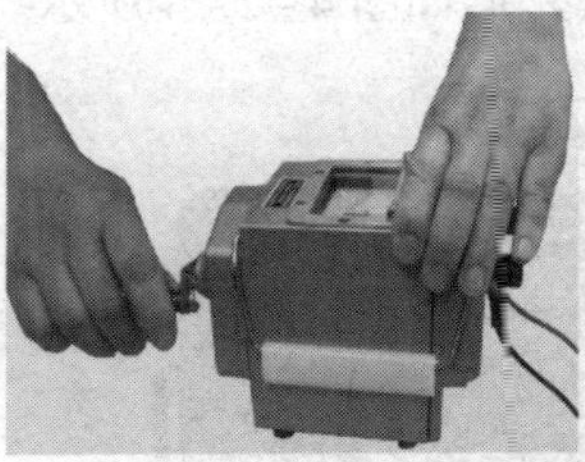	兆欧表使用时应放在平稳、牢固的地方，且远离大电流导体和磁场。摇动手柄时其接线柱间不允许短路。根据指针位置进行读数	摇动手柄使发电机达到120 r/min的额定转速，持续时间1 min以上
6	测量完毕，整理仪表		读数完毕，停止摇动手柄，拆除测试线，将被测设备放电	放电的方法：将测量时使用的地线从兆欧表上取下，将被测设备短接即可

兆欧表的屏蔽接线柱有何作用，扫描右侧二维码即可了解。

5. 兆欧表测量绝缘电阻的注意事项

（1）测量绝缘电阻必须在被测设备和线路断电的状态下进行。对含有大电容的设备，测量前应先进行放电，测量后也应及时放电，放电时间不得小于 2 min，以保证人身安全。

（2）兆欧表与被测设备间的连接导线不能用双股绝缘线或绞线，应用单股线分开单独连接，以避免线间电阻引起的测量误差。

（3）摇动手柄时应由慢渐快至额定转速 120 r/min。在此过程中，若发现指针指零，则说明被测绝缘物发生短路事故，应立即停止摇动手柄，避免表内线圈因短路发热而损坏。

（4）测量具有大电容设备的绝缘电阻时，读数后不能立即停止摇动兆欧表，以防止已充电的设备放电而损坏兆欧表。应在读数后一边降低手柄转速，一边拆去接地线。在兆欧表停止转动和被测设备充分放电之前，不能用手触及被测设备的导电部分。

（5）测量设备的绝缘电阻时，应记录测量时的温度、湿度、被测设备的状况等，以便于分析测量结果。

（6）测量绝缘电阻的结果如低于规定值，应及时进行处理，否则可能发生人身和设备安全事故。

二、绝缘电阻测试仪

1. 绝缘电阻测试仪的结构和工作原理

绝缘电阻测试仪主要用于测量电气设备、家用电器或电气线路对地及相间的绝缘电阻，以保证这些设备、电器和线路工作在正常状态，避免发生触电伤亡及设备损坏等事故。现以 UT501A 型绝缘电阻测试仪为例进行介绍，其外形如图 4–2–4 所示。

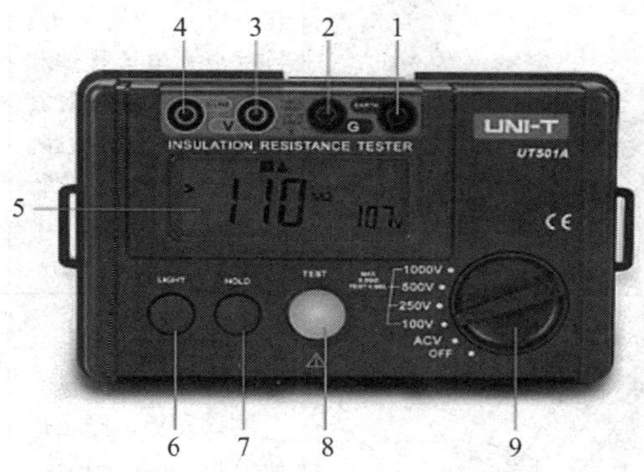

图 4–2–4　UT501A 型绝缘电阻测试仪

UT501A 型绝缘电阻测试仪是一款智能微型仪器，它集成了绝缘电阻、交流电压、低电阻等参数测量功能，适用于测量变压器、电动机、电缆、开关等各种电气设备及绝缘材料的绝缘电阻，是对各种电气设备进行维修保养、试验检定的理想仪表。

UT501A 型绝缘电阻测试仪的前面板（见图 4-2-4）包括 LCD 显示屏、功能按键、测试连接端口等，各组成部分的功能说明见表 4-2-3。后面板包括电池盒等。绝缘电阻测试仪由机内电池作为电源，经 DC/DC 变换产生一个直流高压电压，由“LINE”极输出，经被测电气设备到达“EARTH”极，从而产生一个电流，经过 *I/V* 变换器、除法器等完成运算，将被测的绝缘电阻阻值通过 LCD 显示屏进行显示。

表 4-2-3　UT501A 型绝缘电阻测试仪前面板各组成部分的功能说明

序号	符号		功能说明
1	EARTH		绝缘电阻测量取样端口
2	G		电压测量输入负端口
3	V		电压测量输入正端口
4	LINE		绝缘电阻测量高压输出端口
5	LCD 显示屏		液晶显示，最大读数为 1 999
6	LIGHT		背光开关按键
7	HOLD		测量数据保持按键
8	TEST		绝缘电阻测量按键
9	旋钮开关	1 000/500/250/100 V	测量绝缘电阻时，选择的输出电压等级挡位
		AC V	交流电压测量挡位
		OFF	测试仪的开关挡位

2. LCD 显示屏

UT501A 型绝缘电阻测试仪 LCD 显示屏的显示界面如图 4-2-5 所示，符号说明见表 4-2-4。

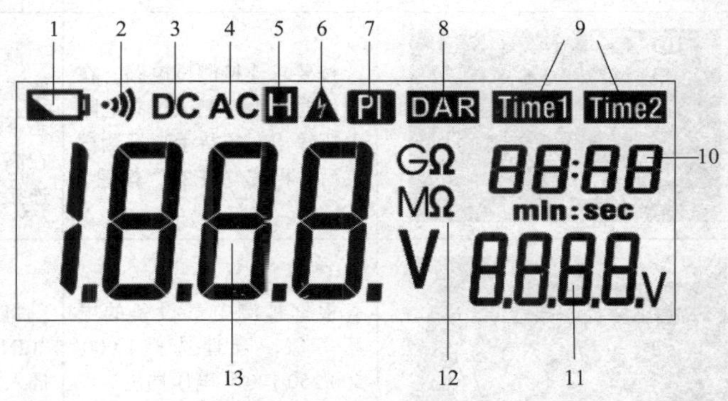

图 4-2-5　UT501A 型绝缘电阻测试仪 LCD 显示屏显示界面

表 4-2-4　UT501A 型绝缘电阻测试仪 LCD 显示屏显示界面的符号说明

序号	符号	说明	序号	符号	说明
1		电池电量符号	8	DAR	吸收比符号
2		蜂鸣器符号	9	Time1 Time2	定时器 1、2 标志
3	DC	直流符号	10	88:88 min:sec	定时时间
4	AC	交流符号	11	8.8.8.8.V	输出的测试电压
5	H	测量数据保持符号	12	GΩ MΩ V	被测量单位符号
6		高压提示符号	13	1.8.8.8.	被测量数据
7	PI	极化指数符号			

知识链接

极化指数测量、吸收比测量、定时器定时只在 UT502B 型绝缘电阻测试仪中使用。

3. 绝缘电阻测试仪的使用

（1）使用前的准备

在测量绝缘电阻前，待测电路必须断电并完全放电，而且与其他电路完全隔离。若 LCD 显示屏的电池电量符号为“ ”，表示电量将要耗尽，不要使用该仪表。

（2）绝缘电阻的测量

用绝缘电阻测试仪测量绝缘电阻的方法和步骤见表 4-2-5。

表 4-2-5　用绝缘电阻测试仪测量绝缘电阻的方法和步骤

序号	步骤	图例	操作说明	备注
1	准备工作		按要求连接测试电路。在测试时，由于测试仪有危险电压输出，应待手离开测试夹后，再按“TEST”按键	测试前，应确定待测电路无电。严禁在高压输出状态下短路两个测试夹，严禁在高压输出后再去用测试夹连接电路
2	选择测试电压		根据被测电气设备的电压等级，合理选择 1 000/500/250/100 V 电压挡位	将红色测试笔插入“LINE”插口，黑色测试笔插入“EARTH”插口

续表

序号	步骤	图例	操作说明	备注
3	连续测量绝缘电阻		按下“TEST”按键，此键自锁进行连续测量，输出绝缘电阻测试电压，同时测试灯发出红色警告。测试完毕后，再次按下“TEST”按键，解除自锁停止测量	在测量过程中，两根测试笔之间的输出电压较高，不可碰触
4	读数		此时，LCD 显示屏显示的数值就是被测绝缘电阻的阻值，可以直接读数	当显示数值 >5.5 GΩ 时，表示绝缘电阻超出测量范围
5	测量完毕，整理仪表		断开测试线与被测电路的连接，关闭测试仪电源，并从测试仪输入端拆除测试线	如果被测电路中有电容，则测试完毕后严禁碰触被测电路，因为电容存储的电量会引起电击伤害

4. 绝缘电阻测试仪的使用注意事项

（1）在测量绝缘电阻前，待测电路必须放电，并且与电源电路完全隔离。

（2）测量前，应确定所有测试导线与绝缘电阻测试仪的测试端口连接牢固、可靠。

（3）测量时，不可接触测试线金属导电部位。

（4）当测试线短接时，不要按下“TEST”按键。

（5）在进行绝缘电阻测量时，不可触摸待测线路。

（6）在完成绝缘电阻测量后，被测电路中储存的电荷必须加以释放。

（7）不要在高温、高湿、易燃、易爆和强磁场环境中存放或使用绝缘电阻测试仪。

电气设备绝缘电阻的标准是如何规定的，扫描右侧二维码即可了解。

用兆欧表和绝缘电阻测试仪测量绝缘电阻

一、实训目的

1. 熟悉兆欧表和绝缘电阻测试仪的结构和使用方法。

2. 能用兆欧表和绝缘电阻测试仪测量电气设备的绝缘电阻。

3. 能正确判断电气设备的绝缘情况。

二、实训器材

兆欧表和绝缘电阻测试仪各 1 只，三相交流异步电动机 1 台，单相变压器 1 台。

三、实训内容及步骤

1. 外观检查

检查仪表的外壳、端钮、按键等是否完好无损，必要的标志和极性符号是否清晰，表内有无脱落元器件，绝缘有无破损等。观察兆欧表和绝缘电阻测试仪面板的布置，了解各旋钮、开关的作用。

2. 测量三相交流异步电动机的绝缘电阻

（1）对三相交流异步电动机进行停电、放电、验电处理。正在运行的电动机应先停电，用验电笔确认无电后，再进行测量。

（2）打开电动机接线盒盖，测量三相定子绕组间的绝缘电阻，分别测量 U/V 相、V/W 相、W/U 相之间的绝缘电阻，共需要测量三次。将测量结果填入表 4–2–6 中。

（3）测量绕组对金属外壳的绝缘电阻。分别测量 U、V、W 三相绕组对金属外壳的绝缘电阻，共需测量三次。将测量结果填入表 4–2–6 中。

表 4–2–6　　电动机绝缘电阻测量结果记录表　　MΩ

测量项目	U/V 相	V/W 相	W/U 相	U 相 / 金属外壳	V 相 / 金属外壳	W 相 / 金属外壳
兆欧表测量结果						
绝缘电阻测试仪测量结果						
规定值						
判断						
结论						

（4）测量完毕，装好电动机接线盒盖。整理测量现场，恢复三相交流异步电动机的运行。

3. 测量单相变压器的绝缘电阻

（1）对单相变压器进行停电、放电、验电处理。

（2）拆除单相变压器一、二次侧的线路，测量绕组间的绝缘电阻。测量单相变压器的绝缘电阻，包括一次侧／二次侧、一次侧／金属外壳、二次侧／金属外壳之间的绝缘电阻，共需要测量三次。将测量结果填入表 4-2-7 中。

表 4-2-7　　单相变压器绝缘电阻测量结果记录表　　MΩ

测量项目	一次侧／二次侧	一次侧／金属外壳	二次侧／金属外壳
兆欧表测量结果			
绝缘电阻测试仪测量结果			
规定值			
判断			
结论			

（3）测量完毕，装好单相变压器的线路。整理测量现场，恢复单相变压器的运行。

4. 按照现场管理规范清理场地，归置物品。

四、实训注意事项

1. 使用兆欧表前，必须进行开路检查和短路检查，检查的结果必须符合相关要求，否则不可以使用。

2. 在使用绝缘电阻测试仪的过程中，因“LINE”端口和“EARTH”端口之间输出的电压较高，两根测试笔不可碰触，以免损坏绝缘电阻测试仪。

3. 通电前，一定要检查电路连接是否正确，经实训指导教师同意并在其监护下方能进行通电实训。

五、实训测评

根据表 4-2-8 中的测评标准对实训进行测评，并将评分结果填入表中。

表 4-2-8　　用兆欧表和绝缘电阻测试仪测量绝缘电阻的实训评分标准

序号	测评内容	测评标准	配分（分）	得分（分）
1	仪表面板符号含义	能正确识别兆欧表和绝缘电阻测试仪面板的符号	20	
2	用兆欧表测量绝缘电阻的方法、步骤	能熟练使用兆欧表测量绝缘电阻，并正确读数	30	
3	用绝缘电阻测试仪测量绝缘电阻的方法、步骤	能熟练使用绝缘电阻测试仪测量绝缘电阻，并正确读数	30	
4	安全文明实训	工作环境整洁，操作习惯良好，具有安全意识，能积极参与教学活动，整体符合 6S 标准	20	
合计			100	

§4—3 直流单臂电桥和直流低电阻测试仪

学习目标

1. 熟悉直流单臂电桥和直流低电阻测试仪的结构及工作原理。
2. 掌握直流单臂电桥和直流低电阻测试仪的使用及维护方法。

电桥是一种常用的比较式仪表，它用准确度很高的元器件（如标准电阻器、电感器、电容器）作为标准量，然后用比较的方法去测量电阻、电感、电容等电路参数，因此，电桥测量的准确度很高。电桥的种类很多，可以分为交流电桥（用于测量电感、电容等交流参数）和直流电桥。直流电桥又分为直流单臂电桥和直流双臂电桥两种。

直流低电阻测试仪又称低电阻测试仪、欧姆表、微电阻计。该测试仪的测试速度快，精度高，读数直观、清晰（LCD 大字体），体积小，质量轻，可靠性强，适合在实验室、车间、工矿企业现场对直流低电阻做准确测量，可用于测量各种线圈电阻，检测各类分流器电阻等。

一、直流单臂电桥

1. 直流单臂电桥的结构及工作原理

直流单臂电桥又称惠斯登电桥，是一种专门测量中电阻的精密测量仪器。图 4-3-1 所示为直流单臂电桥电路，R_X、R2、R3、R4 分别组成电桥的四个臂。其中，R_X 称为被测臂，R2、R3 构成比例臂，R4 称为比较臂。

当接通按钮开关 SB 后，调节标准电阻 R2、R3、R4，使检流计 P 的指示为零，即 $I_P=0$，这种状态称为电桥的平衡状态。

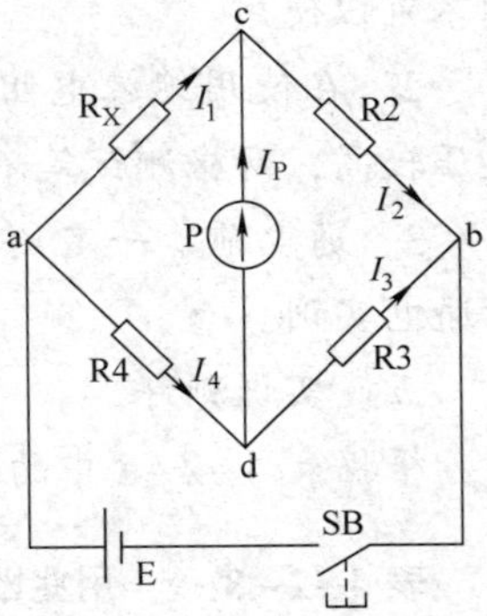

图 4-3-1 直流单臂电桥电路

电桥平衡时，$I_P=0$，表明电桥两端 c、d 的电位相等，故有

$$U_{ac}=U_{ad},\qquad U_{cb}=U_{db}$$

即

$$I_1R_X=I_4R_4,\qquad I_2R_2=I_3R_3$$

又由于电桥平衡时 $I_P=0$，则有 $I_1=I_2$，$I_3=I_4$，代入以上两式，并将两式相除，可得

$$\frac{R_X}{R_2}=\frac{R_4}{R_3}$$

或

$$R_2R_4=R_XR_3$$

上式称为电桥的平衡条件。它说明，电桥相对臂电阻的乘积相等时，电桥就处于平衡状态，检流计中的电流 $I_P=0$。

整理上式得

$$R_X = \frac{R_2}{R_3}R_4$$

上式说明，电桥平衡时，被测电阻 R_X= 比例臂倍率 × 比较臂读数。

由以上分析可知，提高电桥准确度的条件如下：标准电阻 R2、R3、R4 的准确度要高，检流计的灵敏度也要高，以确保电桥真正处于平衡状态。

2. 直流单臂电桥简介

QJ23 型直流单臂电桥是一种电工常用的比较式仪表，其外形及电路如图 4-3-2 所示。它的比例臂 R2、R3 由八个标准电阻组成，共分为七挡，由转换开关 SA 换接。比例臂的

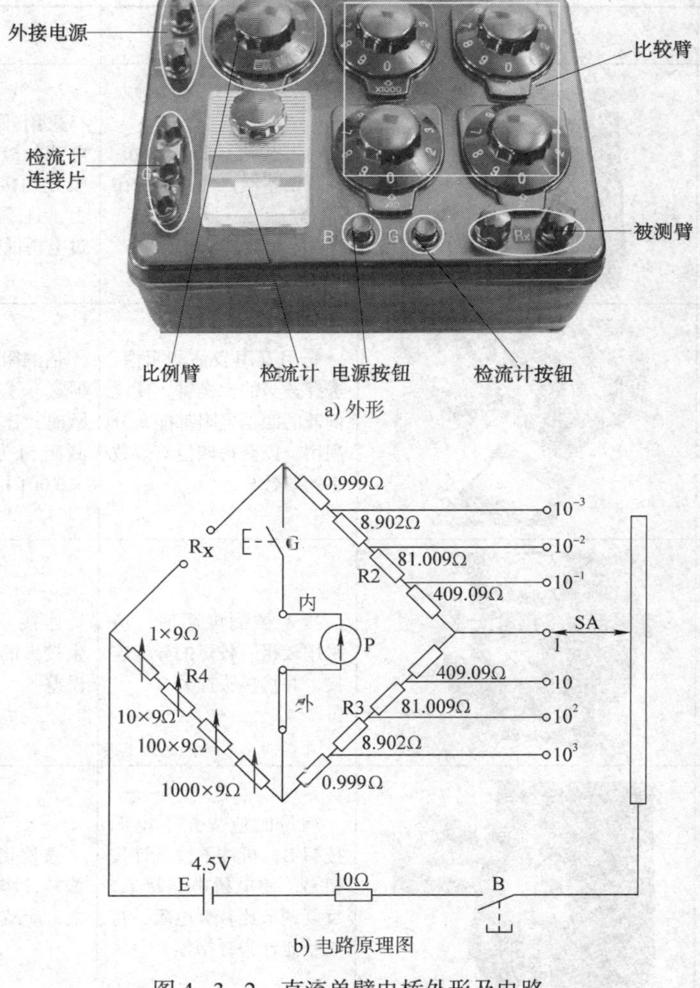

a) 外形

b) 电路原理图

图 4-3-2 直流单臂电桥外形及电路

读数盘设在面板左上方。比较臂 R4 由四个可调标准电阻组成，它们分别由面板上的四个读数盘控制，可得到 0～9 999 Ω 范围内的任意阻值，最小步进值为 1 Ω。在检流计支路上还串联有检流计按钮 G，在电源支路上串联有电源按钮 B 及 10 Ω 的限流电阻，电源电压为 DC 4.5 V。

面板上标有“R_X”的两个端钮用来连接被测电阻。当使用外接电源时，可以从面板左上角标有“B”的两个端钮接入。如需使用外附检流计，应用连接片将内附检流计短路，再将外附检流计接在面板左下方标有“外接”的两个端钮上。

3. 直流单臂电桥的使用

直流单臂电桥的型号很多，但是操作方法基本相同。下面以常用的 QJ23 型直流单臂电桥测量电动机绕组的直流电阻为例，说明其测量电阻的方法和步骤，见表 4－3－1。

表 4－3－1 用 QJ23 型直流单臂电桥测量电动机绕组的直流电阻的方法和步骤

序号	步骤	图例	操作说明	备注
1	准备工作		打开检流计机械锁扣，调节调零器，使指针指在零位	采用外接电源时，必须注意电源的极性。将电源的正、负极分别接到“+”和“-”端钮上，且不要使外接电源电压超过电桥说明书上的规定值
2	选择合适的比例臂		先用万用表估测阻值，选择适当的比例臂，使比例臂的四挡电阻都能充分利用，以获得四位有效数字的读数	估测阻值为几千欧时，比例臂选 ×1 挡；估测阻值为几十欧时，比例臂选 ×0.01 挡；估测阻值为几欧时，比例臂选 ×0.001 挡
3	接入被测电阻		接入被测电阻时，应采用较粗、较短的导线连接，并将接头拧紧	连接一定要紧固，避免产生较大的接触电阻，引起测量误差
4	接通电路，调节比较臂		测量时应先按下电源按钮 B，再按下检流计按钮 G，使电桥电路接通。反复调节比较臂电阻，直至检流计指针指零	若检流计指针向“+”方向偏转，应增大比较臂电阻；反之，应减小比较臂电阻

续表

序号	步骤	图例	操作说明	备注
5	计算被测电阻阻值		被测电阻阻值＝比例臂倍率 × 比较臂读数	电阻单位为 Ω
6	测量完毕		先断开检流计按钮 G，再断开电源按钮 B，然后拆除被测电阻，比较臂回到零位，最后锁上检流计的机械锁扣。机械锁扣的作用是防止搬动时振坏检流计	对于没有机械锁扣的检流计，应将检流计按钮 G 按下并锁住

4. 直流单臂电桥的维护

（1）每次测量结束后，都应将仪表盒盖盖好，存放于干燥、避光、无振动的场所。

（2）发现电池电压不足时应及时更换，否则将影响电桥的灵敏度。

（3）当采用外接电源时，必须注意电源的极性。将电源的正、负极分别接到“+”和“−”端，且不要使外接电源电压超过电桥说明书上的规定值，否则有可能烧坏桥臂电阻。

（4）检流计属于精密仪表，搬动电桥时应小心，做到轻拿轻放，否则易使检流计损坏。

二、直流低电阻测试仪

由于使用电桥法测量变压器绕组及大功率电感设备的直流电阻费时费力，且精度不如直流低电阻测试仪高，因此，直流低电阻测试仪便取而代之，成为测量变压器绕组和大功率电感设备直流电阻的理想仪器。

UT620 系列直流低电阻测试仪有 UT620A 型和 UT620B 型两种。UT620A 型测量电流可以达到 5 A、10 μΩ 分辨率，UT620B 型测量电流可以达到 10 A、1 μΩ 分辨率，下面以 UT620A 型直流低电阻测试仪为例进行介绍。

1. 直流低电阻测试仪的结构和工作原理

UT620A 型直流低电阻测试仪如图 4－3－3 所示。前面板包括 LCD 显示屏、功能按键，顶部有测试连接端口，后面板包括电池盒等。

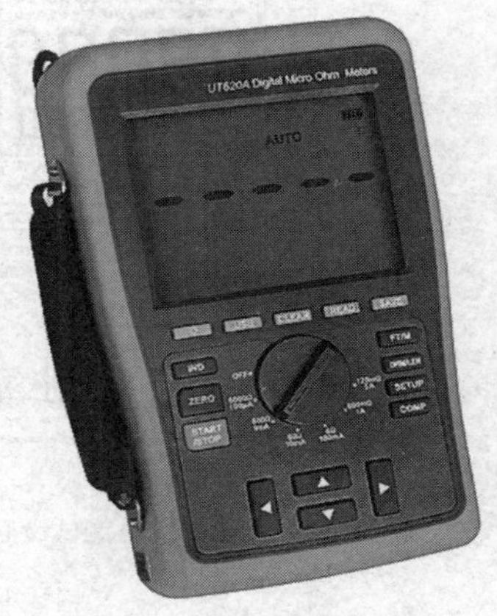

图 4－3－3　UT620A 型直流低电阻测试仪

UT620A 型直流低电阻测试仪采用四线测量技术，是专门用于测量直流低电阻的仪器，对各种线圈电阻的测量精度较高。该低电阻测试仪具有以下特点：具有比较功能，能自动判断测量对象是否合格；具有电线长度估算功能（FT/M），用测试结果来推断更长未知线缆的长度；采用USB接口输出，仪表能与PC双向交换数据；内置可充电锂电池，可循环使用。UT620A型直流低电阻测试仪可以用于窄小空间的室内环境，可以方便地进行现场故障的排查，如金属镀层电阻测量、电动机及小型变压器的绕组电阻测量、接地系统连接点的检测、电焊接点的完整性检测、断路器和开关的接触电阻测量、接线端子与导线连接电阻测量、蓄电池并联连接检测、配电盘母线及导线接点检测等。

直流低电阻测试仪的原理如图4-3-4所示。

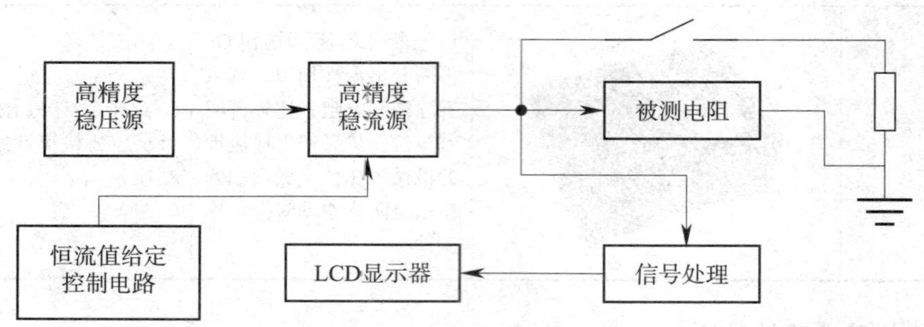

图4-3-4　直流低电阻测试仪的原理

其中，高精度稳压源是高精度低纹波电源，可以提供10 A的电流输出。高精度稳流源输出的电流受恒流值给定控制电路的控制。当选择不同挡位时，就输出不同的稳定电流。当恒流电流通过被测电阻时，在被测电阻上产生稳定的电压信号，该信号经处理后由LCD显示器直接显示出电阻阻值。

2．按键功能和测试端口

UT620A型直流低电阻测试仪的结构如图4-3-5所示，其功能说明见表4-3-2。

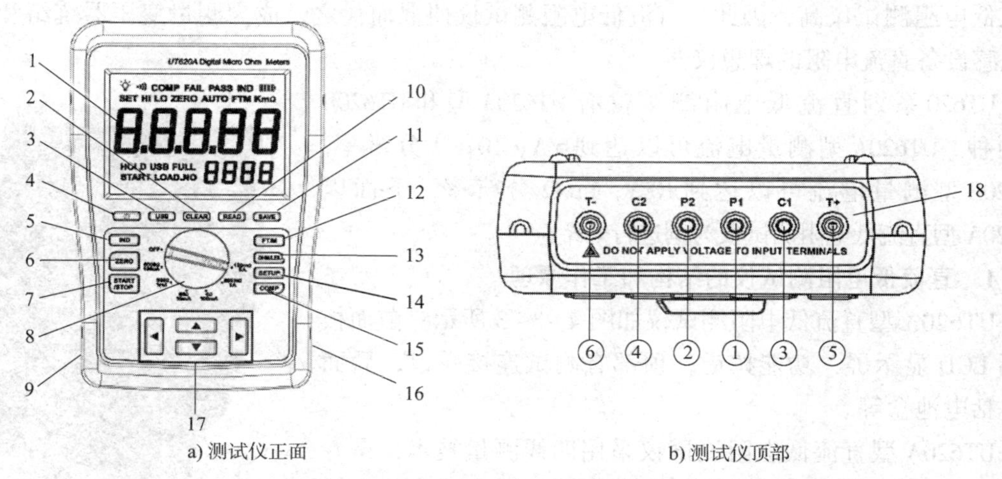

a) 测试仪正面　　b) 测试仪顶部

图4-3-5　UT620A型直流低电阻测试仪的结构

表 4-3-2　　UT620A 型直流低电阻测试仪功能说明

序号	符号	功能
1	LCD 显示屏	$4\frac{5}{6}$位液晶显示，带背光显示
2	CLEAR	清除、删除按键
3	USB（按键）	通信开启 / 关闭按键
4	（背光图标）	背光开启 / 关闭按键
5	IND	感性电阻测试键
6	ZERO	清零按键
7	START/STOP	测量开始 / 停止按键
8	 （量程开关图标）	手动量程选择开关
9	USB（接口）	数据 / 信号输出接口
10	READ	数据读取按键
11	SAVE	数据保存按键
12	FT/M	英尺 / 米转换按键
13	OHM/LEN	欧姆 / 长度转换按键
14	SETUP	功能设置按键
15	COMP	比较功能按键
16	DC V	电源适配器输入插孔
17	 （方向键图标）	方向按键
18	测试线插孔  T- C2 P2 P1 C1 T+	①② P1 和 P2 鳄鱼夹连接端子
		③④ C1 和 C2 鳄鱼夹连接端子
		⑤⑥ T+ 和 T- 凯氏夹测试线连接端子

3. LCD 显示屏

UT620A 型直流低电阻测试仪的 LCD 显示屏显示界面如图 4-3-6 所示，显示符号的含义见表 4-3-3。

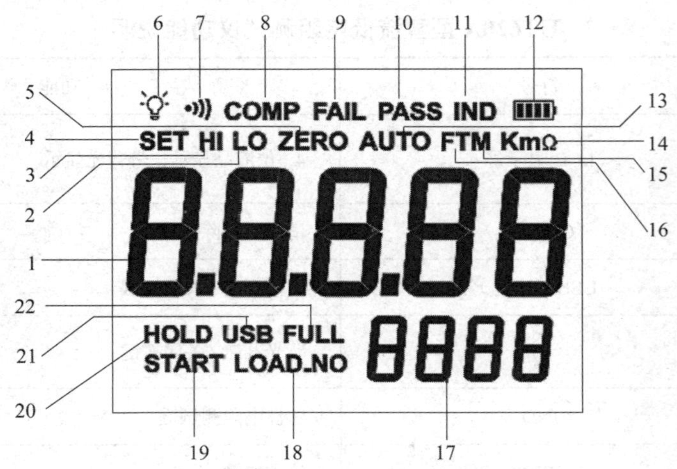

图 4-3-6　UT620A 型直流低电阻测试仪的 LCD 显示屏显示界面

表 4-3-3　UT620A 型直流低电阻测试仪的 LCD 显示屏显示符号含义

序号	符号	含义	序号	符号	含义
1	8.8.8.8.8	测量数据值显示区	12	[电池图标]	电池电量标记
2	LO	下限值提示符	13	AUTO	自动量程提示符
3	HI	上限值提示符	14	KmΩ	单位提示符，kΩ、mΩ 或 Ω
4	SET	设置符	15	M	“米”单位提示符
5	ZERO	清零提示符	16	FT	“英尺”单位提示符
6	[灯泡图标]	背光灯显示符	17	8888	数据记录编号显示区
7	•)))	蜂鸣器开启提示符	18	LOAD.NO	数据编号提示符
8	COMP	比较功能提示符	19	START	测量开始提示符
9	FAIL	未通过（不合格）提示符	20	HOLD	读数保持提示符
10	PASS	通过（合格）提示符	21	USB	通信开启 / 关闭提示符
11	IND	感性测试提示符	22	FULL	记录数据已满提示符

4. 直流低电阻测试仪的使用

UT620A 型直流低电阻测试仪所用电池为充电电池，第一次使用前，必须充电 10 h 以上方可使用。

UT620A 型直流低电阻测试仪的充电方法是怎样的，扫描右侧二维码即可了解。

用 UT620A 型直流低电阻测试仪测量电阻的方法和步骤见表 4-3-4。

表 4-3-4　用 UT620A 型直流低电阻测试仪测量电阻的方法和步骤

序号	步骤	图例	操作说明	备注
1	准备工作		将凯氏夹测试线（标配件）连接仪表的 T+、T- 端子，有鳄鱼夹的一端连接被测电阻两端	可以使用四线测试探针（选配件）测量电阻，也可以使用鳄鱼夹（自备件）测量电阻
2	数据清零		在待测界面下，将凯氏夹短接，按下“START/STOP”按键，当数据稳定后，按下“ZERO”按键，清零完成	各挡位的清零方法完全相同
3	选择挡位		将旋钮开关旋至适当的挡位	选择挡位前，应估测被测电阻的阻值
4	进行测量		按下“START/STOP”按键开始测量	连续测量一段时间后，数据将自动保持（HOLD）
5	观察读数		LCD 显示屏直接显示被测电阻的阻值，可以直接读数	待显示值稳定后方可读取

续表

序号	步骤	图例	操作说明	备注
6	数据处理		（1）数据的保存。在测量状态下，按下“SAVE”按键，完成一次数据的保存 （2）数据的读取。在待测或测量状态下，按下“READ”按键，仪表显示最后一条被保存的数据 （3）数据的清除。在查看保存数据的过程中，短时按下“CLEAR”按键，当前显示的数据被清除；长时按下“CLEAR”按键，提示是否清除全部数据，再按下“CLEAR”按键，所有保存的数据被清除	（1）数据只能保存1 000条 （2）在数据读取的过程中，按下方向按键，可以显示不同的保存数据。如果没有存储任何数据，则显示“LOAD NO_”
7	测量完毕，整理仪表		将选择开关置于“OFF”位置，拆除连接的测试线	

5. 直流低电阻测试仪的维护

（1）直流低电阻测试仪属于精密仪表，应避免碰撞、重击及在潮湿、强电、磁场、油污和灰尘环境中使用。

（2）测试仪工作时，若LCD显示屏出现“▭”符号，应及时插上电源适配器，以防止突然断电导致测试仪损坏或数据丢失。

（3）若长时间不使用测试仪，应将旋钮开关置于“OFF”位置，以防止电池电量耗尽，影响电池的使用寿命。

用直流单臂电桥和直流低电阻测试仪测量直流电阻

一、实训目的

1. 熟悉直流单臂电桥和直流低电阻测试仪的结构和使用方法。

2. 能用直流单臂电桥和直流低电阻测试仪测量电阻。

二、实训器材

直流单臂电桥和直流低电阻测试仪各1台，万用表1块，三相笼型交流异步电动机1台，小型单相变压器1台，中电阻若干。

三、实训内容及步骤

1. 外观检查

检查仪表的外壳、端钮、按键等是否完好无损，必要的标志和极性符号是否清晰，表内有无脱落元器件，绝缘有无破损等。观察直流单臂电桥和直流低电阻测试仪面板的布置，了解各旋钮、开关的作用。

2. 测量电阻阻值

用万用表估测两个被测电阻R1、R2的阻值后，用直流单臂电桥和直流低电阻测试仪分别测量各电阻的阻值，并将测量结果填入表4-3-5中。

3. 测量电动机绕组阻值

用万用表估测电动机绕组电阻r1的阻值后，用直流单臂电桥和直流低电阻测试仪分别测量其直流电阻，并将测量结果填入表4-3-5中。

4. 测量单相变压器绕组阻值

用万用表估测单相变压器绕组电阻r2的阻值后，用直流单臂电桥和直流低电阻测试仪分别测量其直流电阻，并将测量结果填入表4-3-5中。

表4-3-5　测量结果记录　Ω

测量对象	万用表测量值	直流单臂电桥测量值	直流低电阻测试仪测量值
电阻R1			
电阻R2			
电动机绕组电阻r1			
变压器绕组电阻r2			

5. 按照现场管理规范清理场地，归置物品。

四、实训注意事项

通电前，一定要检查电路连接是否正确，经实训指导教师同意并在其监护下方能进行通电实训。

五、实训测评

根据表4-3-6中的测评标准对实训进行测评，并将评分结果填入表中。

表4-3-6 用直流单臂电桥和直流低电阻测试仪测量直流电阻的实训评分标准

序号	测评内容	测评标准	配分（分）	得分（分）
1	仪表面板符号含义	能正确识别直流低电阻测试仪和直流单臂电桥面板的符号	20	

续表

序号	测评内容	测评标准	配分（分）	得分（分）
2	用直流单臂电桥测量直流电阻的方法和步骤	能熟练使用直流单臂电桥测量直流电阻，并正确读数	30	
3	用直流低电阻测试仪测量直流电阻的方法和步骤	能熟练使用直流低电阻测试仪测量直流电阻，并正确读数	30	
4	安全文明实训	工作环境整洁，操作习惯良好，具有安全意识，能积极参与教学活动，整体符合6S标准	20	
合计			100	

§4—4 接地电阻测试仪

学习目标

1. 熟悉接地电阻测试仪的作用及结构。
2. 掌握接地电阻测试仪的使用方法和使用注意事项。
3. 了解电气设备接地电阻的标准。

在生产工作中，为了保证电气设备的安全和正常运行，电气设备的某些金属部分应与接地体用接地线进行连接，称为接地。例如，避雷装置的接地，发电机、变压器的中性点接地，交流测量用互感器的二次侧接地等。接地线和接地体都采用金属导体制成，统称为接地装置。接地装置的接地电阻包括接地线电阻、接地体电阻、接地体与土壤的接触电阻，以及接地体与零电位（大地）之间的土壤电阻。实际上，由于接地线和接地体的电阻都很小，接地电阻的大小主要和接地体与大地的接触面积及接触是否良好有关，另外还与土壤的性质及湿度有关。

电气设备的接地

电气设备接地的目的是保证人身和电气设备的安全，以及设备的正常运行。如果接地电阻不符合要求，不但安全得不到保证，还会造成严重的事故。因此，定期测量接地装置的接地电阻是安全用电的保障。

接地电阻测试仪又称接地摇表、接地电阻表。接地电阻测试仪按供电方式分为传统的手摇式和电池驱动式；按显示方式分为指针式和数字式；按测量方式分为打地桩式和钳式（钳形）。目前，传统的手摇式接地电阻测试仪几乎无人使用，比较普及的是数字式接地电阻测试仪，在电力系统中用得较多的是钳形接地电阻测试仪。现以 UT522 型数字式接地电阻测试仪和 UT275 型钳形接地电阻测试仪为例进行介绍。

一、数字式接地电阻测试仪

1. 数字式接地电阻测试仪的结构

UT522 型接地电阻测试仪是测量接地电阻的常用仪表，也是电气安全检查与接地工程竣工验收不可缺少的工具，适用于各种电力系统、电气设备、防雷设备等接地系统接地电阻的测量。

UT522 型接地电阻测试仪外形如图 4-4-1 所示，它摒弃了传统的人工手摇发电工作方式，采用大规模集成电路，应用 DC/AC 变换技术，可做精密的三线式测量，也可做简易的二线式测量。UT522 型接地电阻测试仪的前面板（见图 4-4-1）包括 LCD 显示屏、功能按键、测试连接端口等，各组成部分的功能说明见表 4-4-1；后面板包括电池盒等。

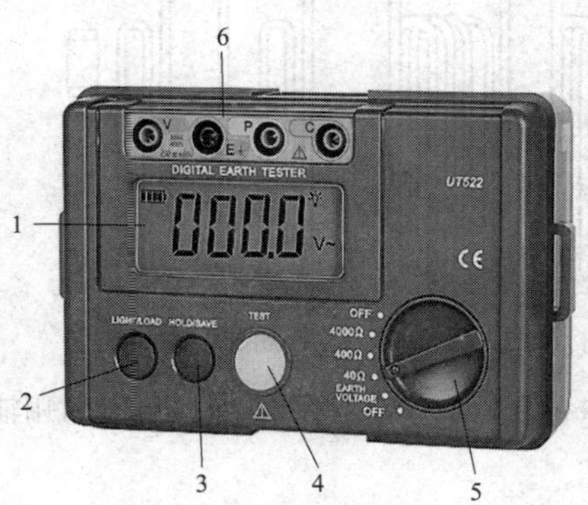

图 4-4-1　UT522 型接地电阻测试仪

表 4-4-1　　UT522 型接地电阻测试仪前面板各组成部分的功能说明

序号	符号	功能说明
1	LCD 显示屏	$4\frac{1}{2}$位液晶显示，带背光显示
2	LIGHT/LOAD	LCD 显示屏背光开关 / 数据读取按键
3	HOLD/SAVE	数据保持 / 取消按键
4	TEST	测试使用按键

续表

序号	符号	功能说明	
5	功能选择开关	OFF	测试仪的开关挡位
		4 000 Ω/400 Ω/40 Ω	测量接地电阻时，选择的接地电阻等级挡位
		EARTH VOLTAGE	接地电压测量挡位
6		测试端口。C- 辅助电极，P- 电位电极，E- 被测接地端，V- 电压端	

UT522 型接地电阻测试仪常用辅件有标准测试线、简易测试线和辅助接地钉等，其外形如图 4-4-2 所示。

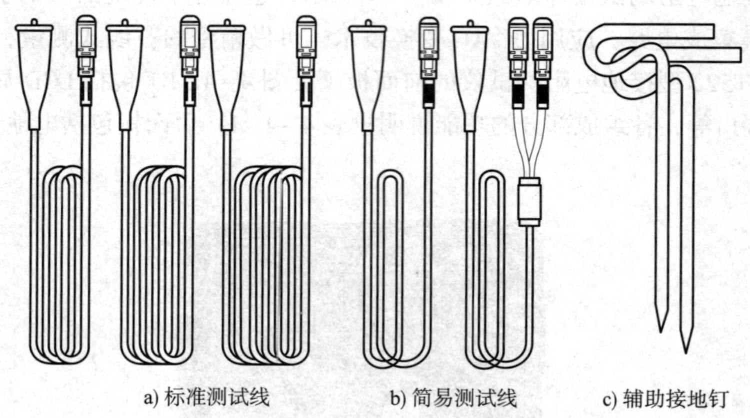

a) 标准测试线　　b) 简易测试线　　c) 辅助接地钉

图 4-4-2　UT522 型接地电阻测试仪常用辅件

2. LCD 显示屏

UT522 型接地电阻测试仪 LCD 显示屏的显示界面如图 4-4-3 所示，符号说明见表 4-4-2。

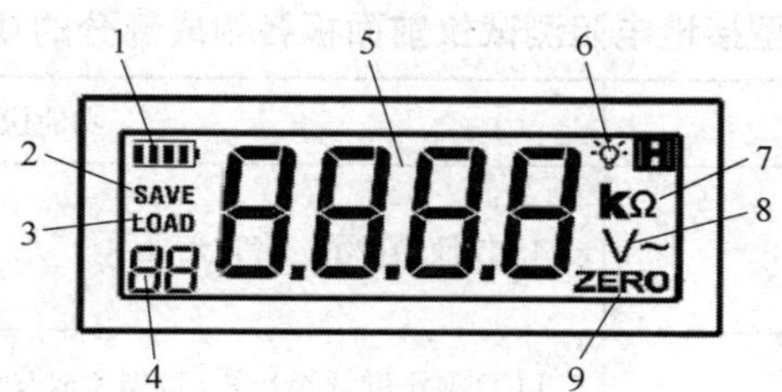

图 4-4-3　UT522 型接地电阻测试仪 LCD 显示屏的显示界面

表 4－4－2　　UT522 型接地电阻测试仪 LCD 显示屏显示界面的符号说明

序号	符号	说明	序号	符号	说明
1		电池电量符号	6		背光灯显示符号
2	SAVE	数据存储提示符号	7	kΩ	接地电阻单位符号
3	LOAD	读存储数据提示符号	8	V~	接地电压测试符号
4	88	数据记录编号显示区	9	ZERO	清零提示符号
5	8.8.8.8	测量数据值显示区			

3．数字式接地电阻测试仪的使用

（1）使用前的准备

将旋钮开关置于接地电压挡或接地电阻挡，若 LCD 显示屏上显示的电池电量符号为“  ”，表示电池处于低电量状态，需更换电池，否则本测试仪不可正常使用。测量前确认测试线插头已完全插入测试端，连接不牢固将影响测量结果的准确度。

（2）接地电阻的测量

用数字式接地电阻测试仪测量接地电阻的方法和步骤见表 4－4－3。

表 4－4－3　　用数字式接地电阻测试仪测量接地电阻的方法和步骤

序号	步骤	图例	操作说明	备注
1	准备工作	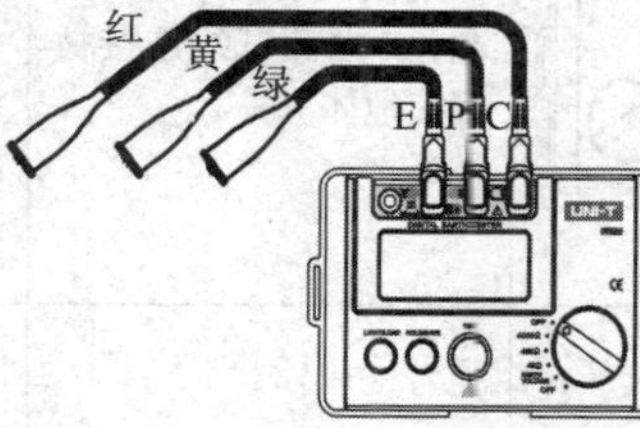	按要求将测试线插头插入相应测试端	用接地电阻测试仪进行接地电阻测量时，在接线端 E、C 间会产生约 50 V 的电压，人体不要接触测试线金属外露部分和辅助接地钉，以免触电
2	精确测量	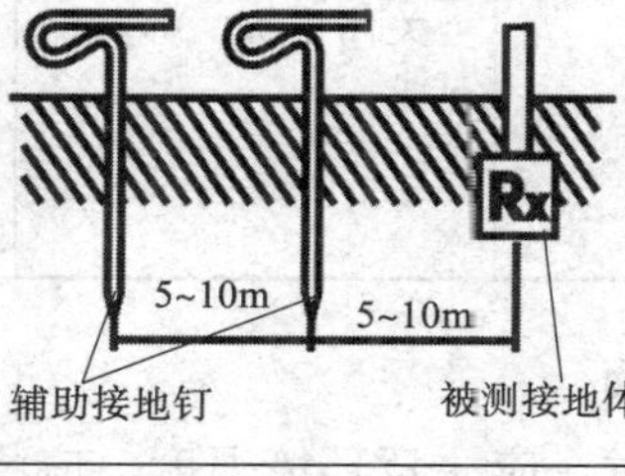	使用标准测试线测量。将 P 和 C 端辅助接地钉打到地深处，使其与待测设备排列成一条直线，且彼此间隔 5～10 m	确定辅助接地钉插入潮湿的土壤中，若土壤干燥，则要加足水。石质土或沙地也要变潮湿后才能测试
3	接地电压测量	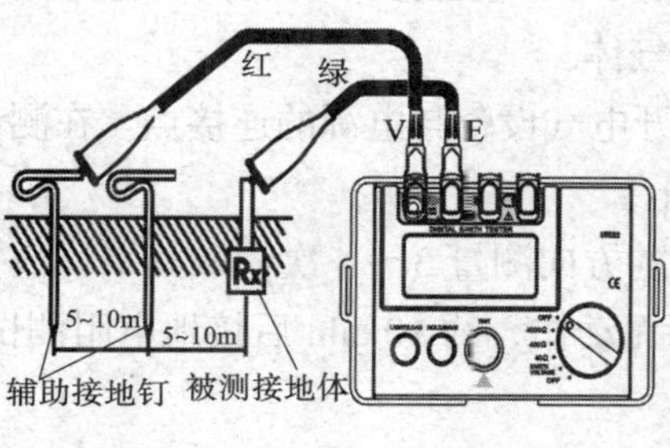	将旋钮开关旋至接地电压挡，LCD 显示屏显示接地电压测试状态；将测试线插入 V 端和 E 端（其他测试端不要插测试线），再接上待测点，LCD 显示屏将显示接地电压的测量值。测量接地电压不需要按“TEST”按键	注意：若测量值 >10 V，则要关闭相关电气设备，待接地电压降低后再进行接地电阻测量，否则会影响测量的准确度 警告：接地电压测量仅在 V 端和 E 端进行，C 端和 P 端的连接线要断开，否则可能会导致危险或仪器损坏

续表

序号	步骤	图例	操作说明	备注
4	接地电阻测量	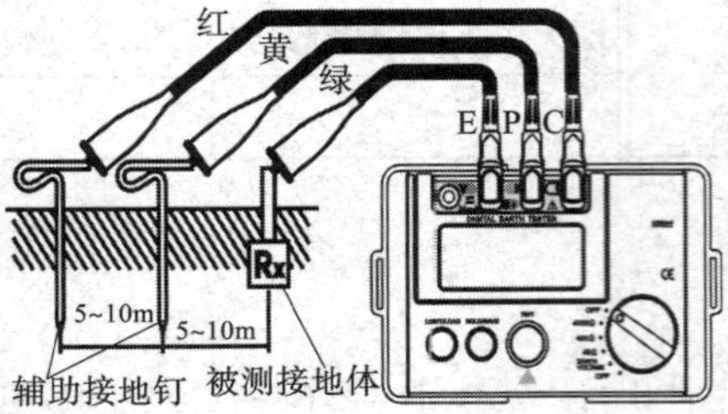 红 黄 绿 E P C Rx 5~10m 5~10m 辅助接地钉 被测接地体	将旋钮开关旋至接地电阻4 000 Ω挡，按“TEST”按键测试，LCD显示屏显示接地电阻阻值。若所测阻值<400 Ω，则将旋钮开关旋至接地电阻400 Ω挡，LCD显示屏显示对应的接地电阻阻值；若所测电阻阻值<40 Ω，则将旋钮开关旋至接地电阻40 Ω挡，LCD显示屏显示对应的接地电阻阻值。一定要选择最佳的测量挡位，才能使所测的接地电阻阻值最准确	按“TEST”按键时，按键上的状态指示灯会点亮，表示该测试仪处于测试状态。当C端或E端测试线接触不良，辅助接地电阻或接地电阻过大，以及测试端开路时，LCD显示屏都将显示“---- Ω”。当被测接地电阻超出该挡位的测试范围时，LCD显示屏将显示“OL”（超量程）。辅助接地钉弯曲或接触其他物体时，会影响读数，使用前要清洁辅助接地钉
5	简易测量	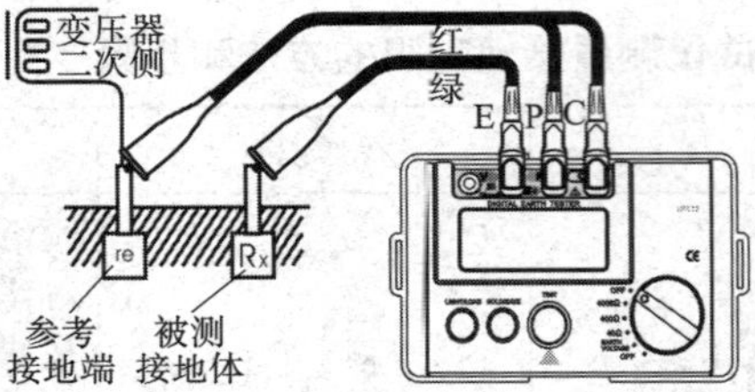 变压器二次侧 红 绿 E P C re Rx 参考接地端 被测接地体	使用简易测试线测量。将P端和C端测试线连接供电线路公共地端，E端测试线连接被测接地体	简易测量是当辅助接地钉不方便使用时，可将一个外露的低接地电阻物体作为一个电极，如金属水管、供电线路公共地、建筑物接地端等。当使用商用电力系统接地点作为参考点测量时，应当心电击危险
6	测量完毕，整理仪表	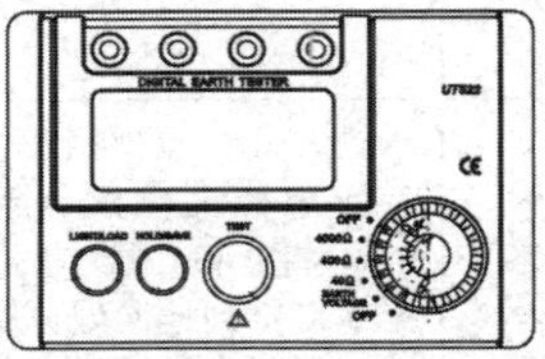	关闭电源，拆除测试线	同时将测量仪、测试线、辅助接地钉擦拭干净

4. 数字式接地电阻测试仪的使用注意事项

（1）存放和保管数字式接地电阻测试仪时，应注意环境温度。应将测试仪放在干燥通风处，避免受潮，避免接触酸碱及腐蚀性气体。

（2）测量保护接地电阻时，一定要断开电气设备与电源的连接点。在测量小于1 Ω的接地电阻时，应分别用专用导线连在接地体上。

（3）测量接地电阻时最好反复在不同的方向测量3～4次，取其平均值。

（4）在开机状态下若按键和旋钮开关无动作，约10 min后接地电阻测试仪会自动关机，以节省电量（接地电阻挡测试状态除外）。

二、钳形接地电阻测试仪

钳形接地电阻测试仪是传统接地电阻测量技术的突破。使用钳形接地电阻测试仪测量有回路的接地系统时，不需要断开接地引下线，不需要辅助电极，安全快捷，使用方便。此外，使用钳形接地电阻测试仪能够检测出接地故障，可用于传统方法无法测量的场合。

1．钳形接地电阻测试仪的结构

UT275 型钳形接地电阻测试仪在测量有回路的接地系统时，只需要钳住待测接地回路，就能安全、快速测量出接地电阻。钳形接地电阻测试仪的钳头采用薄膜合金，强化了钳口的抗干扰性，接地电阻测量精度可达 0.01 Ω。此外，测试仪还具备电阻极限值报警功能，可在量程范围内设定报警值。

UT275 型钳形接地电阻测试仪的外形和结构图如图 4－4－4 所示。前面板包括 LCD 显示屏和功能按键，侧面有钳口扳机，后面板包括电池盒等。UT275 型钳形接地电阻测试仪各组成部分的功能说明见表 4－4－4。

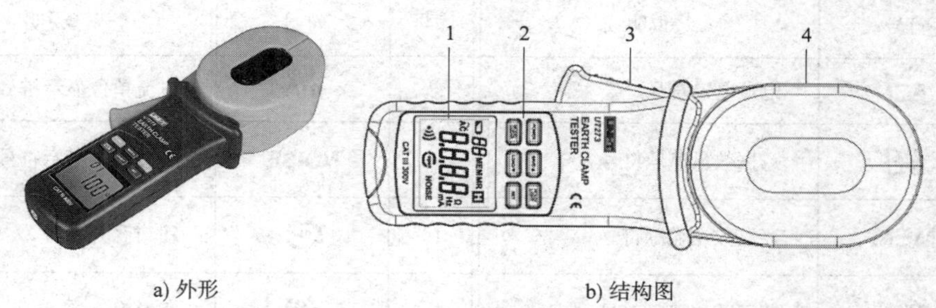

a) 外形　　　　b) 结构图

图 4－4－4　UT275 型钳形接地电阻测试仪

表 4－4－4　　UT275 型钳形接地电阻测试仪各组成部分的功能说明

<table>
<tr><th>序号</th><th colspan="2">符号</th><th>功能说明</th></tr>
<tr><td>1</td><td colspan="2">LCD 显示屏</td><td>$4\frac{1}{2}$位液晶显示，带背光显示</td></tr>
<tr><td rowspan="6">2</td><td rowspan="6">按键区</td><td>POWER</td><td>电源开关按键</td></tr>
<tr><td>HOLD/LIGHT</td><td>显示值锁定 / 背光开关按键</td></tr>
<tr><td>SAVE/ ▲</td><td>单次存储切换 / 固定速度自动存储按键</td></tr>
<tr><td>LOAD/ ▼</td><td>单次重读切换 / 固定速度自动重读按键</td></tr>
<tr><td>MODE/CLEAR</td><td>电流测量模式 / 存储数据清零按键</td></tr>
<tr><td>SET</td><td>设置按键。在此模式下 SAVE/ ▲和 LOAD/ ▼为增 / 减功能按键</td></tr>
<tr><td>3</td><td colspan="2">钳口扳机</td><td>控制钳口的张合</td></tr>
<tr><td>4</td><td colspan="2">钳口</td><td>65 mm × 30 mm，ϕ30 mm</td></tr>
</table>

2. LCD 显示屏

UT275 型钳形接地电阻测试仪 LCD 显示屏的显示界面如图 4–4–5 所示，符号说明见表 4–4–5。

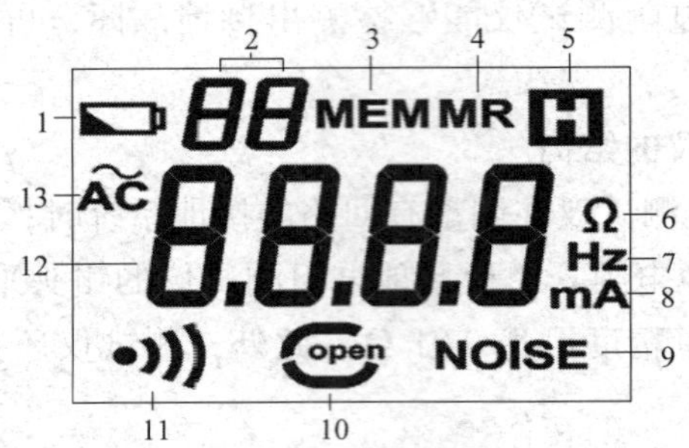

图 4–4–5　UT275 型钳形接地电阻测试仪 LCD 显示屏的显示界面

表 4–4–5　UT275 型钳形接地电阻测试仪 LCD 显示屏显示界面的符号说明

序号	符号	说明	序号	符号	说明
1		电池电量符号	8	mA	电流单位显示符号
2	88	数据数量显示符号	9	NOISE	外接噪声指示符号
3	MEM	存储数据显示符号	10	open	钳口张开符号
4	MR	调用数据显示符号	11	•)))	报警显示符号
5	H	数据锁定符号	12	8.8.8.8	测量数据值显示区
6	Ω	电阻单位显示符号	13	AC	交流符号
7	Hz	频率单位显示符号			

知识链接

——钳口张开符号。LCD 显示屏上显示该符号则表明测试仪钳口处于张开状态，此时可能是人为扣压钳口扳机，也可能是钳口已经有严重污垢，不能继续测量使用。

3. 钳形接地电阻测试仪的使用

（1）电池电压的检查

按下电源开关按键，若 LCD 显示屏上显示的电池电量符号为“”，表示电池处于低电量状态，需更换电池，否则本测试仪不可正常使用。

（2）接地电阻的测量

用钳形接地电阻测试仪测量接地电阻的方法和步骤见表 4–4–6。

表 4–4–6　　用钳形接地电阻测试仪测量接地电阻的方法和步骤

序号	步骤	图例	操作说明	备注
1	开机	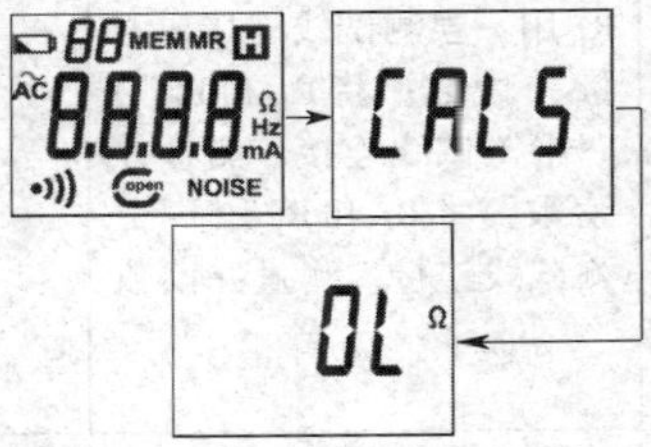 88 MEM MR H AC 8.8.8.8 Ω Hz mA open NOISE CAL5 OL Ω	开机前，扣压钳口扳机 2 次，确保钳口闭合良好。长按“POWER”按键 3 s，进入开机状态。自检完成，可进行接地电阻测量	首先自动测试，LCD 显示屏符号应全部显示。然后自检，依次显示 CAL0～CAL5。最后显示“OL”，自检完成
2	测试环检验	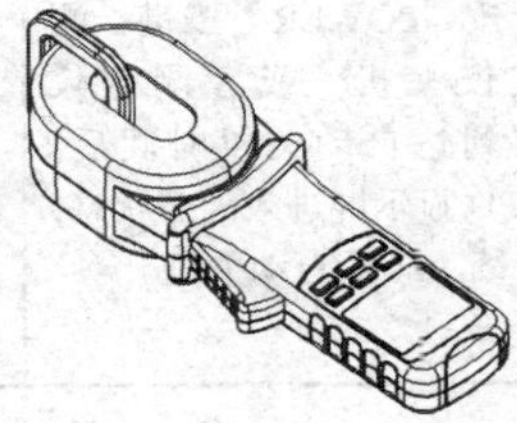	在测量前，可以使用配备的测试环检验测试仪，其显示值与测试环上的标称值（10 Ω）接近即可	
3	多点接地系统接地电阻测量	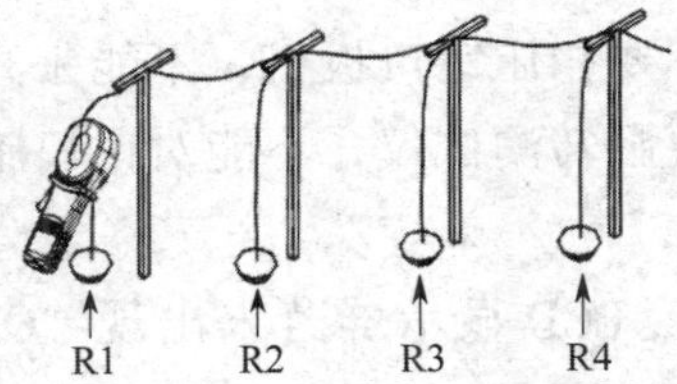 R1　R2　R3　R4	多点接地系统包括如图所示的输电杆塔接地体等，它们通过架空地线连接，组成了接地系统。LCD 显示屏可直接读数	测量过程中，不要扣压钳口扳机，不能张开钳口，不能钳住任何导线。要保持测试仪的水平静止状态，不能翻转测试仪
4	有限点接地系统接地电阻测量	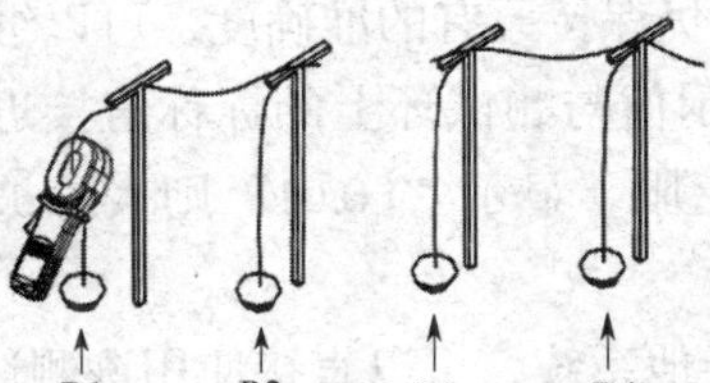 R1　R2　R3　R4	有限点接地系统包括如图所示的输电杆塔接地体等，它们没有通过架空地线全部连接	有限点接地系统接地电阻是不可能直接测量到的，必须通过该测试仪公司提供的解算程序软件，输入相应的数据后得到
5	单点接地系统 1 接地电阻测量	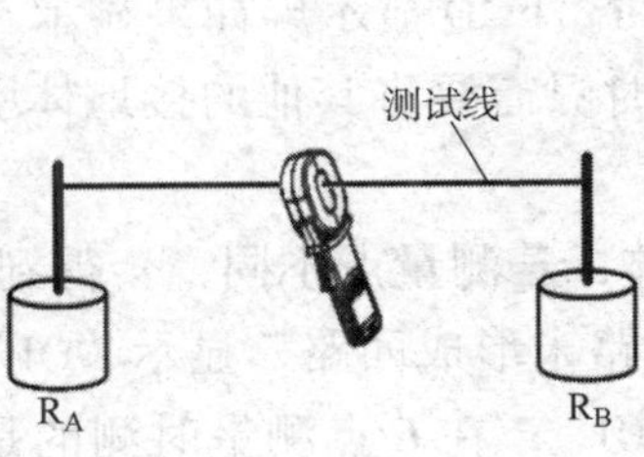 测试线 R_A　R_B	在被测接地体 R_A 附近找一个独立的接地良好的接地体 R_B，将 R_A 和 R_B 用一根测试线连接。此时测试仪测得的电阻阻值为 $R=R_A+R_B+R_{线}$，如果 R 小于允许值，那么这两个接地体的接地电阻都是合格的（两点法）	从测试原理来说，钳形接地电阻测试仪只能测量回路电阻，无法测量单点接地系统。但是可以用一根测试线和接地系统附近的接地体人为地制造一个回路进行测试

续表

序号	步骤	图例	操作说明	备注
6	单点接地系统 2 接地电阻测量	R1 R_B R_A R_C R2 R_B R_A R_C R_B R3 R_A R_C	在被测接地体 R_A 附近找两个独立的接地良好的接地体 R_B 和 R_C，将 R_A 和 R_B 用一根测试线连接，测量并读数；将 R_B 和 R_C 用一根测试线连接，测量并读数；将 R_C 和 R_A 用一根测试线连接，测量并读数（三点法）	此时的接地电阻为 $R_A=\frac{R_1+R_3-R_2}{2}$ $R_B=R_1-R_A$ $R_C=R_3-R_A$
7	测量完毕，整理仪表		按"POWER"按键，测试仪关机。或者测试仪在到达自动关机时间后，LCD 显示屏进入闪烁状态，持续 30 s 后自动关机	

4. 钳形接地电阻测试仪的使用注意事项

（1）在测量接地电阻或电流的过程中，不要扣压钳口扳机，不能张开钳口，不能钳住任何导线。保持测试仪的水平静止状态，不要翻转测试仪，不能对钳口施加外力，否则会影响测量的准确度。

（2）钳形接地电阻测试仪在自检完成后，LCD 显示屏若未出现"OL"，而是显示一个较大的阻值，如 810 Ω，但用测试环检测仍显示正常，这说明该测试仪在测量大阻值（>100 Ω）时有较大误差，而在测量小阻值时仍保持原有的准确度，可以继续使用。

（3）使用测试环检验时，LCD 显示屏显示值与测试环上的标称值接近即可。但是显示"OL"则表示被测电阻超出了测试仪的量程上限，显示"L0.01"则表示被测电阻超出了测试仪的量程下限。

（4）一般输电线路杆塔接地构成的多点接地系统，可以直接使用该测试仪测量。

（5）在变压器中性点接地电阻的测量中，如果有重复接地，则构成多点接地系统，如果无重复接地，则是单点接地系统。测量时，LCD 显示屏如果显示"L0.01"，可能是同一个变压器有两根以上接地体引下线，此时只需要将其他的接地体引下线断开，只保留待测的接地体引下线即可。

（6）测量点的选择很关键，同一根接地体，若测量点不同，会得到不同的测量结果。图 4-4-6 所示电路中，在 *A* 点测量时所测支路未形成回路，显示"OL"；在 *B* 点测量时所测支路是金属导体形成的回路，显示"L0.01"；在 *C* 点测量时测的是该支路下的接地电阻。

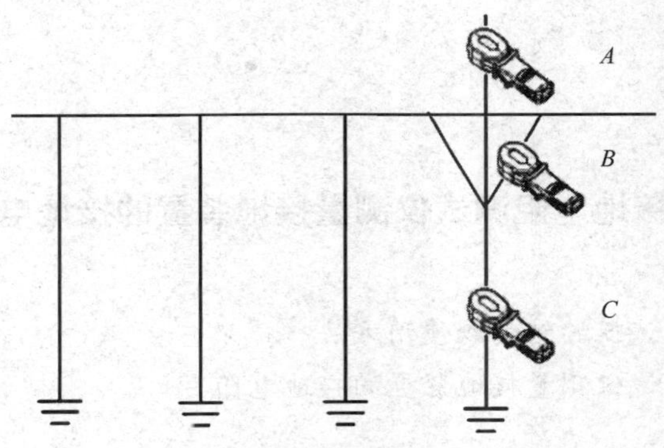

图 4-4-6　不同测量点的选择

三、电气设备接地电阻的标准

电气设备接地电阻的标准见表 4-4-7。

表 4-4-7　　电气设备接地电阻的标准

<table>
<tr><th>种类</th><th colspan="2">接地装置使用条件</th><th>接地电阻 /Ω</th></tr>
<tr><td rowspan="2">1 kV 及以上电力设备</td><td colspan="2">大接地电流系统</td><td>0.5</td></tr>
<tr><td colspan="2">小接地电流系统</td><td>10</td></tr>
<tr><td rowspan="3">低压电力设备</td><td rowspan="2">中性点直接接地系统及非接地系统</td><td>运行设备总容量在 100 kVA 以上</td><td>4</td></tr>
<tr><td>重复接地</td><td>10</td></tr>
<tr><td colspan="2">TT 系统用电设备保护接地</td><td>10</td></tr>
<tr><td rowspan="4">防雷设备</td><td colspan="2">独立避雷针</td><td><10</td></tr>
<tr><td colspan="2">变（配）电所母线的阀型避雷器</td><td><5</td></tr>
<tr><td colspan="2">低压进户线绝缘子铁脚接地</td><td><30</td></tr>
<tr><td colspan="2">建筑物的避雷针及避雷线</td><td><30</td></tr>
<tr><td>其他设备</td><td colspan="2">贮易燃油气罐的防静电接地和防感应电压接地</td><td><10</td></tr>
</table>

交流电气装置的接地电阻在国家技术标准中有规定，扫描右侧二维码即可了解。

用接地电阻测试仪测量接地装置的接地电阻

一、实训目的

1. 熟悉接地电阻测试仪的结构和使用方法。

2. 能用接地电阻测试仪测量接地装置的接地电阻。

二、实训器材

数字式接地电阻测试仪和钳形接地电阻测试仪各 1 只（包含各种辅件），铁榔头 1 把，接地装置 1 套。

三、实训内容及步骤

1. 外观检查

检查仪表的外壳、端钮、按键等是否完好无损，必要的标志和极性符号是否清晰，表内有无脱落元器件，绝缘有无破损等。观察接地电阻测试仪面板的布置，了解各旋钮、开关的作用。

2. 接地装置的处理

对被测的接地装置进行切断处理。将待测接地极与其他接地装置临时断开，并用砂纸除去接地极上的锈迹、污物。

3. 使用数字式接地电阻测试仪测量接地电阻

按照表 4–4–3 的方法和步骤，使用数字式接地电阻测试仪精确测量和简易测量接地装置的接地电阻。将测量结果填入表 4–4–8 中。

表 4–4–8　　数字式接地电阻测试仪测量结果记录表　　Ω

项目	精确测量	简易测量
接地电阻测试仪测量值		
该接地装置接地电阻的规定值		
判断		

4. 使用钳形接地电阻测试仪测量接地电阻

按照表 4–4–6 的方法和步骤，使用钳形接地电阻测试仪，用两点法和三点法测量接地装置的接地电阻。将测量结果填入表 4–4–9 中。

表 4-4-9　　钳形接地电阻测试仪测量结果记录表　　Ω

项目	两点法	三点法
钳形接地电阻测试仪测量值		
该接地装置接地电阻的规定值		
判断		

5. 测量完毕，恢复待测接地极与其他接地装置的连接，按照现场管理规范清理场地，归置物品。

四、实训注意事项

1. 当需开启背光灯时，轻按“LIGHT/LOAD”按键，背光灯被打开且 LCD 显示屏显示相应的灯符号，再轻按“LIGHT/LOAD”按键即可关闭背光灯。

2. 当环境所限不能立即读数时，可以使用数据保持功能。轻按“HOLD/SAVE”按键，数据保持功能被打开，相应的测量值被保持且 LCD 显示屏显示相应的保持符号，再轻按“HOLD/SAVE”按键可取消保持功能。

3. 雷雨天气不得测量防雷接地装置的接地电阻，以防被雷电击伤。

4. 被测接地极与辅助接地极之间连接的导线不得与高压架空线、地下金属管道平行，以免影响测量的准确度。

五、实训测评

根据表 4-4-10 中的测评标准对实训进行测评，并将评分结果填入表中。

表 4-4-10　　用接地电阻测试仪测量接地装置的接地电阻实训评分标准

序号	测评内容	测评标准	配分（分）	得分（分）
1	仪表面板符号含义	能正确识别数字式接地电阻测试仪和钳形接地电阻测试仪面板的符号	20	
2	用数字式接地电阻测试仪测量绝缘电阻的方法、步骤	能熟练使用数字式接地电阻测试仪测量接地电阻，并正确读数	30	
3	用钳形接地电阻测试仪测量接地电阻的方法、步骤	能熟练使用钳形接地电阻测试仪测量接地电阻，并正确读数	30	
4	安全文明实训	工作环境整洁，操作习惯良好，具有安全意识，能积极参与教学活动，整体符合 6S 标准	20	
合计			100	

第五章 万用表

万用表是最常用的电工仪表之一，它是一种可以测量多种电路参数、具有多种量程的便携式仪表。常用的万用表有指针式和数字式两种。

指针式万用表的特点是能把被测的各种电路参数都转换成仪表指针的偏转角，并通过指针偏转角的大小显示出测量结果，也称为模拟式万用表。数字式万用表的特点是把被测量的各种电路参数转换成数字量，然后以数字形式显示出测量结果。它们的用途基本是相同的，都是以测量电流、电压、电阻为主要目的，有的万用表还能测量电容、三极管的放大倍数，甚至频率、温度等。

本章以目前应用广泛的MF47型指针式和UT890型数字式万用表为例，介绍万用表的组成、基本原理、使用和维护方法。

§5—1 指针式万用表

学习目标

1. 熟悉指针式万用表的组成及各部分的作用。
2. 理解指针式万用表直流电流测量电路的基本原理。
3. 了解指针式万用表直流电压测量电路、交流电压测量电路、电阻测量电路的基本原理。

一、指针式万用表的组成和基本原理

1. 指针式万用表的组成

指针式万用表一般由测量机构、测量线路和转换开关三部分组成。

（1）测量机构

指针式万用表的核心是测量机构（俗称“表头”），如图5-1-1所示，其作用是把过渡

电量转换为仪表指针的机械偏转角。测量机构的性能好坏直接影响整个万用表的性能好坏。因此，指针式万用表的测量机构通常采用准确度和灵敏度都很高的磁电系直流微安表，其满偏电流为几微安到几百微安。一般情况下，满偏电流越小，测量机构灵敏度越高。万用表的灵敏度通常用电压灵敏度（Ω/V）表示。

图 5-1-1　指针式万用表测量机构

（2）测量线路

指针式万用表中测量线路的作用是把各种不同的被测电量（如电流、电压、电阻等）转换为磁电系测量机构所能测量的微小直流电流（即过渡电量）。测量线路中使用的元器件主要包括分流电阻、分压电阻、整流元件、电容器等。万用表的功能越多，测量线路越复杂。图 5-1-2 所示为指针式万用表的内部结构。可以看到，万用表中的测量线路一般都直接焊接在印制电路板上。这样既可以缩短接线长度，减小接线电阻的影响，同时又增强了仪表的牢固性。

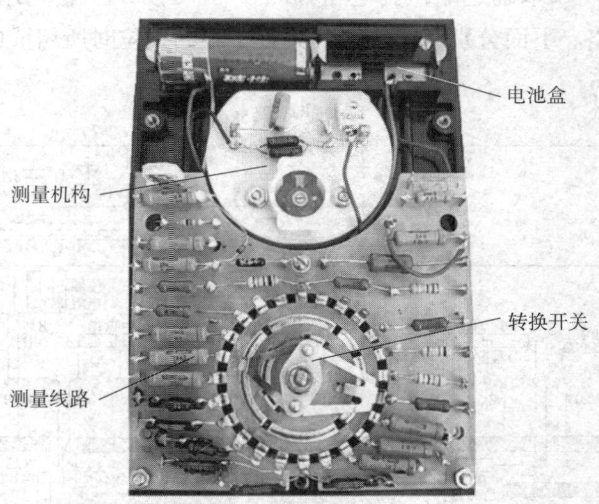

图 5-1-2　指针式万用表测量线路和内部结构

（3）转换开关

指针式万用表中转换开关的作用是把测量线路转换为所需要的测量种类和量程。指针式万用表中的转换开关一般都采用多刀多掷开关，依靠一只转换开关旋钮 SA 来实现各种测量线路的转换，如图 5-1-3 所示。它采用了三层两刀二十四掷开关，共 24 个挡位。图 5-1-4 所示为三层两刀二十四掷开关的结构，它有 24 个固定触点（也称为“掷”），沿圆周分布，对应 24 个测量挡位。在其转轴上连接有两个可动触点（也称为“刀”）。当转动旋钮时，可动触点与接在固定触点上的相应测量线路接通，就构成了不同的测量电路。

图 5-1-3　指针式万用表内部转换开关

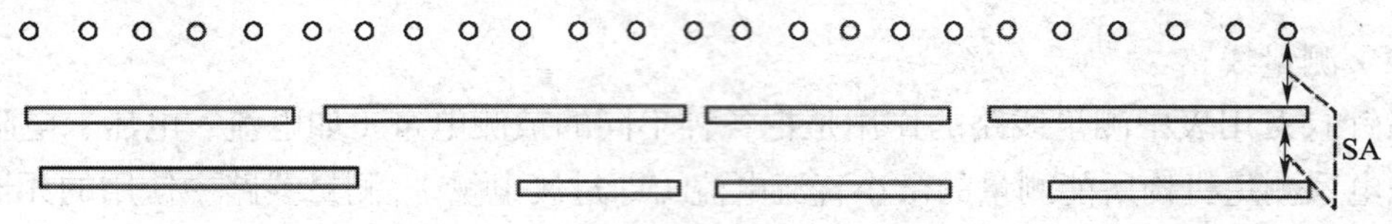

图 5-1-4　三层两刀二十四掷开关结构

MF47 型指针式万用表和其他型号的指针式万用表的工作原理基本相同，都是建立在欧姆定律和电阻串、并联规律基础之上，其电路如图 5-1-5 所示。它利用转换开关 SA 的变换，可组成不同的测量电路。下面分别介绍转换开关置于不同挡位时所组成的测量电路及其原理。

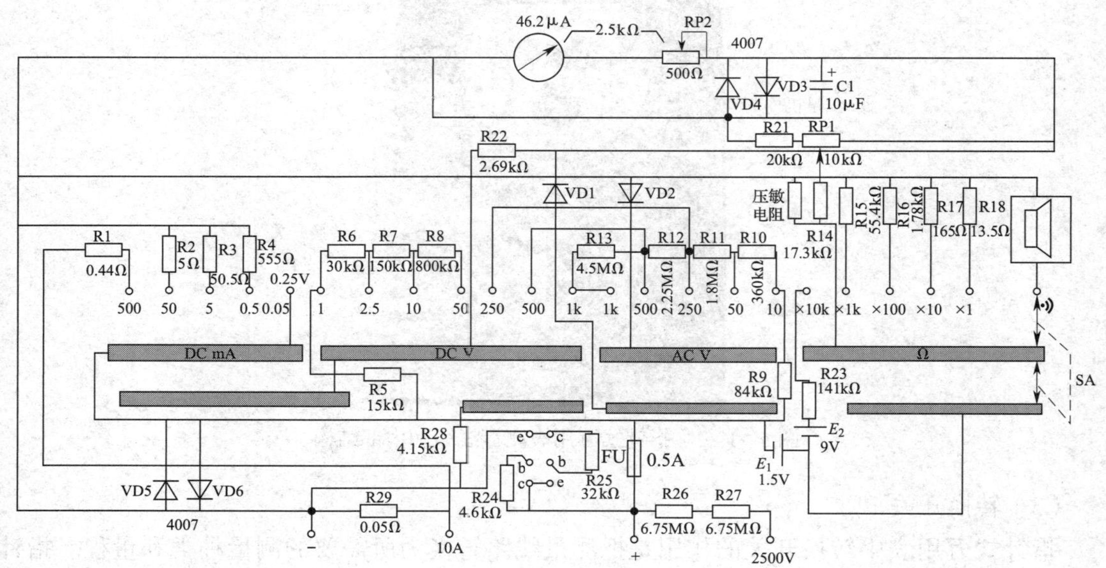

图 5-1-5　指针式万用表电路图

2. 直流电流测量电路和原理

将万用表转换开关 SA 置于"mA"挡中任意一个电流挡，就组成如图 5-1-6 所示的直流电流测量电路（图中是 500 mA 挡）。可以看出，它采用了前面介绍过的开路式分流电路，这种电路具有计算方便、各量程互不影响的特点，但是如果转换开关出现问题，轻则产生大的测量误差，重则会烧毁测量机构。为防止这类事故的发生，此表专门设置了测量机构的保护电路（图中虚线圆框内）。所以，万用表的直流电流测量电路实质上就是一个多量程的直流电流表，其基本原理与前面介绍的多量程直流电流表完全相同。

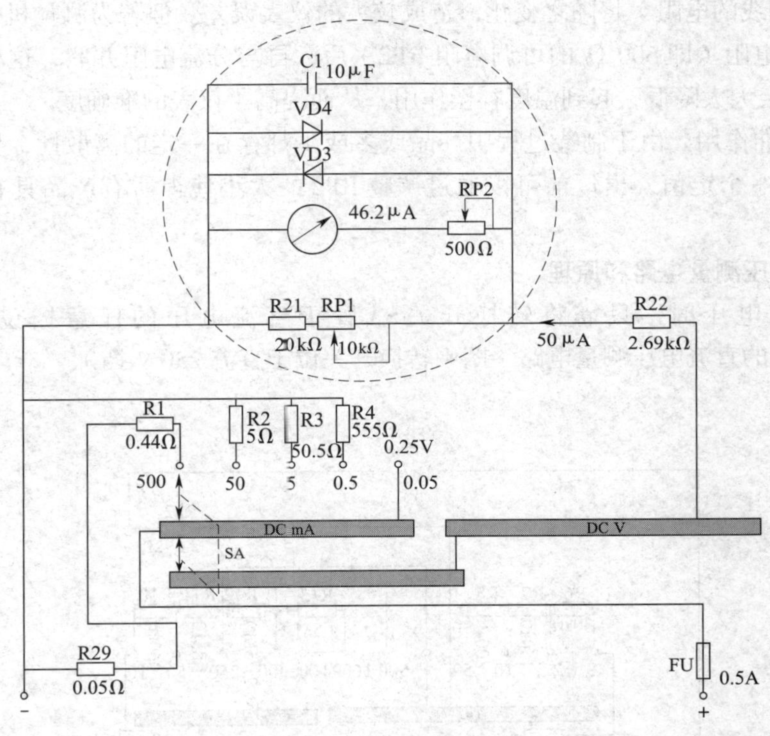

图 5-1-6　直流电流测量电路

由图 5-1-6 可以看出，当转换开关置于 50 μA 挡时，所用的分流电阻是 R21 和可调电阻 RP1。这样就将测量机构的灵敏度由原来的 46.2 μA 扩展为极限灵敏度（即灵敏度的最小整数）50 μA，通常把 50 μA 挡（加上隔离电阻 R22 同时也是 0.25 V 挡）称为基础挡。当转换开关置于 0.5 mA 挡时，相当于在 50 μA 的基础挡上再并联一个分流电阻 R4；置于 5 mA 挡时，相当于在 50 μA 的基础挡上并联一个分流电阻 R3；置于 50 mA 挡时，相当于在 50 μA 的基础挡上并联一个分流电阻 R2；置于 500 mA 挡时，相当于在 50 μA 的基础挡上并联一个分流电阻 R1+R29。电阻 R22 起隔离作用，可以防止大浪涌电流对测量机构的冲击，从而保护测量机构。

需要指出的是，由于万用表的电压挡、电阻挡等都是在 50 μA 直流电流挡的基础上扩展而成的，所以，可以把 50 μA 的电流挡等效成一个 50 μA 的磁电系测量机构，这对以后分析电路是很有帮助的。另外，组成 50 μA 电流挡的电阻及直流电流挡的各分流电阻，通常都采用温度系数小、电阻率大的锰铜丝绕制而成，以保证整个万用表有足够的准确度。

图 5-1-6 中的 RP2（阻值为 500 Ω）为可调电阻，始终与测量机构串联，它在万用表电路中同时起到两个作用：

一是起温度补偿作用。因为测量机构的内阻若直接与分流电阻并联（分流电阻的温度系数通常很小，其阻值不随温度变化而改变），一旦环境温度发生变化，测量机构的内阻（主要为线圈铜线的电阻）将随之变化，造成较大的仪表误差。但若为测量机构串联一只不随温度变化的电阻（即 500 Ω 的可调电阻 RP2）后，再与分流电阻并联，这种因温度变化引起的误差将会大大降低，起到温度补偿作用，从而提高了仪表的准确度。

二是起校准作用。由于制造过程中产品或多或少都存在一定的离散性，导致测量机构的内阻未必是一个定值，出厂前可以通过调整 RP2 的大小使得所有产品具有统一的参数指标。

3. 直流电压测量电路和原理

测量直流电压时，只需将转换开关 SA 置于直流电压的任意挡位，就组成如图 5-1-7 所示的直流电压测量电路（图中转换开关位于直流 250 V 挡）。

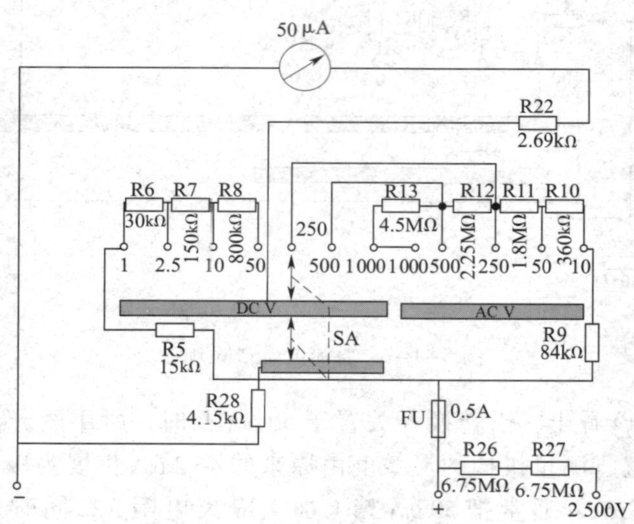

图 5-1-7　直流电压测量电路

由图 5-1-7 可以看出，万用表的直流电压测量电路就是在 50 μA 直流电流挡的基础上组成的，它实质上是一只多量程的直流电压表。

MF47 型万用表直流电压测量电路采用的是共用式分压电路。当转换开关置于 1 V 挡时，所串联的分压电阻为 R5；置于 2.5 V 挡时，所串联的分压电阻为 R5+R6；置于 10 V 挡时，所串联的分压电阻为 R5+R6+R7；置于 50 V 挡时，所串联的分压电阻为 R5+R6+R7+R8；置于 250 V 挡时，所串联的分压电阻为 R9+R10+R11；置于 500 V 挡时，所串联的分压电阻为 R9+R10−R11+R12；置于 1 000 V 挡时，所串联的分压电阻为 R9+R10+R11+R12+R13。这里需要注意两点：

（1）和交流电压挡的电流接入点不同，所有的直流电压挡除所用分压电阻外，都要串联隔离电阻 R22，而后面的交流电压挡都不需要串联隔离电阻，这是因为交流电压挡和直流电压挡要共用一套电阻和同一刻度尺的缘故。

（2）直流电压挡的 250 V、500 V 和 1 000 V 挡中，测量机构两端都特意并联一只电阻 R28，使得电流基础挡的满偏电流由原来的 50 μA 扩展到 110 μA，如图 5－1－8 所示。

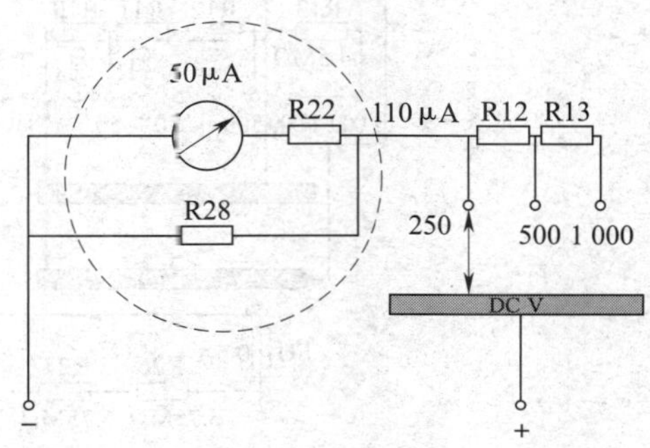

图 5－1－8　在测量机构两端并联电阻

当测量 2 500 V 直流高压时，量程开关应放在 1 000 V 直流电压挡上，其分压电阻除包括 1 000 V 所需的分压电阻外，还要加上两只专用电阻 R26 和 R27（阻值均为 6.75 MΩ），使用时应注意将红表笔从"+"插孔拔出，改插在"2 500 V"专用插孔里，黑表笔仍插在"COM"或"−"插孔里即可。

4. 交流电压测量电路和原理

指针式万用表的测量机构采用的是磁电系直流微安表，因此只能测量直流电量。如果要测量交流电量，只有加上整流器将交流电量转换成直流电量后，再送入测量机构，然后找出整流后的直流电量与交流电量之间的关系，才能在仪表标度尺上直接标出交流电量的大小。

前面已知，由磁电系测量机构和整流装置组成的仪表称为整流系仪表。指针式万用表的交流电压测量电路就是在整流系仪表的基础上串联分压电阻组成的，其工作原理与整流系交流电压表完全相同。因此，指针式万用表交流电压的标度尺与整流系交流电压表一样，可以直接按交流电压的有效值进行刻度，即万用表交流电压挡的读数是正弦交流电压的有效值。

万用表测量的交流电如果不是正弦波，将会产生波形误差。

将万用表的转换开关SA置于交流电压的任意一个量程，就组成如图5-1-9所示的交流电压测量电路。从图中可以看出，交流电压测量电路也是在直流电流50 μA挡的基础上扩展而成的，也采用共用式分压电路。

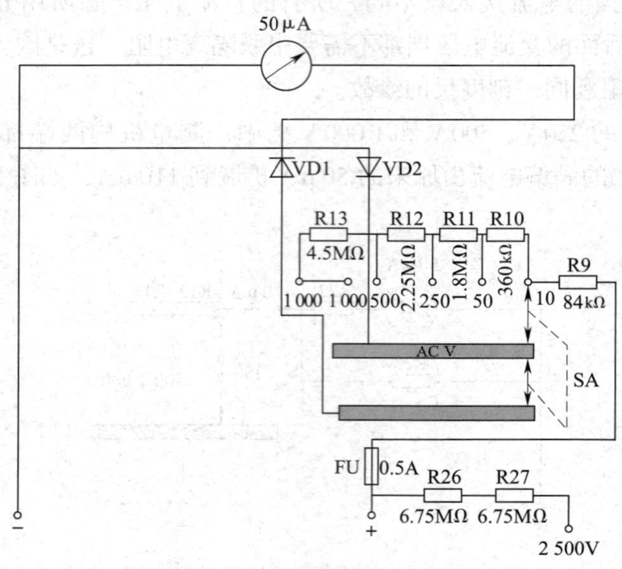

图5-1-9　交流电压测量电路

万用表的交流电压测量电路采用半波整流电路，整流效率低。它的250 V挡、500 V挡和1 000 V挡的分压电阻与相应直流电压挡的分压电阻共用，并且去掉了隔离电阻R22和与测量机构并联的分流电阻R28。这样做是通过减小分压电阻，补偿由于整流效率低而导致测量机构电流下降的影响，从而达到节省材料和交、直流电压挡共用一条标度尺的目的。

如果测量2 500 V交流高压，量程开关应置于1 000 V交流电压挡，其分压电阻除包括该挡所需的分压电阻外，还要加上两只专用电阻R26和R27（阻值均为6.75 MΩ），使用时应注意将红表笔从"+"插孔拔出，改插在"2 500 V"专用插孔里，黑表笔仍插在"COM"或"−"插孔里即可。

5. 直流电阻测量电路和原理

（1）欧姆表基本原理

用欧姆表测量电阻的原理电路如图5-1-10所示。图中R0是欧姆调零电阻，r是电池内阻，R1是限流电阻，R_C是测量机构的内阻。

由全电路欧姆定律可知，电路中的电流为

$$I=\frac{E}{R_X+R_Z}$$

式中，R_Z为欧姆表总内阻，R_X为被测电阻，E为电源电动势。

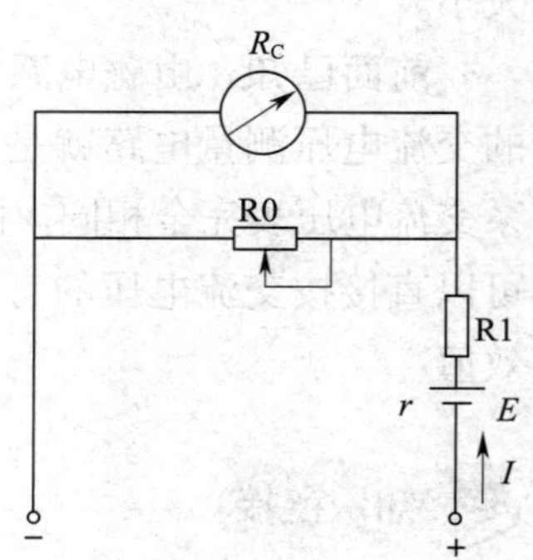

图5-1-10　用欧姆表测量电阻的原理

上式说明，如果欧姆表总内阻R_Z和电源电动势E保持不变，

则电路中的电流 I 将随被测电阻 R_X 而改变，电阻 R_X 越大，电流 I 越小。可见，欧姆表测电阻的实质是测量电流。

当 $R_X=0$ 时，调整 R_0，使 $I=I_m$，指针指在满刻度位置，规定此位置为“欧姆 0”。

当 $R_X=R_Z$ 时，$I=\frac{E}{2R_Z}=\frac{1}{2}I_m$

当 $R_X=2R_Z$ 时，$I=\frac{E}{3R_Z}=\frac{1}{3}I_m$

……

当 $R_X=\infty$ 时，$I=0$，指针不动，规定此位置为“欧姆∞”。

因此，仪表指针的偏转角能够反映 R_X 的大小。由以上分析可知，欧姆表的标度尺是不均匀的，而且是反向的，如图 5－1－11 所示。

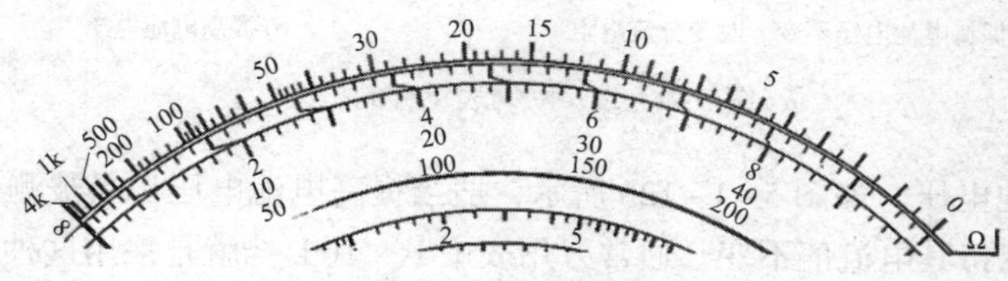

图 5－1－11　万用表欧姆挡标度尺

当 $R_X=R_Z$ 时，$I=\frac{1}{2}I_m$，指针将指在仪表标度尺的中心位置，所以 R_Z 又称为欧姆中心值。因为欧姆中心值正好等于该挡欧姆表的总内阻，因此，欧姆表量程的设计都是以标度尺的中央刻度为标准，然后再确定其他位置的刻度值。

（2）欧姆表量程的扩大

理论上讲，上述欧姆表可以测量 0～∞范围内任意阻值的电阻。但实际上由于欧姆表刻度很不均匀，所以它的有效使用范围一般只在 0.1～10 倍欧姆中心值的刻度范围内，若测量值超出该范围将会引起很大的误差。

为了使欧姆表能在较大范围内对被测电阻进行较准确的测量，万用表欧姆挡都做成多量程的。同时为了能共用一条标度尺，以便于读数，一般都以 R×1 挡为基础，按 10 的倍数来扩大量程。这样，扩大后各量程的欧姆中心值就应是 10 的倍数。例如，在 MF47 型万用表中，R×1 挡的欧姆中心值为 15 Ω，那么，R×10 挡的欧姆中心值为 150 Ω，R×100 挡的欧姆中心值为 1 500 Ω 等。只要适当设计电阻的串、并联电路就能实现。

由于欧姆表量程的扩大实际上是通过改变其欧姆中心值来实现的，所以，随着欧姆表量程的扩大，欧姆表的总内阻和被测电阻都将增加，这必然会导致通过测量机构的电流减小。因此，在扩大欧姆表量程的同时，还必须设法增大通过测量机构的电流。通常可采取以下两种措施：

一是保持电池电压不变，改变分流电阻阻值。如图 5－1－12a 所示，在保持电池电压不变的情况下，低阻挡（如 R×1 挡）用小的分流电阻，高阻挡（如 R×1 k 挡）用大的分流电阻。这样虽然在高阻挡时的总电流减小了，但通过测量机构的电流仍可保持不变。图中各挡的总内阻应等于该挡的欧姆中心值。一般万用表中 R×1～R×1 k 挡都采用这种方法扩大量程。

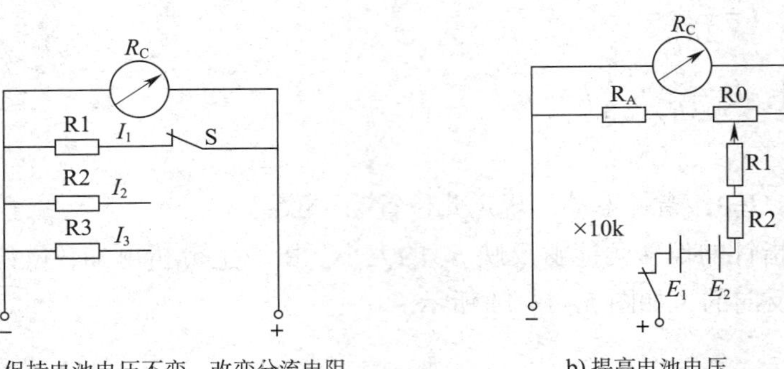

图 5-1-12　欧姆表量程的扩大

二是提高电池电压。如图 5-1-12b 所示，适当提高电池电压，当被测电阻和欧姆表总内阻增大后仍可保持其电流值不变。通常万用表中 R×10 k 挡就是采用这种方法来扩大量程的。图中 R2 是限流电阻，也是该挡欧姆表总内阻的一部分。另外，为了减小体积，万用表的 R×10 k 挡通常采用电压较高的叠层电池。常用叠层电池的额定电压为 4.5 V、6 V、9 V、15 V 和 22.5 V 等，MF47 型万用表使用的是 9 V 的叠层电池。

（3）万用表电阻测量电路

当万用表转换开关置于欧姆挡时，其电路组成如图 5-1-13 所示。

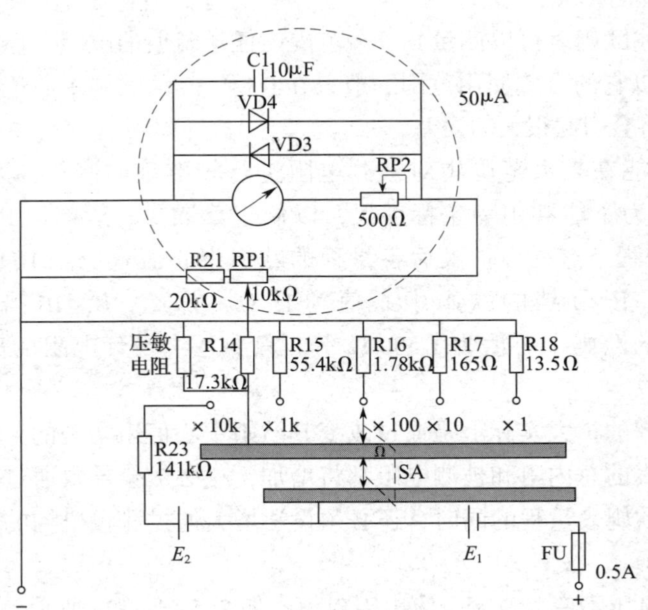

图 5-1-13　万用表电阻测量电路

由图 5-1-13 可以看出，欧姆挡也是在直流电流 50 μA 挡的基础上扩展而成的。电阻 R21 和可调电阻 RP1、RP2 共同组成分压式欧姆调零电路，其中可调电阻 RP1 就是欧姆调零电阻。一般情况下，只要表内电池电压不低于 1.3 V，当 R_X=0 时，调节欧姆调零器就能使指针指在欧姆标度尺的“0”位置上（R×10 k 挡除外）。

MF47 型万用表的欧姆挡共有 5 挡倍率。R×1～R×10 k 各挡的欧姆中心值分别为 15 Ω、150 Ω、1.5 kΩ、15 kΩ 和 150 kΩ。例如，在 R×1 挡，所用分流电阻为 13.5 Ω，加上电池内阻（约为 1 Ω），再考虑与其他电路的并联，则该挡总内阻为 15 Ω。在 R×1～R×1 k 各挡，电池电压为 1.5 V，采用改变分流电阻的方法扩大量程。在 R×10 k 挡，电池电压为 1.5 V+9 V=10.5 V，同时去掉了分流电阻，再串联一只 141 kΩ 的限流电阻，使 R×10 k 挡的欧姆中心值达到 150 kΩ。

500 型指针式万用表也是常用的指针式万用表之一，扫描右侧二维码即可了解。

二、指针式万用表的结构

MF47 型指针式万用表前后面板包括表盘、机械调零旋钮、欧姆调零旋钮、三极管插孔、转换开关、电量测量输入插孔和电池盒等，如图 5-1-14 所示。

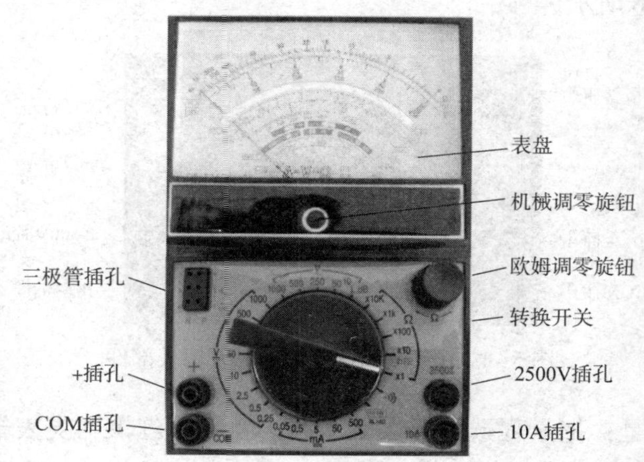

图 5-1-14　MF47 型指针式万用表

1. 表盘和机械调零旋钮

表盘共有 7 条刻度尺，刻度尺与量程挡位的红、黑、绿三色对应，读数便捷，如图 5-1-15 所示。

第 1 条黑色专供测量电阻使用，第 2 条红色专供测量交流 10 V 及以下电压使用，第 3 条黑色供测量交直流电压和直流电流使用，第 4 条绿色供测量电容使用，第 5 条绿色供测量负载电压（稳压）参数使用，第 6 条绿色供测量三极管放大倍数使用，第 7 条红绿色相间供测量电池电量使用，第 8 条红色供测量电感使用，第 9 条红色供测量音频电平使用，第 10 条反光镜的作用是消除视觉误差。

图 5-1-15　表盘和机械调零旋钮

表盘下方中间部位的黑色小旋钮为机械调零旋钮，在测量电流、电压前，应调节该旋钮使指针对准刻度尺左端的“0”位置。

2. 欧姆调零旋钮

欧姆调零又称零欧姆调整或欧姆挡零位调节，用来在测量电阻前对电阻挡进行电气零位校准，如图 5-1-16 所示。

图 5-1-16　欧姆调零旋钮等万用表部件

欧姆调零的方法是：把量程选择开关置于欧姆挡，将红黑两支表笔短接，这时相当于测量得到的电阻阻值是零欧姆，然后调整欧姆调零旋钮，使指针指在欧姆标度尺最右边零欧姆的位置上。如果调零旋钮到了右边的尽头，指针还不能指在零欧姆的位置，说明万用表内的电池电量不足，应更换电池。

要特别注意的是，每次更换电阻挡的量程后，都必须重新进行欧姆调零，以保证测量结果的准确性。欧姆调零时，操作时间应尽可能短，如果表笔长时间碰在一起，万用表内部的电池会消耗过快。

3. 三极管插孔

三极管插孔位于量程开关的左上方，采用六眼插座，分为 N（NPN）型和 P（PNP）型两种型号的插孔，两边分别标有字母 e、b、c。测量时，应根据被测三极管的管型，将三极管的三个极对应插入 e、b、c 插孔内，如图 5–1–16 所示。

4. 转换开关

万用表转换开关共有五挡，分别是交流电压、直流电压、直流电流、电阻和三极管等的 24 个量程，如图 5–1–16 所示。转换开关的功能见表 5–1–1。

表 5–1–1　　转换开关的功能

开关位置	功能说明	开关位置	功能说明
V~	交流电压测量	•)))	电路通断测量
V⎓	直流电压测量	dB	音频电平测量
mA⎓	直流电流测量	L	电感测量
Ω	电阻测量	1.2–3.6V	电池电量测量
hFE	三极管放大倍数测量		

5. 电量测量输入插孔

万用表面板上有 4 个电量输入插孔，这些插孔有极性标记，如图 5–1–16 所示。测量电阻、500 mA 以内的直流电流、1 000 V 以内的交直流电压时，将红表笔插入“+”插孔，黑表笔插入“COM”插孔。测量 1 000～2 500 V 的交直流电压时，红表笔插入 2 500 V 专用插孔。测量 500 mA～10 A 的直流电流时，红表笔插入 10 A 专用插孔。测量直流量时，需要注意正、负极性，以免指针反偏。

6. 电池盒

电池盒位于后盖上方位置，内置一节 2 号 1.5 V 电池和一节叠层 9 V 电池。

三、指针式万用表的保护和使用注意事项

1. 万用表的保护措施

万用表是电工最常用的仪表之一，但在使用过程中稍有不慎，就有损坏万用表的可能。在实际中为了保证万用表的安全使用，必须采取相应的保护措施。MF47 型万用表中就采取了过压保护、过流自熔断保护、表头过载限幅保护以及压敏电阻保护等多种措施。

（1）过压保护

在 MF47 型万用表“+”接线端和“–”接线端之间，并联正、反向硅二极管 VD5 和 VD6，起过压保护作用。

（2）过流自熔断保护

使用过程中，由于操作者粗心大意，有时在测量交直流电压时却误将转换开关拨至电流或欧姆挡，这可能会造成万用表在瞬间被烧毁。为防止这种事故的发生，MF47 型万用表在表内输入端串联了一个 0.5 A 的快速熔断器。当测量交直流电压而转换开关错拨在电流或欧姆挡时，熔丝迅速熔断，起到保护万用表的作用。实际中若发现万用表不能使用，应检

查原因，更换熔丝后再用。

（3）表头过载限幅保护

由于表头是万用表的核心，为防止表头的烧毁，MF47 型万用表的表头两端并联有正、反向硅二极管 VD3 和 VD4，保护表头不因电流过载而损坏。

（4）压敏电阻保护

MF47 型万用表还采用了压敏电阻作为欧姆挡的过电压保护。一旦使用者操作失误导致高电压进入电阻测量电路，压敏电阻的阻值会迅速降低而将电流予以分流，防止表头因受到过大的瞬时电压而损坏。

2. 万用表的使用注意事项

MF47 型万用表虽然有多重保护装置，但使用时仍应遵守以下注意事项，避免发生意外。

（1）使用之前要调零

为了减小测量误差，在使用万用表之前要先进行机械调零。在每次测量电阻之前，还要进行欧姆调零。

（2）要正确接线

万用表面板上的插孔和接线柱都有极性标记。使用时应将红表笔插入“+”插孔，黑表笔插入“COM”或“-”插孔。测量直流量时，要注意正、负极性，以免指针反偏。测量电流时，仪表应串联在被测电路中；测量电压时，仪表要并联在被测电路两端。在用万用表测量三极管时，应牢记万用表的红表笔与万用表内部电池的负极相接，黑表笔与万用表内部电池的正极相接。因过载而烧断万用表内部的熔丝时，可打开表盒底部的熔断器盖，换上同型号的熔丝（0.5 A，250 V）。

（3）要正确选择测量挡位

测量挡位包括测量对象和量程。如测量电压时应将转换开关置于相应的电压挡，测量电流时应置于相应的电流挡等。如误用电流挡去测量电压，会造成短路事故而使仪表损坏。选择电流或电压量程时，最好使指针处在标度尺三分之二以上的范围内；选择电阻量程时，最好使指针处在标度尺的中间位置附近。这样做是为了尽量减小测量误差。测量时，若不能确定被测电流、电压的数值范围，应先将转换开关转至对应的最大量程，然后根据指针的偏转程度逐步减小至合适的量程。

严禁在被测电阻带电的情况下用欧姆挡测量电阻。否则，外加电压极易造成万用表的损坏。

（4）要正确读数

在万用表的表盘上有许多条刻度尺，分别用于不同的测量对象。测量时，要在对应的刻度尺上读数，同时应注意刻度尺读数和量程的配合，避免出错。

（5）要注意测量安全

用万用表测量电流或电压时，不允许用手触摸表笔的金属部分，以保证人身安全。测量电阻时，也不允许用手触摸表笔的金属部分，否则人体电阻将并联于被测电阻的两端，引起测量结果的误差。

（6）要注意操作安全

在进行高电压测量或测量点附近有高电压时，一定要注意人身和仪表的安全。在进行高电压及大电流测量时，严禁带电切换转换开关，否则有可能损坏转换开关。此外，万用表使用完毕后，必须将转换开关置于空挡或交流电压最高挡，以防下次测量时由于疏忽而损坏万用表。

长期不使用时，应取出万用表内部的电池，防止电池的电解液溢出而腐蚀万用表。

§5—2　指针式万用表的使用

学习目标

1. 掌握用指针式万用表测量直流电流、交直流电压和直流电阻的方法。
2. 掌握用指针式万用表测量其他电量的方法。

在使用MF47型万用表前，应特别注意测量输入端口旁的警示符号“⚠”，这是警示使用者留意被测电压或电流不要超出规定的数值，以确保测量安全。

一、直流电流的测量

用万用表测量直流电流的方法和步骤见表5－2－1。

表5－2－1　　测量直流电流的方法和步骤

序号	步骤	图例	操作	备注
1	准备工作		将万用表平放，红黑表笔分别对应插入“+”插孔和“COM”插孔，调节机械调零旋钮，将指针置于刻度尺左端的零位	使用万用表前要进行机械调零，调节一次即可，不需要每次测量都进行调节。只有当指针不指零位时，才需再次调节

续表

序号	步骤	图例	操作	备注
2	选择挡位		估计被测量的大小，将转换开关拨至合适的“mA”挡位。如果不能估计被测量的大小，则将转换开关拨至直流电流最大量程 500 mA 挡，再根据指示的电流值，逐步选择低量程，保证测量精度	严禁在测量电流时拨转换开关。需要转换挡位时，必须将表笔脱离被测电路后方可进行
3	测量直流电流		测量前必须先断开电路，按照直流电流从“+”到“-”的方向，将万用表串联到被测电路中，即直流电流从红表笔流入，从黑表笔流出。然后接通电路	如果误将万用表并联在电路中，则会因表头内阻很小而造成短路，烧毁仪表
4	观察读数		观察第 3 条刻度尺，根据所选择的量程挡位，确定读数的刻度，读出指针的指示值	读数时，需要使指针和反光镜中的影子重合，这样读数才能准确
5	确定实际值	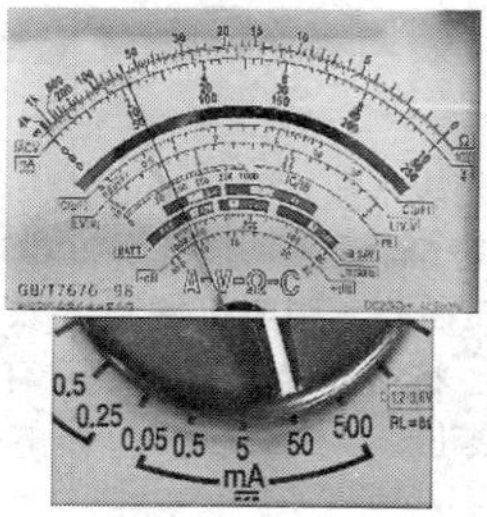	确定实际值。例如，转换开关置于 50 mA 挡位，则读 0～50 刻度，指针的指示值就是实际值；转换开关置于 5 mA 挡位，则读 0～50 刻度，指针的指示值除以 10 就是实际值	图示挡位为 50 mA，读 0～50 刻度，指针指示值为 11，实际值为 11 mA

续表

序号	步骤	图例	操作	备注
6	测量大电流		当测量的直流电流为500 mA～10 A时，首先将红表笔插入“10 A”专用插孔，然后将开关拨至500 mA挡，之后步骤同前	使用万用表测量大电流有危险性，要慎重操作
7	测量完毕，整理仪表		测量完毕应及时将转换开关拨至交流电压最大量程挡位，最后断开电源	防止在下次使用时粗心，或者不熟练者使用万用表时，损坏仪表

二、交直流电压的测量

用万用表测量交直流电压的方法和步骤见表5-2-2。

表5-2-2　　　　测量交直流电压的方法和步骤

序号	步骤	图例	操作	备注
1	准备工作		将万用表平放，红黑表笔分别对应插入“+”插孔和“COM”插孔，调节机械调零旋钮，将指针置于刻度尺左端的零位	使用万用表前要进行机械调零，调节一次即可，不需要每次测量都进行调节。只有当指针不指零位时，才需再次调节

续表

序号	步骤	图例	操作	备注
2	选择挡位		估计被测直（交）流电压的大小，然后将转换开关拨至合适的“$\underset{=}{V}$（$\underset{\sim}{V}$）”挡位	如果不能估计被测直（交）流电压的大小，则将转换开关拨至直（交）流电压最大量程 1 000 V 挡，再根据指示的电压值，逐步选择低量程，以保证测量的精度
3	测量交直流电压	 	（1）上图，测量交流电压时，只需要将万用表并联到被测电路中即可，无须考虑表笔的颜色 （2）下图，测量直流电压时，按照直流电流从“+”到“-”的原则，将万用表并联到被测电路中，即红表笔连接直流电源的正极，黑表笔连接直流电源的负极	（1）如果误将万用表串联在电路中，则会因表头内阻过大造成开路，电路无法正常工作 （2）严禁在测量电压的过程中拨转换开关
4	观察读数		观察第 3 条刻度尺，根据所选择的量程挡位，确定读数的刻度，读出指针的指示值	读数时，需要使指针和反光镜中的影子重合，这样读数才能准确

续表

序号	步骤	图例	操作	备注
5	确定 实际值	 a)  b)	例如，转换开关置于250 V挡位，则读0～250刻度，指针的指示值就是实际值；转换开关置于500 V挡位，则读0～50刻度，指针的指示值乘10就是实际值	（1）上图，挡位为交流电压250 V挡，读0～250刻度，指针指示值为230，实际值为230 V （2）下图，挡位为直流电压50 V挡，读0～50刻度，指针指示值为24，实际值为24 V
6	测量 高电压		测量的直（交）流电压在1 000～2 500 V时，应将选择开关拨至直（交）流电压1 000 V挡，红表笔插入“2 500 V”专用插孔，之后步骤同前	使用万用表测量高电压有危险性，请慎重操作
7	测量 10 V及以 下交流 电压	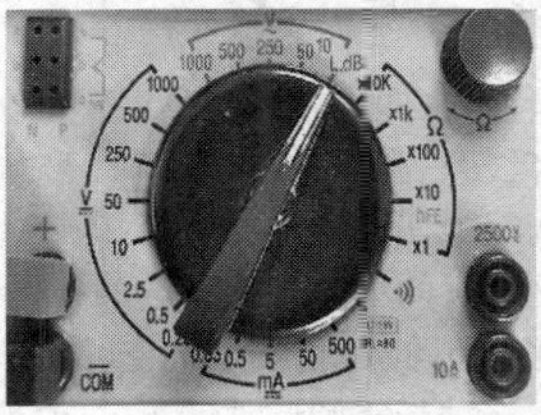	当测量的交流电压在10 V及以下时，测量的方法同前，但读数的刻度尺要看第2条专用刻度尺	由于整流二极管非线性的影响，交流10 V挡标度尺的起始段明显是不均匀的。为了消除起始段的测量误差，交流10 V挡要专用一条标度尺，不能与其他标度尺混用
8	测量完毕， 整理仪表	同表5-2-1第7步		

三、直流电阻的测量

用万用表测量直流电阻的方法和步骤见表 5-2-3。

表 5-2-3　　测量直流电阻的方法和步骤

序号	步骤	图例	操作	备注
1	准备工作		将万用表平放，红黑表笔分别对应插入“+”插孔和“COM”插孔，调节机械调零旋钮，将指针置于刻度尺左端的零位	使用万用表前要进行机械调零，调节一次即可，不需要每次测量都进行调节。只有当指针不指零位时，才需再次调节
2	选择挡位		估计被测电阻的大小，将转换开关拨至合适的“Ω”挡位。如果不能估计被测电阻的大小，则将转换开关拨至电阻量程 R×100 挡，再根据指示值的范围，逐步选择合适的量程。一般情况下，测量电阻时指针位于该挡量程欧姆中心值（即刻度尺的中心）附近较为准确，在刻度尺的 1/3～2/3 范围内为宜	测量时，如果指针靠近 0 Ω，则要减小挡位量程；如果指针靠近无穷大，则要增大挡位量程。严禁在电阻带电的情况下进行测量
3	欧姆调零		测量前，必须进行欧姆调零。将红黑表笔短接，调节欧姆调零旋钮，使指针对准欧姆刻度尺的零位。重新选择测量电阻的量程挡位时，必须重新进行欧姆调零，不可省略	在 R×1～R×1 k 挡，若欧姆调零旋钮到了尽头，指针还不能指在零欧姆位置，说明万用表内的 2 号电池电量不足；在 R×10 k 挡，则说明表内的叠层电池电量不足

续表

序号	步骤	图例	操作	备注
4	测量电阻		测量前必须切断电源，不能带电测量。如果电路中有电容，应将两个测量点短接，进行放电处理。测量时，被测电阻不能有并联支路，以免影响阻值的准确性	操作者的双手不能接触表笔的金属部分和电阻的两端，以免将人体电阻并联在被测电阻两端，造成读数的误差
5	观察读数		观察第1条刻度尺，根据所选择的量程挡位，确定读数的刻度，读出指针的指示值	读数时要使指针和反光镜中的影子重合，这样读数才能准确
6	确定实际值	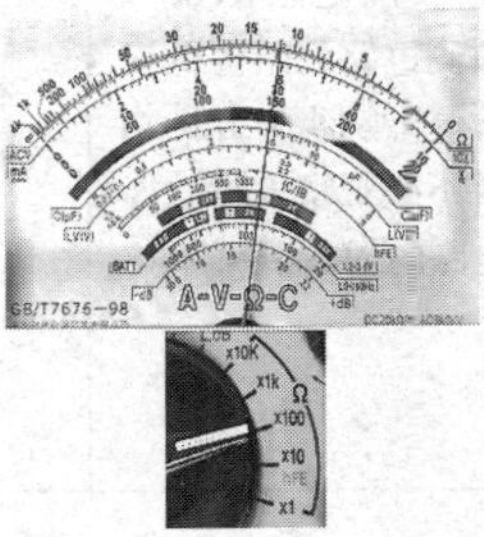	将指示值乘以选择的量程挡位（倍率），其结果就是被测电阻的实际值	图示挡位为R×100挡，读第1条刻度尺，指针指示值为11，则实际值为11×100 Ω=1 100 Ω
7	测量完毕，整理仪表	同表5-2-1第7步		

四、电路通断的判断

用万用表判断电路通断的方法和步骤见表5-2-4。

表5-2-4　　判断电路通断的方法和步骤

序号	步骤	图例	操作	备注
1	准备工作		将万用表平放，红黑表笔分别对应插入“+”插孔和“COM”插孔，调节机械调零旋钮，将指针置于刻度尺左端的零位	使用万用表前要进行机械调零，调节一次即可，不需要每次测量都进行调节。只有当指针不指零位时，才需再次调节

续表

序号	步骤	图例	操作	备注
2	选择挡位		将转换开关拨至•))挡，红黑表笔短接，此时万用表内部蜂鸣器发出约 1 kHz 的长鸣声	将表笔短接，蜂鸣器工作，同时也能检验该挡位测量电路是否完好。严禁在电路带电的情况下测量电路通断
3	判断电路通断	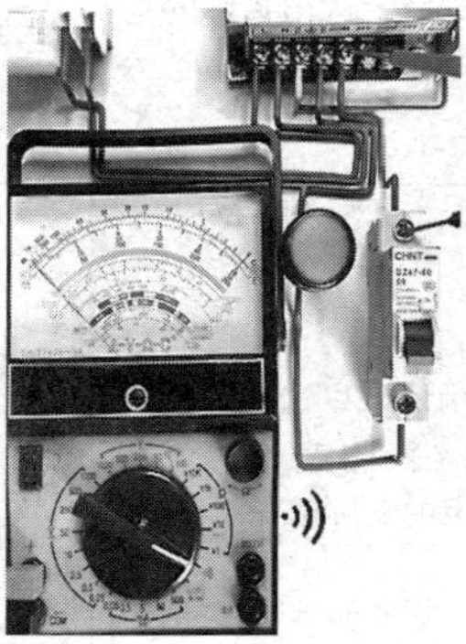	测量方法同电阻测量方法。当被测电路的阻值低于 10 Ω 时，蜂鸣器发出长鸣声，此时不必观察表盘就能够了解电路的通断情况	被测量电路的电阻越大，长鸣声的音量越小
4	测量完毕，调整仪表	同表 5-2-1 第 7 步		

五、二极管极性的判断

用万用表判断二极管极性的方法和步骤见表 5-2-5。

表 5-2-5　　判断二极管极性的方法和步骤

序号	步骤	图例	操作	备注
1	准备工作		将万用表平放，红黑表笔分别对应插入“+”插孔和“COM”插孔，调节机械调零旋钮，将指针置于刻度尺左端的零位	使用万用表前要进行机械调零，调节一次即可，不需要每次测量都进行调节。只有当指针不指零位时，才需再次调节

续表

序号	步骤	图例	操作	备注
2	选择挡位		将转换开关拨至电阻量程 R×100 或 R×1 k 挡，进行欧姆调零。注意：此时万用表的红表笔接内部电池的负极，黑表笔接内部电池的正极	测量时，若用 R×10 k 挡，则会因该挡由 10.5 V 的较高电压供电，而使二极管的 PN 结击穿。若用 R×1 挡测量，则可能因电流过大（约 90 mA）而损坏二极管
3	测量二极管正反向电阻	 	（1）按照测量电阻的方法测量二极管，注意观察指针的位置 （2）将万用表红黑表笔对换，再次测量二极管，注意观察指针的位置	测量时，操作者的双手不能接触表笔的金属部分和二极管的两端，以免将人体电阻并联在二极管的两端，造成读数误差
4	结果判断	 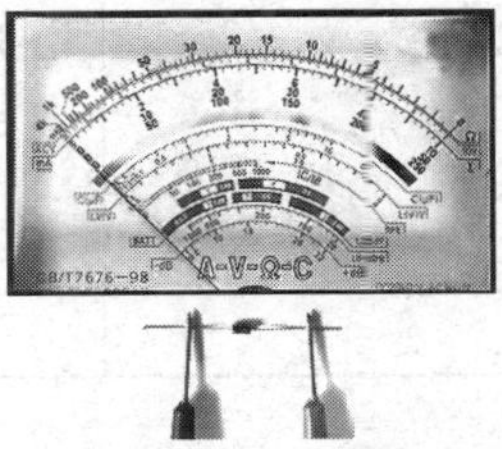	指针偏转幅度大的一次（上图），黑表笔所碰触的为二极管的正极。若指针指示为零，则说明二极管被击穿。若指针指示为无穷大，则说明二极管内部开路	比较两次测量中指针的位置，相差越大说明二极管的性能越好

续表

序号	步骤	图例	操作	备注
5	测量完毕，整理仪表	同表 5-2-1 第 7 步		

六、三极管放大倍数的测量

用万用表测量三极管放大倍数的方法和步骤见表 5-2-6。

表 5-2-6　　测量三极管放大倍数的方法和步骤

序号	步骤	图例	操作	备注
1	准备工作		将万用表平放，红黑表笔分别对应插入“+”插孔和“COM”插孔，调节机械调零旋钮，将指针置于刻度尺左端的零位	使用万用表前要进行机械调零，调节一次即可，不需要每次测量都进行调节。只有当指针不指零位时，才需再次调节
2	选择挡位		将转换开关拨至hFE（R×10）挡，红黑表笔短接，进行欧姆调零	测量三极管的放大倍数前，必须进行欧姆调零，否则测量的结果存在误差
3	将三极管插入插孔	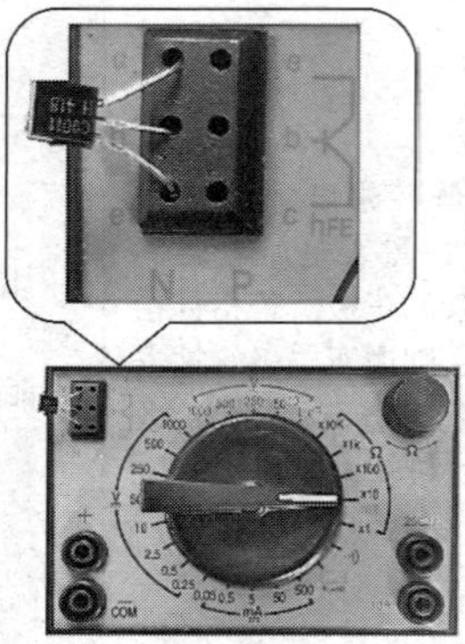	（1）将 NPN 型三极管的 e、b、c 三个管脚对应插入 N 列插孔	（1）若三极管插入后指针无反应，则可能三极管的三个管脚判断错误或未插好

续表

序号	步骤	图例	操作	备注
3	将三极管插入插孔		（2）将PNP型三极管的e、b、c三个管脚对应插入P列插孔	（2）一次只能测量一只三极管
4	观察读数	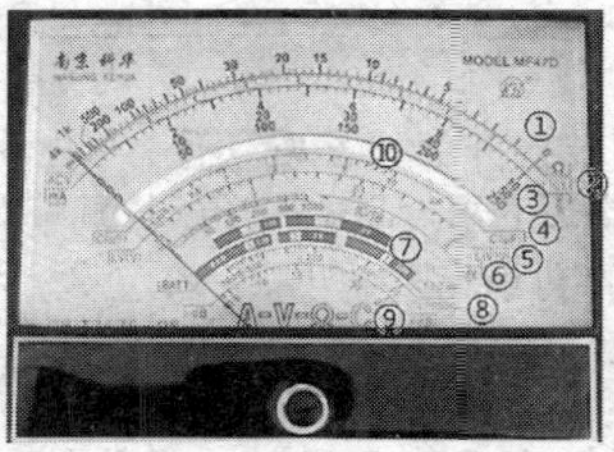	观察第6条刻度尺，确定读数的刻度，读出指针的指示值	读数时，需要使指针和反光镜中的影子重合，这样读数才能准确
5	确定实际值	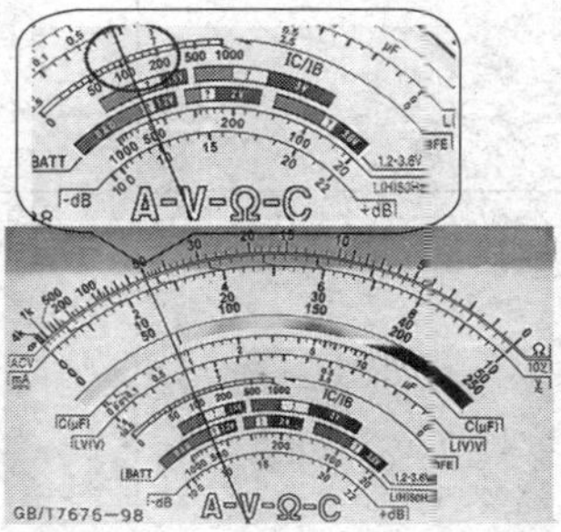	图为NPN型三极管的放大倍数，实际值为120倍左右	切记，不要因为转换开关拨至R×10挡，就去看第1条刻度尺，而忽略了hFE有单独的刻度尺
6	测量完毕，整理仪表	同表5-2-1第7步		

七、电池电量的测量

用万用表测量电池电量的方法和步骤见表5-2-7。

表5-2-7　测量电池电量的方法和步骤

序号	步骤	图例	操作	备注
1	准备工作		将万用表平放，红黑表笔分别对应插入“+”插孔和“COM”插孔，调节机械调零旋钮，将指针置于刻度尺左端的零位	使用万用表前要进行机械调零，调节一次即可，不需要每次测量都进行调节。只有当指针不指零位时，才需再次调节

续表

序号	步骤	图例	操作	备注
2	选择挡位		将转换开关拨至 1.2-3.6V 挡，该挡位可以测量各类电池（除纽扣电池）的电量	电池电量测量挡位可测量的电池电压范围为 1.2～3.6 V
3	测量电池电量		测量时，将万用表黑表笔接电池负极，红表笔接电池正极	如果表笔接反，则会导致万用表指针反偏，极易损坏万用表
4	观察指针	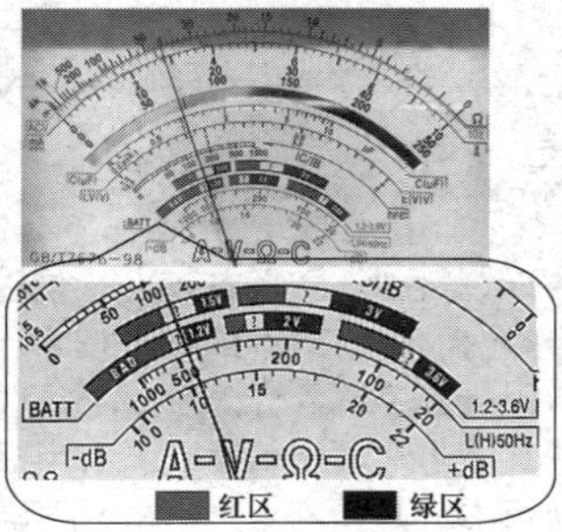	根据所测量电池的电压等级，观察相应的 BATT 刻度尺。绿区表示电池电量充足，“？”区表示电池尚能使用，红区表示电池电量不足	测量一节 2 号电池，观察 1.5 V 的刻度尺。指针在“？”区，说明电池电量尚能使用
5	测量完毕，整理仪表	同表 5-2-1 第 7 步		

除了以上电量外，其余电量的测量都是指针式万用表的扩展功能，扫描右侧二维码即可了解。

§5—3 数字式万用表

学习目标

1. 熟悉数字式万用表的组成及各部分的作用。
2. 理解数字式万用表直流电压测量电路的基本原理。
3. 了解数字式万用表直流电流测量电路、交流电压测量电路、电阻测量电路的基本原理。

通过前面的知识我们知道，数字式电压基本表是电工数字仪表的核心，只要在数字式电压基本表的基础上增加不同的测量线路，就能组成各种不同用途的数字仪表，如数字式电流表、数字式电压表以及数字式万用表等。

一、数字式万用表的组成和基本原理

尽管目前国内外生产的数字式万用表型号不同，整机电路也各不相同，但其基本工作原理大同小异。

数字式万用表主要由数字式电压基本表、测量线路、量程开关三部分组成。数字式电压基本表是数字式万用表的核心。测量线路的作用是将被测的各种电量和电路参数转换为微小的直流电压，供数字式电压基本表显示数值。量程开关的作用是将其拨至不同测量挡位时，可接通不同的测量线路。

下面介绍常见的以 CC7106 型 A/D 转换器为核心的数字式万用表的原理。

1. 直流电压测量电路和原理

数字式万用表直流电压测量电路是利用分压电阻来扩大电压测量量程的，其原理如图 5-3-1 所示。

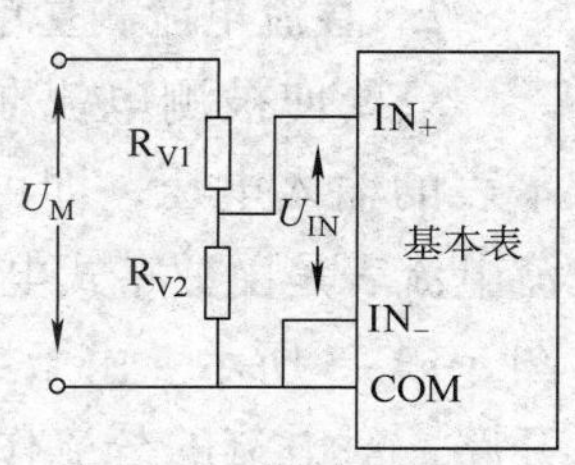

图 5-3-1　数字式直流电压表原理

在计算分压电阻时，应遵循以下原则：

（1）数字式电压基本表的输入电阻极大，可视其输入端开路。

（2）数字式电压基本表的最大显示值是 1 999，因此，量程扩大后的满量程显示值也只能是 1 999，仅仅是单位和小数点的位置不同而已。

【例 5-3-1】如图 5-3-1 所示，欲将量程为 200 mV 的数字式电压基本表扩大成量程为 2 V 的直流电压表，若要求该表输入电阻为 10 MΩ（即要求 $R_{sr}=R_{V1}+R_{V2}=10\ M\Omega$），求分压电阻的阻值 R_{V1} 和 R_{V2}。

解：先求得分压比

$$K=\frac{U_{IN}}{U_M}=\frac{0.2\ V}{2\ V}=\frac{1}{10}$$

再求得分压电阻

$$R_{V2}=KR_{sr}=\frac{1}{10}\times 10\ M\Omega=1\ M\Omega$$

$$R_{V1}=R_{sr}-R_{V2}=10\ M\Omega-1\ M\Omega=9\ M\Omega$$

因此，分压电阻 $R_{V1}=9\ M\Omega$，$R_{V2}=1\ M\Omega$。

数字式万用表直流电压测量电路如图 5-3-2 所示。利用分压电阻 R7～R12 可以把量程为 200 mV 的电压基本表扩展成具有五个量程的直流电压测量电路。为保护数字式电压表，常在分压器输出端与 IN+ 之间串联接入 0.5 A 的快速熔断器和限流电阻 R6、R31，作为过流保护。

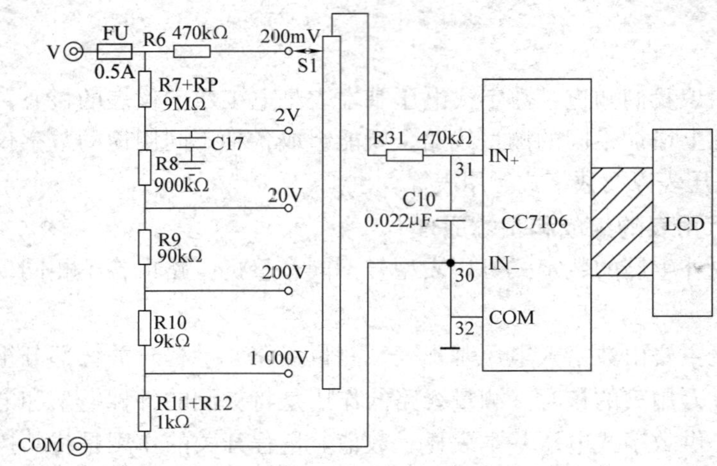

图 5-3-2　数字式万用表直流电压测量电路

2. 直流电流测量电路和原理

只要使被测电流在分流电阻上产生压降，并以此作为电压基本表的输入电压，即可显示出被测电流的大小。因此，数字式直流电流表是由数字式电压基本表和分流电阻并联组成的，其原理如图 5-3-3 所示。由于数字式电压基本表的输入阻抗极高，可视为开路，对电流的分流作用近似为零。所以，这里的分流电阻 R_A 只起到将被测电流 I 转换为输入电压的作用。

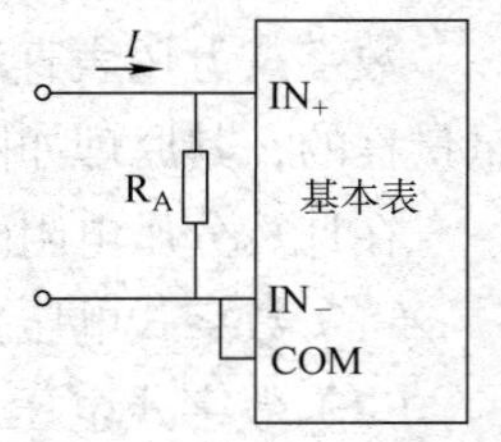

图 5-3-3　数字式直流电流表原理

利用欧姆定律可以方便地计算出分流电阻 R_A 的值。

【例 5-3-2】如图 5-3-3 所示，已知数字式电压基本表的量程为 U_m=200 mV=0.2 V，若要求将电流量程扩大为 I_m=10 A，求分流电阻的阻值。

解：分流电阻阻值为

$$R_A=\frac{U_m}{I_m}=\frac{0.2\ V}{10\ A}=0.02\ \Omega$$

因此，分流电阻值为 0.02 Ω。

图 5-3-4 所示为数字式万用表的直流电流测量电路。R2～R5、R_{CU} 为分流电阻，它们均为高精度电阻。实际应用中只要将直流电压挡调整好即可，本挡不必调整。电路中设有快速熔断器作过流保护，二极管 VD1、VD2 作过压保护。

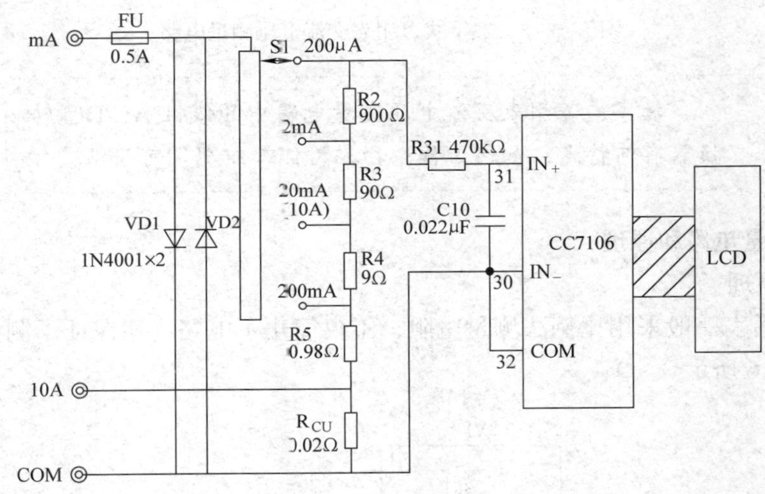

图 5-3-4　数字式万用表直流电流测量电路

3. 交流电压测量电路和原理

在数字式万用表中，为提高交流信号的测量准确度，一般采用先将被测交流电压降压后，经线性 AC/DC 转换器变换成微小直流电压，再送入电压基本表中进行显示的方法。这里之所以采用线性 AC/DC 转换器，是因为运算放大器 A1a 具有放大作用，即使输入信号很弱，也能保证二极管 VD7、VD8 在较强的信号下工作，从而避免二极管在小信号整流时所引起的非线性失真。

图 5-3-5 所示为数字式万用表的交流电压测量电路。分压电阻 R7～R12 与直流电压挡共用。VD5、VD6、VD11、VD12 接在 AC/DC 转换器输入端作过压保护。C1、C2 是输入耦合电容，R21、R22 是输入电阻。AC/DC 转换器的输出端接 R26、C6、R31、C10 构成的阻容滤波器，进行滤波。

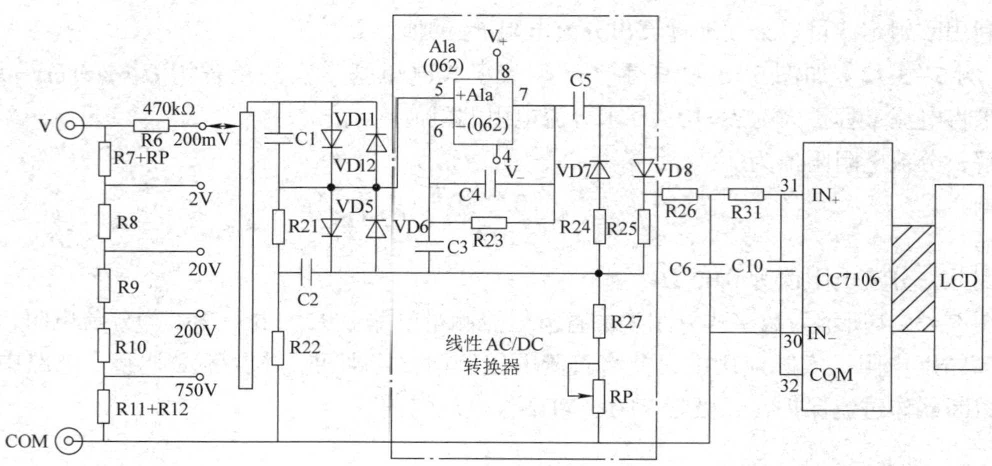

图 5－3－5　数字式万用表交流电压测量电路

数字式万用表交流电压测量电路中的线性 AC/DC 转换器有何特点，如何工作，扫描右侧二维码即可了解。

4. 电阻测量电路和原理

（1）测量原理

数字式万用表一般采用比例法测量电阻，不仅简化了电路，还保证了测量准确度，其原理如图 5－3－6 所示。

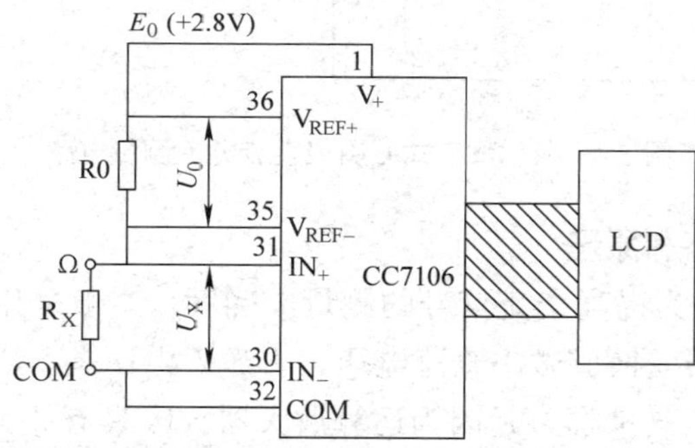

图 5－3－6　比例法测电阻的原理

利用 CC7106 型 A/D 转换器中的 2.8 V 基准电压源向被测电阻 R_X 和基准电阻 R0 提供测试电流 I，R0 上的压降 U_0 作为基准电压，R_X 上的压降 U_X 作为输入电压，则

$$\frac{U_X}{U_0}=\frac{IR_X}{IR_0}=\frac{R_X}{R_0}$$

当 $R_X=R_0$ 时，显示值为 1 000；当 $R_X=2R_0$ 时，显示满量程读数。

通常，显示值 $=\frac{U_X}{U_0}\times 1\ 000=\frac{R_X}{R_0}\times 1\ 000$。

以 200 Ω 挡为例，取 R_0=100 Ω，并代入上式，可知显示值为 $10R_X$，因此只要将小数点定在十位之后，即可直接读取测量结果。

（2）测量电路

数字式万用表采用比例法测量电阻，其电阻测量电路如图 5－3－7 所示。

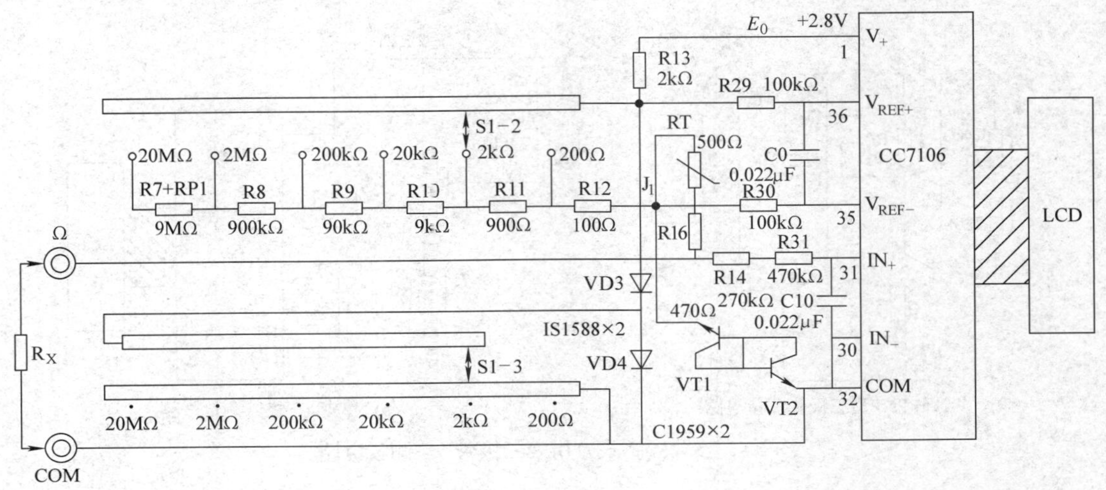

图 5－3－7　数字式万用表电阻测量电路

测量电阻时，要将原来的基准电压分压电路全部断开，接入基准电阻（RP1、R7～R12），基准电阻上的压降就作为基准电压。V_+ 输出的 2.8 V 电压经限流电阻 R13 和二极管 VD3、VD4 串联分压，可提供 0.6 V 和 1.2 V 两种测试电压，并由 S1－3 切换。在 200 Ω 挡用 1.2 V，其余各挡用 0.6 V。利用 S1－2 对基准电阻进行切换，使量程在 200 Ω、2 kΩ、20 kΩ、200 kΩ、2 MΩ、20 MΩ 中变化。

为了防止误用数字式万用表的欧姆挡测量电流或电压而损坏仪表，该仪表设置了过压保护电路，扫描右侧二维码即可了解。

5. 三极管 h_{FE} 测量电路和原理

通过量程开关的切换，可组成 PNP 型三极管测量电路，如图 5－3－8a 所示，NPN 型三极管测量电路如图 5－3－8b 所示。由 V_+ 输出的 2.8 V 基准电压源作为测量电源，基极电阻 R_b 由 NPN 型和 PNP 型共用。2.8 V 电源通过 R_b 向被测三极管提供固定的 10 μA 基极电流。取样电阻 R0 可将集电极电流 I_c（约等于发射极电流）转换为数字式电压基本表的输入电压，即

$$U_{IN}=I_c R_0=h_{FE} I_b R_0$$

如果已知 I_b=10 μA，R_0=10 Ω，代入上式得

$$U_{IN}=100\ \mu V \cdot h_{FE}=0.1\ mV \cdot h_{FE}$$

即 h_{FE} 的大小为 U_{IN} 以 mV 为单位时的数值的 10 倍。

因此，可以利用数字式电压基本表 200 mV 量程测量晶体三极管的 h_{FE}，只要去掉小数点，显示值就等于 h_{FE} 值。

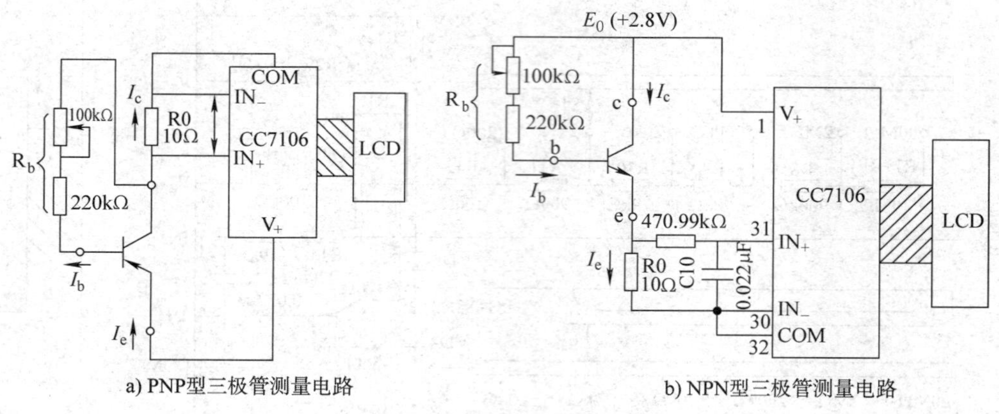

a) PNP型三极管测量电路　　b) NPN型三极管测量电路

图 5－3－8　数字式万用表三极管 h_{FE} 测量电路

对于上述三极管 h_{FE} 测量电路，由于测量电源提供的测试电压低，故仅适用于测量小功率三极管。另外，尽管该测量电路理论上可测得的最大 h_{FE} 值为 1 999，但 h_{FE} 值过大会影响基准电压源的稳定性，故规定被测三极管的 h_{FE} 值不宜超过 1 000，最好在 500 以下。

二、数字式万用表的结构

UT890 系列手动量程数字式万用表具有真有效值、全量程 600 V 保护和 100 mF 超大电容自动量程测量功能，能够轻松、快速解决电子、电器和家电故障等问题，属于国内较常见的$3\frac{1}{2}$位便携式 LCD 显示数字式万用表。

UT890 系列数字式万用表包括 UT890C、UT890D、UT890C+、UT890D+ 等型号，下面以常用的 UT890D+ 型为例，介绍数字式万用表的结构。

UT890D+ 型数字式万用表如图 5－3－9 所示，前面板包括 LCD 显示屏、功能按键、三极管测量四脚插孔、量程开关、测量输入端口等，后面板包括电池盒、表笔定位架等。

1. 保护套

万用表外壳采用硅胶保护套，把握手感舒适，能有效保护万用表。

2. LCD 显示屏

该表采用大字号 LCD 显示屏，最大显示值为 6 099。该表具有自动调零和自动显示极性

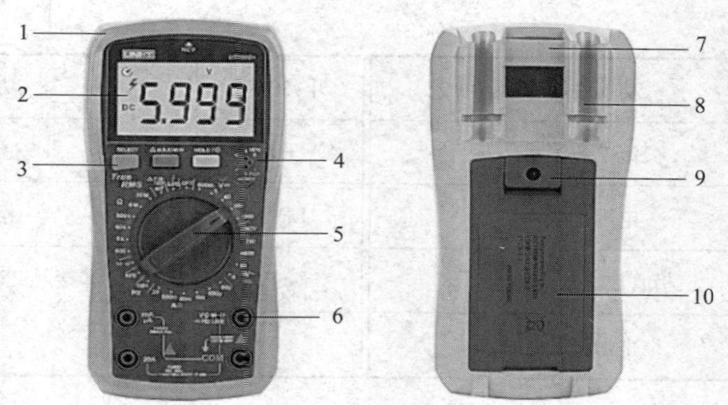

图 5-3-9　UT890D+ 型数字式万用表

1—保护套　2—LCD 显示屏　3—功能按键　4—三极管测量四脚插孔　5—量程开关
6—测量输入端口　7—挂带钩　8—表笔定位架　9—电池盒　10—支架

功能，测量时若被测电压或电流的极性为负，会在显示值前出现“-”号。若测量时输入超量程，显示屏会显示“OL”“O.L”或“.OL”的提示符号。小数点位置由量程开关的位置同步控制。

3. 功能按键

“SELECT”按键：按该键可以切换二极管 / 电路通断量程、交流电压 / 频率量程、交流 / 直流电流量程，每按一次，对应的测试功能挡量程切换一次。

“△ MAX/MIN”按键：在电容挡按此键可清除底数；在电压挡和电流挡按此键进入最大 / 最小值显示模式。

“HOLD/💡”按键：点击进入数据保持 / 取消数据保持模式；当按键时间 ≥ 2 s，则打开 / 关闭 LCD 显示屏背光。

4. 三极管测量四脚插孔

三极管测量四脚插孔位于量程开关的右上方，采用四眼插座，旁边分别标有字母 B、C、E（NPN 型）和 b、c、e（PNP 型）。测量时，应根据被测三极管管型，将三极管的三个极对应插入插孔内。

5. 量程开关

位于面板中央的量程开关提供了电流、电压、电阻等 27 种测量量程，供使用者选择。量程开关的功能见表 5-3-1。

表 5-3-1　数字式万用表量程开关的功能

开关位置	功能说明	开关位置	功能说明
V-	直流电压测量	➜⊢	二极管测量
V~	交流电压测量	•)))	电路通断测量
A-	直流电流测量	⊣⊢	电容测量

续表

开关位置	功能说明	开关位置	功能说明
A~	交流电流测量	Hz	频率测量
Ω	电阻测量	LIVE	相线测量
hFE	三极管放大倍数测量	NCV	非接触交流电场感应测量
OFF	电源开关		

6. 测量输入端口

电量测量输入端口有四个，位于面板下方。使用时，黑表笔插“COM”插孔，红表笔根据被测量种类和量程的不同，分别插“V/Ω”或“mA/μA”或“20 A”插孔。使用时应注意：在“V/Ω”与“COM”之间标有“CAT Ⅱ 1 000 V”字样，这表示在安全区域第二个等级内，1 000 V及以下使用是安全的。“CAT Ⅲ 600 V”字样表示在安全区域第三个等级内，600 V及以下使用是安全的。在“mA/μA”与“COM”之间标有“600 mA MAX”，表示在对应插孔输入的交直流电流值不得超过600 mA。在“20 A”与“COM”之间标有“20 A MAX”，表示在对应插孔输入的交直流电流值不得超过20 A。

7. 电池盒

电池盒位于后盖下方，内置1.5 V电池两节。仪表开机后如果电池电量不足，LCD显示屏上将显示“▭”符号。为保证测量的精度，必须更换电池后方可使用。

三、数字式万用表的保护和使用注意事项

1. 使用数字式万用表之前，应仔细阅读使用说明书，熟悉面板结构及各旋钮、插孔的作用，以免使用中出现差错。

2. 测量前，应校对量程开关位置及两表笔所插的插孔，确认无误后再进行测量。

3. 测量前若无法估计被测量大小，应先用最高量程挡位测量，再视测量结果选择合适的量程挡位。

4. 严禁在测量电压或电流时拨动量程开关，以防止产生电弧，烧毁开关触点。

5. 由于数字式万用表的频率特性较差，故只能测量45～500 Hz范围内的正弦波电量的有效值。

6. 严禁在被测电路带电的情况下测量电阻，以免损坏仪表。

7. 若将电源开关拨离“OFF”位置，液晶显示器无显示，应检查电池是否失效或熔断器是否熔断。若显示欠压信号，则需更换新电池。

8. 为延长电池使用寿命，每次使用完毕应将电源开关拨至“OFF”位置。长期不用的仪表，应取出电池，防止因电池内电解液漏出而腐蚀表内元器件。

§5—4　数字式万用表的使用

学习目标

1. 掌握使用数字式万用表测量交直流电压、电流和直流电阻的方法。
2. 掌握用数字式万用表测量其他电量的方法。

使用 UT890D+ 型数字式万用表之前，应注意测量输入端口旁的警示符号⚠，这是警示使用者留意被测量电压或电流不要超出规定的数值，以确保测量安全。

一、交直流电压的测量

用万用表测量交直流电压的方法和步骤见表 5-4-1。

表 5-4-1　　测量交直流电压的方法和步骤

序号	步骤	图例	操作说明	备注
1	准备工作		将万用表平放，红表笔插入“V/Ω”插孔，黑表笔插入“COM”插孔	UT890D+ 型数字便携式万用表的交直流电压和其他电量测量共用插孔
2	选择挡位		估计被测直（交）流电压大小，根据电压性质和大小，将万用表量程开关拨至合适的挡位。LCD 显示屏显示“DC 0 V”（“AC 0 V”）。严禁在测量电压的过程中拨量程开关	若无法估计电压的大小，则将量程开关拨至直（交）流电压最大量程挡位，再根据显示的电压值，逐步选择合适的量程，保证测量的精度

续表

序号	步骤	图例	操作说明	备注
3	测量直流电压	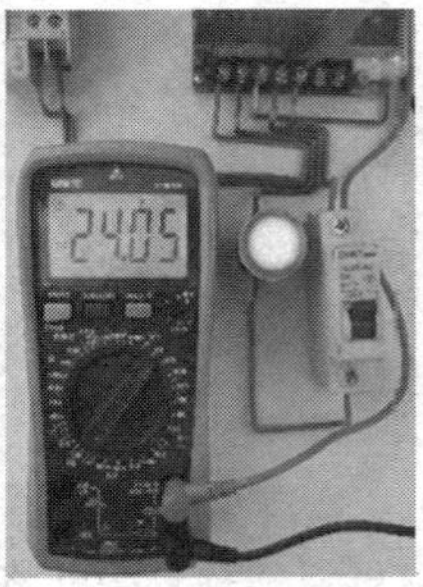	测量直流电压时，按照直流电源从“+”到“-”的方向，将万用表并联到被测电路中，即红表笔连接直流电源的正极，黑表笔连接直流电源的负极	测量时，若LCD显示屏显示“OL”，说明被测电量已超量程，需要增大挡位量程
4	测量交流电压		测量交流电压时，只需要将万用表并联到被测电路中即可，无须考虑表笔的颜色	测量时，若LCD显示屏显示“OL”，说明被测电量已超量程，需要增大挡位量程
5	观察读数	 	数字式万用表可直接读数。上图测量直流电压，显示值为DC 24.05 V。下图测量交流电压，显示值为AC 220.5 V	DC为直流电压，AC为交流电压，电压单位为V
6	测量完毕，整理仪表	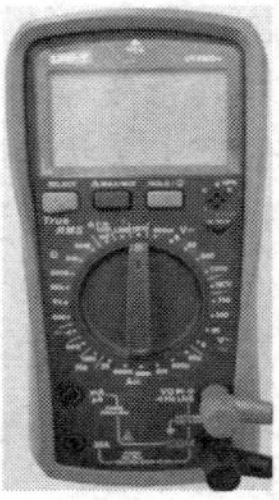	测量完毕应及时将量程开关拨至“OFF”量程挡位	防止在下次使用时粗心，或者不熟练者使用万用表时，损坏仪表

二、交直流电流的测量

用万用表测量交直流电流的方法和步骤见表5-4-2。

表 5-4-2　　测量交直流电流的方法和步骤

序号	步骤	图例	操作说明	备注
1	准备工作	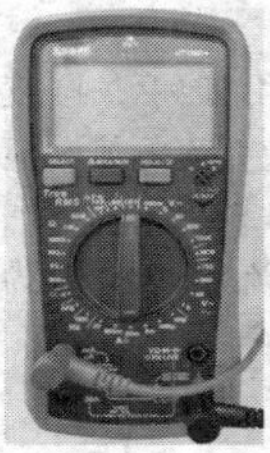	将万用表平放，红表笔插入“mA/μA”插孔，黑表笔插入“COM”插孔	UT890D+型数字便携式万用表的交直流电流测量有专用插孔
2	选择挡位	 	估计被测直（交）流电流的大小，将量程开关拨至直（交）流电流合适的挡位。根据被测电量的性质，按“SELECT”按键，对直（交）流电流量程进行切换。LCD显示屏分别显示“DC 0 μA”“DC 0 mA”（“AC 0 μA”“AC 0 mA”）。严禁在测量电流的过程中拨量程开关。在测量前，可以测试已知电流，以确认万用表能否正常使用	如果无法估计被测电流的大小，则将量程开关拨至直（交）流电流最大量程挡位，再根据显示的电流值，逐步选择低量程，保证测量的精度
3	测量直流电流	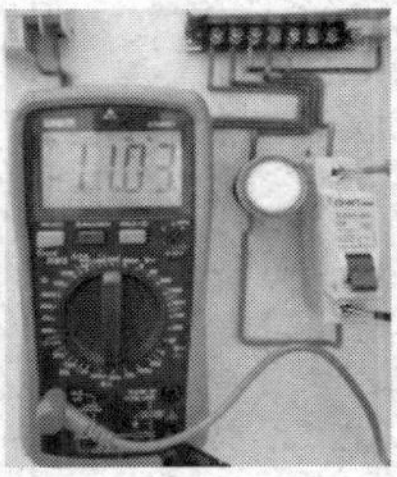	测量直流电流时，按照直流电源从“+”到“–”的方向，将万用表串联到被测电路中，即红表笔连接直流电源的正极，黑表笔连接直流电源的负极	测量时，若LCD显示屏显示“OL”，说明测量已超量程，需要增大挡位量程
4	测量交流电流	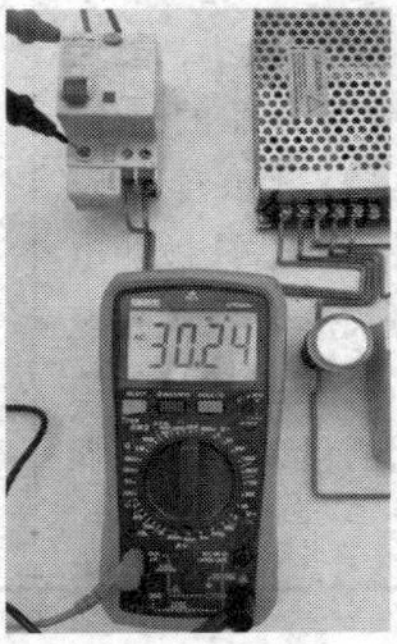	测量交流电流时，只需要将万用表串联到被测电路中即可，无须考虑表笔的颜色	当“mA/μA”和“20 A”插孔输入过载或误操作时，万用表内的熔丝熔断，LCD显示屏闪烁并显示“FUSE”字符，蜂鸣器鸣叫，须更换熔丝后方可继续使用

续表

序号	步骤	图例	操作说明	备注
5	观察读数	 	数字式万用表可直接读数。上图测量直流电流，显示值为 DC 11.03 mA。下图测量交流电流，显示值为 AC 30.24 mA	DC 为直流电量，AC 为交流电量。电流单位为 mA
6	测量大电流		当测量的直（交）流电流在 600 mA～20 A 时，首先将红表笔插入“20 A”专用插孔，量程开关拨至 20 A 挡，按“SELECT”按键，对直（交）流电流量程进行切换。之后步骤同前	使用万用表测量大电流有危险性，应慎重操作
7	测量完毕，整理仪表	同表 5-4-1 第 6 步		

三、直流电阻的测量

用万用表测量直流电阻的方法和步骤见表 5－4－3。

表 5－4－3　　测量直流电阻的方法和步骤

序号	步骤	图例	操作说明	备注
1	准备工作		将万用表平放，红表笔插入“V/Ω”插孔，黑表笔插入“COM”插孔	UT890D+ 型数字便携式万用表的直流电阻和其他电量的测量共用插孔
2	选择挡位		估计被测电阻的大小，然后将量程开关拨至合适的“Ω”量程挡位，LCD 显示屏显示“O.L ”。如果不能估计被测电阻的大小，则将量程开关拨至“60 k”挡位，再根据测量结果逐步选择合适的量程挡位，保证测量的精度	测量时，若 LCD 显示屏显示“O.L”，说明测量已超量程，需要增大挡位量程；如果显示值接近 0，则要减小挡位量程

续表

序号	步骤	图例	操作说明	备注
3	测量电阻	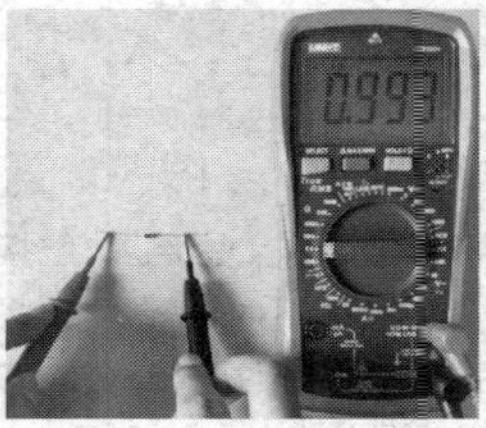	测量前必须切断电源，不能带电测量。如果电路中有电容，应将两个测量点短接，进行放电处理。测量时，被测电阻不能有并联支路，以免影响测量的准确性	测量时，操作者的双手不能接触表笔的金属部分和电阻的两端，以免将人体电阻并联在被测电阻的两端，造成测量误差
4	观察读数		数字式万用表可直接读数，图中显示值为 0.993 kΩ	测量低电阻时，表笔会产生 0.1～0.2 Ω 的测量误差。可以用测量得到的阻值减去红黑表笔短接时的阻值，即可得到精确的阻值
5	测量完毕，整理仪表	同表 5-4-1 第 6 步		

四、电路通断的判断

用万用表判断电路通断的方法和步骤见表 5-4-4。

表 5-4-4　　判断电路通断的方法和步骤

序号	步骤	图例	操作说明	备注
1	准备工作	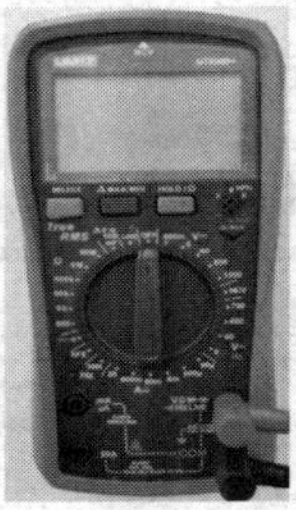	将万用表平放，红表笔插入“V/Ω”插孔，黑表笔插入“COM”插孔	UT890D+ 型数字便携式万用表电路通断判断和其他电量测量共用插孔
2	选择挡位	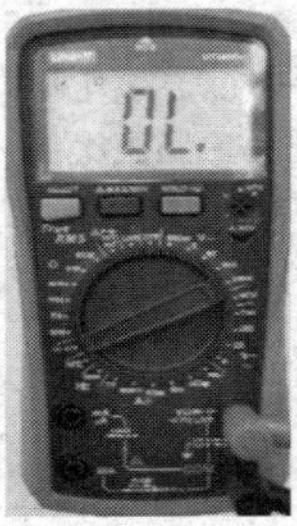	将量程开关拨至“•))”量程挡位。LCD 显示屏显示“OL.”	因判断电路通断的实质是测量电路的电阻，故测量前 LCD 显示屏显示“OL.”

续表

序号	步骤	图例	操作说明	备注
3	进行测量	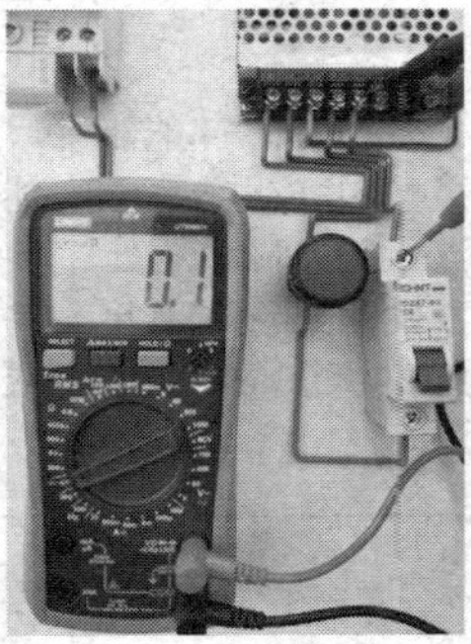	测量前必须切断电源，不能带电测量。如果电路中有电容，应将两个测量点短接，进行放电处理。测量时，被测电路不能有并联支路，以免影响结果的准确性	测量时，操作者的双手不能接触表笔的金属部分，以免将人体电阻并联在被测电路的两端，造成测量误差
4	观察或聆听后判断		测量时，如果电路导通性能良好，则蜂鸣器连续蜂鸣，红色二极管发光指示	如果被测电路的电阻>10 Ω，则认为电路断路，蜂鸣器无声。只有当电阻≤10 Ω 时，才可判断电路导通性能良好
5	测量完毕，整理仪表	同表 5-4-1 第 6 步		

五、二极管极性的判断

用万用表判断二极管极性的方法和步骤见表 5－4－5。

表 5－4－5　　判断二极管极性的方法和步骤

序号	步骤	图例	操作说明	备注
1	准备工作	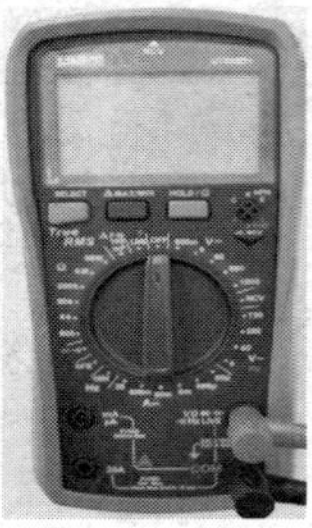	将万用表平放，红表笔插入“V/Ω”插孔，黑表笔插入“COM”插孔	UT890D+ 型数字便携式万用表的二极管测量和其他电量测量共用插孔

续表

序号	步骤	图例	操作说明	备注
2	选择挡位		将量程开关拨至“ ▶|/ •)))”量程挡位。按“SELECT”按键，对二极管 ▶|/电路通断 •))) 量程进行切换。LCD显示屏显示“.OL”	因测量二极管的实质是测量二极管PN结的电压降，故测量前，LCD显示屏显示“.OL”
3	测量二极管正反向电阻	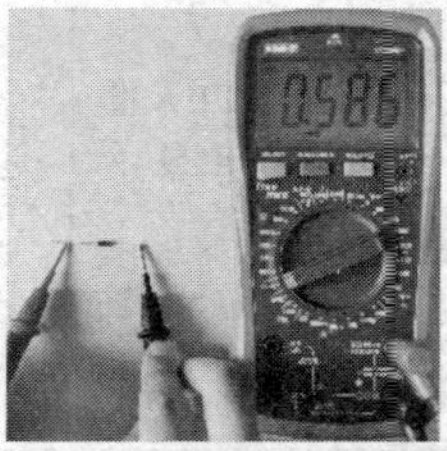 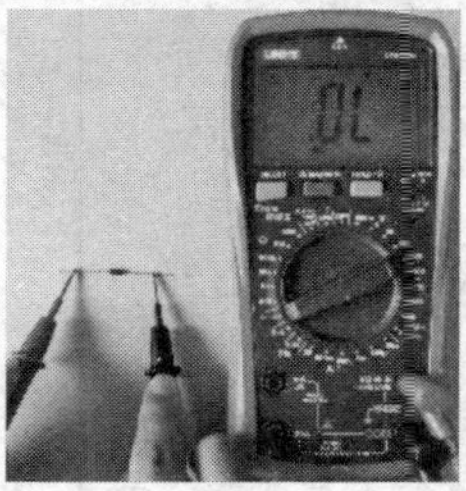	测量时，先用万用表两只表笔碰触二极管两端。再调换表笔，再次测量	万用表红表笔连接内部电池正极，黑表笔连接内部电池负极
4	观察读数	 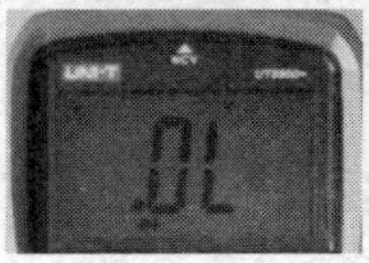	如果正向连接，LCD显示屏显示该二极管PN结的电压降；如果反向连接或二极管开路，LCD显示屏显示“.OL”	对于硅二极管，一般显示值为0.5～0.8 V时可确认为正常。读数显示瞬间蜂鸣器“嘀”一声响
5	测量完毕，整理仪表	同表5-4-1第6步		

六、三极管放大倍数的测量

用万用表测量三极管放大倍数的方法和步骤见表5-4-6。

表 5-4-6　　测量三极管放大倍数的方法和步骤

序号	步骤	图例	操作说明	备注
1	准备工作	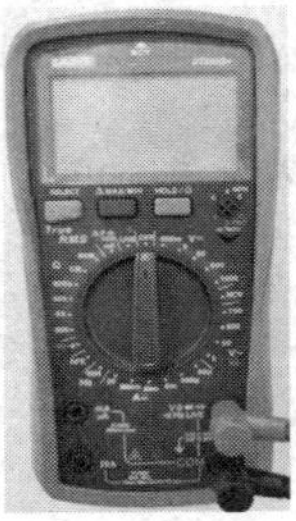	将万用表平放	UT890D+ 型数字便携式万用表的三极管放大倍数测量有专用插孔
2	选择挡位		将量程开关拨至“hFE”量程挡位。LCD 显示屏显示“0 β”	因万用表内部是电池供电，故测量三极管放大倍数实质是测量三极管的直流放大倍数
3	将三极管插入插孔	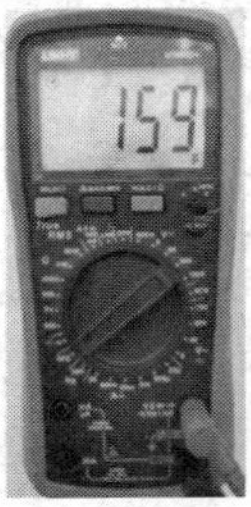 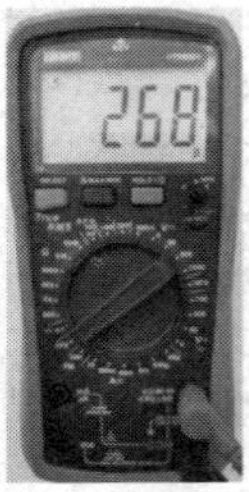	将被测三极管（NPN 型或 PNP 型）的发射极、基极、集电极插入对应的四脚插座中，并保证接触良好	如果插入后不能显示数值，则可能是三极管管型或发射极、基极、集电极判断错误
4	观察读数	 	上图是 NPN 型三极管的放大倍数，下图是 PNP 型三极管的放大倍数	LCD 显示屏显示的是被测三极管 h_{FE} 的近似值
5	测量完毕，整理仪表	同表 5-4-1 第 6 步		

七、电容的测量

用万用表测量电容的方法和步骤见表 5-4-7。

表 5-4-7　　测量电容的方法和步骤

序号	步骤	图例	操作说明	备注
1	准备工作		将万用表平放，红表笔插入“V/Ω”插孔，黑表笔插入“COM”插孔	（1）UT890D+ 型数字便携式万用表的电容测量和其他电量测量共用插孔 （2）将被测电容内的残余电荷放尽，以免损坏万用表
2	选择挡位		将量程开关拨至“⊣⊢”量程挡位。LCD 显示屏显示“0 μF”	LCD 显示屏显示“Auto”，实质是根据电容容量的大小自动切换 μF 或 mF
3	测量电容		用红黑表笔碰触电容的两端	对于大容量电容，需要数秒时间后显示值方能稳定，这属于正常现象
4	观察读数		待显示值稳定后，方可读数。该电容器的容量为 47.51 μF	被测电容短路或容量超过最大量程时，LCD 显示屏显示“OL”
5	测量完毕，整理仪表	同表 5-4-1 第 6 步		

八、非接触交流电场的测量

用万用表测量非接触交流电场的方法和步骤见表 5-4-8。

表 5-4-8　　测量非接触交流电场的方法和步骤

序号	步骤	图例	操作说明	备注
1	准备工作		将万用表平放。检测非接触交流电场时，红黑表笔无须插入插孔	使用前，保证万用表内部电池电压充足
2	选择挡位		将量程开关拨至“NCV”挡位	NCV：采用电磁或电场感应的原理判断是否有电压的存在。类似于感应测电笔的功能
3	进行测量	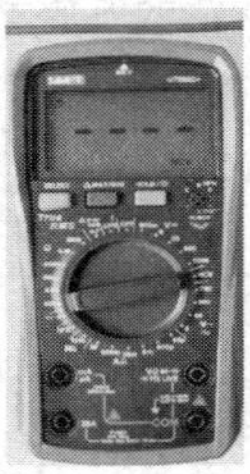 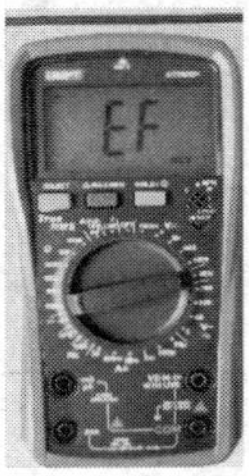	将万用表的顶端靠近带电物体进行检测	适合判断较高的交流电压，只用于判断是否有交流电压的存在
4	观察读数	 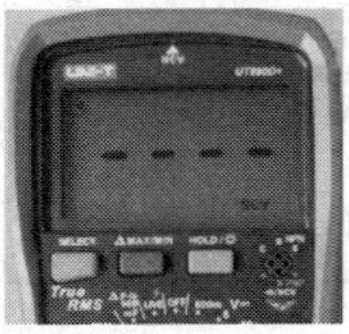	LCD 显示屏以“-”笔段代表被测电场的强度，分为 4 个等级。随着电场强度的变化，蜂鸣器和 LED 指示灯同步改变发声和闪烁的频率。“EF”表示被测导线无电场，“- - - -”表示电场的强度最大	被测电场的强度越大，蜂鸣器的蜂鸣频率和 LED 闪烁的频率越高
5	测量完毕，整理仪表	同表 5-4-1 第 6 步		

九、频率的测量

用万用表测量频率的方法和步骤见表 5-4-9。

表 5-4-9　　测量频率的方法和步骤

序号	步骤	图例	操作说明	备注
1	准备工作	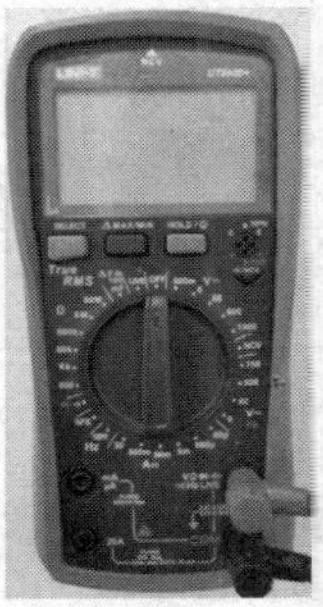	将万用表平放，红表笔插入“V/Ω”插孔，黑表笔插入“COM”插孔	UT890D+ 型数字便携式万用表的频率测量和其他电量测量共用插孔
2	选择挡位	 	（1）上图中，将量程开关拨至“Hz”量程挡位。LCD 显示屏显示“0 Hz” （2）下图中，将量程开关拨至“V～”量程挡位，通过“SELECT”按键，对交流电压 / 频率量程进行切换。LCD 显示屏显示“0 Hz”	（1）当测量的频率信号 <30 V 时，选择“Hz”挡位，测量范围为 10 Hz～10 MHz （2）当测量的频率信号为 >30 V 的高压频率时，选择“V～”挡位
3	测量频率	 	（1）上图中，将红黑表笔跨接在信号源的两端	测量高压频率时，应注意人身和设备安全

续表

序号	步骤	图例	操作说明	备注
3	测量频率	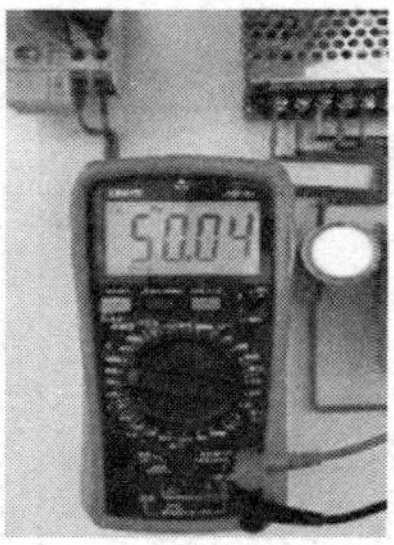	（2）下图中，将红黑表笔跨接在交流电源的两端	
4	观察读数	 	（1）上图中，显示的被测频率值为 1.999 kHz （2）下图中，显示的被测交流电源频率值为 50.04 Hz	（1）测量信号源的频率时，要注意屏蔽 （2）测量交流电源的频率时，要注意安全
5	测量完毕，整理仪表	同表 5-4-1 第 6 步		

十、相线 / 零线的判断

用万用表判断相线 / 零线的方法和步骤见表 5-4-10。

表 5-4-10　　判断相线 / 零线的方法和步骤

序号	步骤	图例	操作说明	备注
1	准备工作		将万用表平放，红表笔插入“V/Ω”插孔，黑表笔悬空	UT890D+ 型数字便携式万用表的相线 / 零线判断和其他电量测量共用插孔
2	选择挡位		将量程开关拨至“LIVE”挡位，LCD 显示屏显示“----”	为了避免“COM”输入端干扰判断的准确程度，黑表笔勿插入“COM”插孔

续表

序号	步骤	图例	操作说明	备注
3	进行测量		将红表笔触及插座或导线的金属部位	（1）测量时，注意人身和设备安全 （2）“LIVE”表示相线，“- - - -”表示零线
4	观察读数		（1）当检测到相线时，LCD 显示屏显示“LIVE”，并有声光提示 （2）当检测到零线时，LCD 显示屏显示“- - - -”	当检测到导线交流电场的电压 >70 V 时，才能识别为相线。即使万用表未将其判断为相线时，也必须注意安全
5	测量完毕，整理仪表	同表 5-4-1 第 6 步		

十一、其他功能的说明

万用表其他功能的说明见表 5－4－11。

表 5－4－11　　万用表其他功能的说明

序号	操作说明
1	万用表开机 2 s 内进行自检，自检结束后进入正常测量功能，方可使用
2	当测量的直流电压≥ 1 000 V，交流电压≥ 750 V，直流 / 交流电流 >20 A 时，蜂鸣器持续蜂鸣，警示量程处于极限
3	在测量过程中，若万用表持续 15 min 未使用，则自动进入关机状态。在此状态下，操作任意按键或量程开关，自动唤醒开机。若不需要自动关机，则将量程开关拨至“OFF”的同时按住“SELECT”键，重新开机后自动关机功能被取消
4	在自动关机前约 1 min，蜂鸣器连续发出 5 声警示音，关机前蜂鸣器发出一长声警示音

续表

序号	操作说明
5	当万用表内部电池电压低于 2.5 V 时，LCD 显示屏显示“▢”电池欠压提示符号，但仍可正常使用。当电压低于 2.2 V 时，LCD 显示屏显示“▢”电池欠压提示符号，万用表不能正常使用

数字式万用表使用的国际电气符号

（1）≂：交流或直流电量符号　　（2）⚠：警告注意安全符号

（3）⚡：高压警示符号　　（4）▢或▢：电池欠压符号

（5）⏚：接地符号　　（6）回：双重绝缘符号

（7）CE：CE 标志，欧盟安全合格标志

用万用表测量电阻、电压和电流

一、实训目的

1. 了解指针式和数字式万用表的结构和工作原理。

2. 熟练掌握用万用表测量直流电阻、交直流电压和交直流电流的方法。

二、实训器材

指针式万用表和数字式万用表各 1 块，单相调压器 1 台，电源变压器 1 台，整流滤波元件若干只，不同阻值的电阻若干个，电工常用工具和安全用具若干只。

三、实训内容及步骤

1. 外观检查

检查仪表的外壳、端钮、按键等是否完好无损，必要的标志和极性符号是否清晰，表内有无脱落元器件，绝缘有无破损，数字显示面板是否清晰等。

2. 测量负载电阻

将万用表量程开关置于欧姆挡适当量程，分别测量负载电阻的阻值，填入表 5-4-12 中。

表 5-4-12　　负载电阻测量记录表　　Ω

直流电阻挡	R_1	R_2	R_3	R_4	备注
指针式万用表					
数字式万用表					

3. 测量电路的交直流电压和交直流电流

（1）按图 5-4-1 进行电路连接。

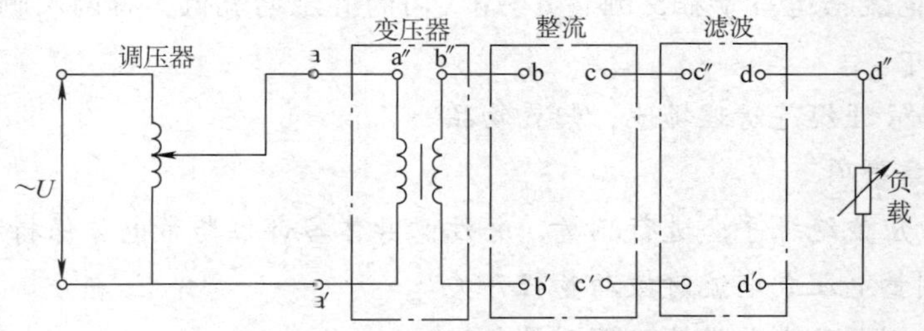

图 5-4-1　万用表测量电压、电流实训电路

（2）调整调压器，使之输出适当大小的电压。将万用表量程开关拨至交流电压挡适当量程，分别测量图 5-4-1 中的 a～a′和 b～b′之间的电压值，将测得的交流电压值填入表 5-4-13 中。

表 5-4-13　　　　　　　电压测量记录表　　　　　　　V

交流电压挡	a～a′	b～b′	c～c′	d～d′	备注
指针式万用表			—	—	
数字式万用表			—	—	
直流电压挡	a～a′	b～b′	c～c′	d～d′	备注
指针式万用表	—	—			
数字式万用表	—	—			

（3）将万用表量程开关拨至直流电压挡适当量程，分别测量图 5-4-1 中 c～c′ 和 d～d′ 之间的电压值，并将测得的直流电压值填入表 5-4-13 中。

（4）断开图 5-4-1 中的 a～a″ 间的电路，将万用表开关拨至交流电流挡适当量程，测量 a～a″ 间的交流电流值。将 a～a″ 间的电路连接，断开 b～b″ 之间的电路，将万用表开关拨至交流电流挡适当量程，测量 b～b″ 间的交流电流值，将两次测得的交流电流值填入表 5-4-14 中。

表 5-4-14　　　　　　　电流测量记录表　　　　　　　A

交流电流挡	a～a″	b～b″	c～c″	d～d″	备注
指针式万用表			—	—	
数字式万用表			—	—	
直流电流挡	a～a″	b～b″	c～c″	d～d″	备注
指针式万用表	—	—			
数字式万用表	—	—			

（5）断开图 5-4-1 中的 c～c″ 间的电路，将万用表开关拨至直流电流挡适当量程，测量 c～c″ 间的直流电流值。将 c～c″ 间的电路连接，断开 d～d″ 之间的电路，将万用表开关拨至直流电流挡适当量程，测量 d～d″ 间的直流电流值，将两次测得的直流电流值填入表 5-4-14 中。

4. 按照现场管理规范清理场地，归置物品。

四、实训注意事项

1. 必要时，应戴绝缘手套进行测量，并注意身体各部位与带电体保持安全距离。

2. 严禁在测量电压或电流时拨动量程开关。

3. 严禁在被测电路带电的情况下测量电阻。

4. 通电前，一定要检查电路连接是否正确，经实训指导教师同意并在其监护下方能进行通电实训。

五、实训测评

根据表 5-4-15 中的测评标准对实训进行测评，并将评分结果填入表中。

表 5-4-15　　用万用表测量电阻、电压和电流实训评分标准

序号	测评内容	测评标准	配分（分）	得分（分）
1	万用表面板符号含义	能正确识别万用表面板的符号	10	
2	用万用表测量直流电阻的方法、步骤和结果	能熟练使用指针式万用表测量直流电阻，并正确读数	8	
		能熟练使用数字式万用表测量直流电阻，并正确读数	8	
3	用万用表测量交流电压的方法、步骤和结果	能熟练使用指针式万用表测量交流电压，并正确读数	8	
		能熟练使用数字式万用表测量交流电压，并正确读数	8	
4	用万用表测量直流电压的方法、步骤和结果	能熟练使用指针式万用表测量直流电压，并正确读数	8	
		能熟练使用数字式万用表测量直流电压，并正确读数	8	
5	用万用表测量交流电流的方法、步骤和结果	能熟练使用指针式万用表测量交流电流，并正确读数	8	
		能熟练使用数字式万用表测量交流电流，并正确读数	8	
6	用万用表测量直流电流的方法、步骤和结果	能熟练使用指针式万用表测量直流电流，并正确读数	8	
		能熟练使用数字式万用表测量直流电流，并正确读数	8	

续表

序号	测评内容	测评标准	配分（分）	得分（分）
7	安全文明实训	工作环境整洁，操作习惯良好，具有安全意识，能积极参与教学活动，整体符合 6S 标准	10	
合计			100	

万用表其他功能的使用

一、实训目的

1. 进一步熟悉万用表的结构和工作原理。

2. 熟练掌握用万用表测量其他电量的方法和步骤。

二、实训器材

指针式万用表和数字式万用表各 1 块，电气装置照明线路 1 套，NPN 型和 PNP 型三极管各 1 只，电工常用工具和安全用具若干。

三、实训内容及步骤

1. 外观检查

检查仪表的外壳、端钮、按键等是否完好无损，必要的标志和极性符号是否清晰，表内有无脱落元器件，绝缘有无破损，数字显示面板是否清晰等。

2. 相线的判断

选择数字式万用表的“LIVE”挡位，按照相线 / 零线判断的方法和步骤，判断电气装置照明线路的相线，并对判断出的相线作标记。（因带电作业，故操作过程中应注意人身和设备安全）

3. 非接触交流电场的测量

选择数字式万用表的“NVC”挡位，按照非接触交流电场测量的方法和步骤，判断是否存在交流电场，被测电场的强度越大，蜂鸣频率和 LED 闪烁频率越高。（因带电作业，故操作过程中应注意人身和设备安全）

4. 频率的测量

选择数字式万用表的“V～”挡位，通过“SELECT”按键，对交流电压 / 频率量程进行切换，按照频率测量的方法和步骤测量频率。（因带电作业，故操作过程中应注意人身和设备安全）

5. 电路通断的判断

选择指针式万用表和数字式万用表的“•))”挡位，按照电路通断判断的方法和步骤，判断被测电路的导通性能是否良好。

6. 三极管放大倍数的测量

选择指针式万用表和数字式万用表的“hFE”挡位，按照三极管放大倍数测量的方法和步骤进行测量。

7. 按照现场管理规范清理场地，归置物品。

四、实训注意事项

1. 必要时，应戴绝缘手套进行测量，并注意身体各部位与带电体保持安全距离。

2. 通电前，一定要检查电路连接是否正确，经实训指导教师同意并在其监护下方能进行通电实训。

五、实训测评

根据表 5–4–16 中的测评标准对实训进行测评，并将评分结果填入表中。

表 5–4–16　　用万用表测量其他电量实训评分标准

序号	测评内容	测评标准	配分（分）	得分（分）
1	万用表面板符号含义	能正确识别万用表面板的符号	15	
2	用万用表判断相线的方法和步骤	能熟练使用数字式万用表判断相线	10	
3	用万用表测量电场的方法和步骤	能熟练使用数字式万用表测量电场	10	
4	用万用表测量电路频率的方法和步骤	能熟练使用数字式万用表测量电路频率，并正确读数	10	
5	用万用表判断电路通断的方法和步骤	能熟练使用指针式万用表判断电路通断	10	
		能熟练使用数字式万用表判断电路通断	10	
6	用万用表测量三极管放大倍数的方法和步骤	能熟练使用指针式万用表测量三极管放大倍数，并正确读数	10	
		能熟练使用数字式万用表测量三极管放大倍数，并正确读数	10	
7	安全文明实训	工作环境整洁，操作习惯良好，具有安全意识，能积极参与教学活动，整体符合 6S 标准	15	
合计			100	

第六章 电功率和电能的测量

电流在单位时间内做的功称为电功率，电功率是用来表示电能消耗快慢的物理量。测量电功率的仪表称为功率表，又称瓦特表。功率表有很多种，总体而言可以分为指针式功率表和数字式功率表。指针式功率表一般应用在对精度要求不高的场合，如监控；数字式功率表一般应用在对精度有一定要求的场合，而且有更多的接口可以用于扩展测量和上位机通信。

电流在一定时间内做的功称为电能，测量电能的仪表称为电能表。由于实际生产中常采用 kW · h 作为电能的单位，所以测量电能的仪表称为电能表或千瓦时表。电能表与功率表的不同之处在于电能表不仅能反映负载功率的大小，还能计算负载用电的时间，并通过计度器把电能自动地累计起来。

本章以应用较为广泛的指针式功率表、数字式功率表、单相电能表和三相电能表为例进行介绍。

§6—1 电动系测量机构

学习目标

1. 熟悉电动系测量机构的结构和工作原理。
2. 了解铁磁电动系测量机构的特点。
3. 掌握电动系仪表的特点。

电动系仪表和电磁系仪表在结构上相比，最大的区别是电动系仪表用可动线圈代替了可动铁片，基本消除了磁滞和涡流的影响，使其准确度得到了提高，所以在需要精密测量交流电流、电压时，多采用电动系仪表。电动系仪表在结构上的主要特点是具有固定线圈和可动线圈，这两者可以分别供不同的电流通过，使得电动系仪表能够测量电功率、相位等与两个电量有关的物理量。

一、电动系测量机构的结构

电动系测量机构的结构如图 6–1–1 所示，主要由固定线圈、可动线圈、指针、游丝、阻尼盒和阻尼片组成。固定线圈一般分成两段，其目的一是获得较均匀的磁场，二是便于更换电流量程。在可动线圈的转轴上装有指针和空气阻尼器的阻尼片。游丝除产生反作用力矩外，还起引导电流进入可动线圈的作用。

二、电动系测量机构的工作原理

电动系测量机构是利用两个通电线圈之间产生电动力作用的原理制成的，如图 6–1–2 所示。当在固定线圈中通入电流 I_1 时，将产生磁场 B_1。同时在可动线圈中通入电流 I_2，可动线圈中的电流就受到固定线圈磁场的作用力，产生转动力矩，从而推动可动部分发生偏转，直到与游丝产生的反作用力矩相平衡，指针停在某一位置，指示出被测量的大小。

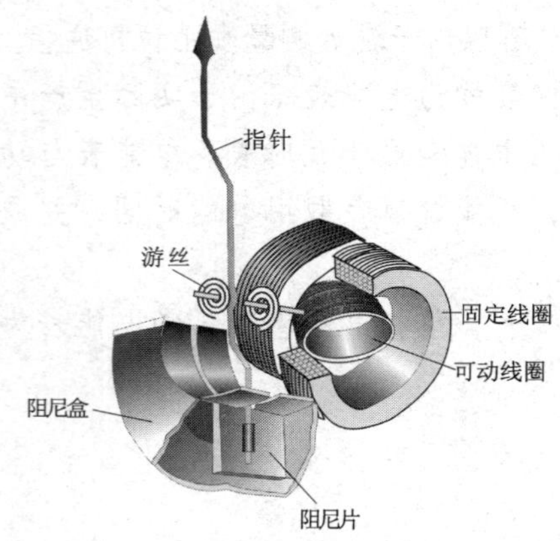

图 6–1–1　电动系测量机构的结构

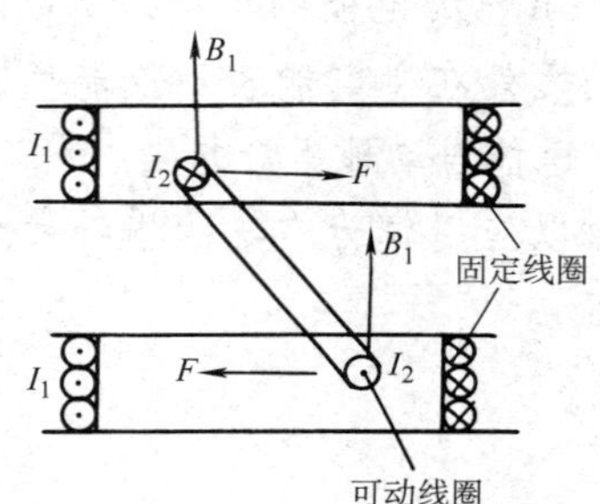

图 6–1–2　电动系测量机构的工作原理

显然，转动力矩 M 的方向与电流 I_1、I_2 的方向有关。如果 I_1、I_2 的方向同时改变，转动力矩 M 的方向将不会改变。因此，电动系仪表既可以测量直流电，又可以测量交流电。

1. 测量直流电

由于电动系测量机构中不存在铁磁物质，固定线圈中的磁场大小与通过其中的电流 I_1 成正比。因此，用电动系测量机构测量直流电时，可动线圈受到的转动力矩 M 与通过两线圈的电流 I_1、I_2 的乘积成正比，即

$$M = K_1 I_1 I_2$$

式中，K_1 是一个与仪表结构有关的系数。

当转动力矩 M 与反作用力矩 M_f 相等，即 $M=M_f$ 时，有

$$K_1 I_1 I_2 = D\alpha$$

$$\alpha = \frac{K_1}{D} I_1 I_2 = K I_1 I_2$$

式中，$K = \frac{K_1}{D}$是一个系数，D 是游丝的反作用系数，α 为仪表指针的偏转角。

上式说明，用电动系测量机构测量直流电时，仪表指针的偏转角 α 与两线圈电流 I_1、I_2 的乘积成正比。

2. 测量交流电

当使用电动系测量机构测量交流电时，可以证明，其转动力矩的平均值为

$$M_P = K_1 I_1 I_2 \cos\varphi$$

根据力矩平衡条件

$$M_f = M_P$$

故

$$D\alpha = K_1 I_1 I_2 \cos\varphi$$

$$\alpha = \frac{K_1}{D} I_1 I_2 \cos\varphi = K I_1 I_2 \cos\varphi$$

上式说明，用电动系测量机构测量交流电时，仪表指针的偏转角 α 不仅与通过两个线圈的电流 I_1、I_2 有关，还与两电流相位差的余弦 $\cos\varphi$ 有关。

三、铁磁电动系测量机构

铁磁电动系测量机构主要是为了克服电动系测量机构本身磁场弱、易受外磁场影响的缺点而设计的，其结构如图 6－1－3 所示。它采用由硅钢片叠制而成的铁芯，并且把固定线圈直接绕在铁芯上。因为固定线圈的磁路主要由导磁性能良好的铁磁材料构成，使可动线圈所处气隙中的工作磁场大大增强，所以产生的转动力矩也大大增强。同时，由于仪表本身的磁场很强，外磁场对它的影响也会显著减小，不必再增加防外磁场干扰的装置，简化了仪表的结构。

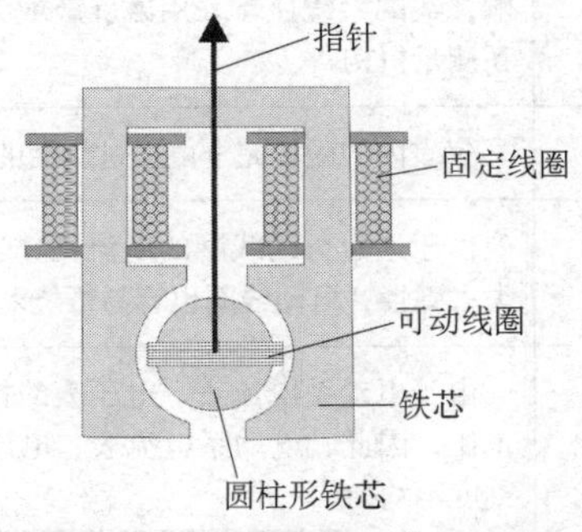

图 6－1－3　铁磁电动系测量机构的结构

从结构上看，铁磁电动系测量机构与磁电系测量机构相似，不同之处是前者用固定线圈和铁芯组成的电磁铁代替了永久磁铁。从工作原理上看，它与电动系测量机构完全相同。因此，铁磁电动系测量机构的平均转矩和偏转角的计算公式都与电动系测量机构相同。

由于铁磁电动系测量机构的铁芯采用了铁磁材料，因此，具有转矩大、受外磁场影响小、坚固耐振等优点。但由于铁磁材料存在磁滞和涡流损耗，导致其准确度较低，故常用来制造安装式功率表及要求转矩较大的自动记录仪表。

四、电动系仪表的特点

电动系仪表的特点见表 6－1－1。

表 6-1-1　　　　　　电动系仪表的特点

特点		说明
优点	准确度高	电动系仪表内部没有铁磁物质，不存在磁滞误差，因此准确度高，可达 0.1 级
	交直流两用，并且能测量非正弦电流的有效值	通过两个线圈的电流同时改变方向时，其转动力矩方向不变
	电动系测量机构能构成多种仪表，测量多种参数	如将测量机构中的固定线圈和可动线圈串联，则 $I_1=I_2=I$，$\varphi=0$，故有 $\alpha=KI^2$，在标度尺上按电流刻度，就得到电动系电流表。如将固定线圈和可动线圈与分压电阻串联，当分压电阻一定时，$\alpha=KU^2$，在标度尺上按电压刻度，就得到电动系电压表。此外，电动系测量机构还能组成电动系功率表、电动系相位表等
	电动系功率表的标度尺刻度均匀	电动系功率表指针的偏转角与被测功率成正比，因此刻度均匀
缺点	读数易受外磁场的影响	这是因为仪表中固定线圈产生的工作磁场很弱。为了消除外磁场的影响，线圈系统通常采用磁屏蔽或无定位结构，也可以直接采用铁磁电动系测量机构
	自身消耗功率大	仪表内的磁场完全由通过线圈的电流产生
	过载能力小	由于通过可动线圈的电流要经过游丝导入，如果电流太大，游丝容易失去弹性，可动线圈也容易被烧断
	电动系电流表、电压表的标度尺刻度不均匀	由于电动系电流表、电压表的指针偏转角与被测电流或电压的平方成正比，因此，电动系电流表、电压表的标度尺刻度具有平方律特性，即刻度不均匀

和电磁系电流表一样，电动系电流表也采用改变线圈连接方式的方法扩大量程，扫描右侧二维码即可了解。

§6—2　指针式功率表

学习目标

1. 熟悉单相指针式功率表的结构、工作原理和使用方法。
2. 掌握单相指针式功率表量程扩大的方法。
3. 了解指针式低功率因数功率表的用途、结构和使用方法。
4. 了解三相指针式功率表的原理。

以下内容未作特殊说明时，功率表一般指测量有功功率的仪表。

指针式功率表的核心是电动系测量机构。电动系测量机构的主要特点是同时具有固定线圈和可动线圈，可以分别供不同的电流通过，使得电动系仪表能够测量电功率、相位等与两个电量有关的物理量。常见的指针式功率表有单相指针式功率表、指针式低功率因数功率表、三相指针式功率表等。

一、单相指针式功率表

1．功率表的结构及工作原理

单相指针式功率表由电动系测量机构和分压电阻构成，其电路原理图如图 6-2-1a 所示。它把匝数少、导线粗的固定线圈与负载串联，从而使通过固定线圈的电流等于负载电流，因此，固定线圈又称功率表的电流线圈；把匝数多、导线细的可动线圈与分压电阻 R_V 串联后再与负载并联，从而使加在该支路两端的电压等于负载电压，因此，可动线圈又称功率表的电压线圈。由单相指针式功率表图形符号表示的电路原理图如图 6-2-1b 所示。

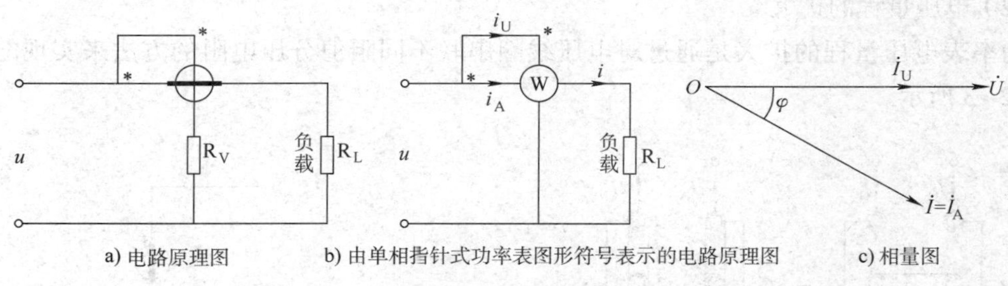

a) 电路原理图　b) 由单相指针式功率表图形符号表示的电路原理图　c) 相量图

图 6-2-1　单相指针式功率表电路原理图及相量图

在交流电路中，如果忽略可动线圈的感抗（与分压电阻 R_V 的阻值相比太小），则电压线圈支路可视为纯电阻电路。只要分压电阻不变，其中的电流 I_U 就与负载两端的电压同相位，且有

$$I_U=\frac{U}{R}\approx\frac{U}{R_V}=K_1U$$

式中，R 为电压线圈支路的总电阻。

实际生产中的负载多为感性负载，负载电压 $\dot{U}$ 比负载电流 $\dot{I}$ 超前角度 φ。从图 6-2-1c 所示的相量图可以看出，电流 $\dot{I}$ 与 $\dot{I}_U$ 之间的相位差正好等于 φ，故通过电流线圈的电流 $\dot{I}_A$ 与负载电流 $\dot{I}$ 相等，即 $\dot{I}_A=\dot{I}$。将它代入测量交流电时电动系测量机构指针偏转角的公式，可得功率表的指针偏转角

$$\alpha = KI_AI_U\cos\varphi = KI_A(K_1U)\cos\varphi = K_PIU\cos\varphi = K_PP$$

式中，$K_P = KK_1$。

上式说明，在交流电路中，单相指针式功率表指针的偏转角与电路的有功功率成正比。此外，单相指针式功率表标度尺的刻度是均匀的。

同理，在直流电路中，由于 $I_A=I$，$I_U=\dfrac{U}{R}=K_1U$，将其代入电动系测量机构测量直流电时指针偏转角的公式，可得仪表指针的偏转角

$$\alpha = KI(K_1U) = K_PIU = K_PP$$

可见，在直流电路中，单相指针式功率表指针的偏转角也与电路的功率成正比。

2. 功率表的量程及扩大方法

在实际应用中，为了满足测量不同功率的需求，往往需要扩大功率表的量程。功率表的功率量程主要由电流量程和电压量程来决定。因此，功率量程的扩大一般要通过电流量程和电压量程的扩大来实现。

（1）电流量程的扩大

前面曾介绍过，电动系仪表的电流线圈是由完全相同的两段线圈组成的，这样就可以利用金属连接片将这两段线圈串联或并联，从而达到改变功率表电流量程的目的。当金属连接片按图 6-2-2a 连接时，两段线圈串联，电流量程为 I_N；当金属连接片按图 6-2-2b 连接时，两段线圈并联，电流量程扩大为 $2I_N$。可见，功率表的电流量程是可以成倍改变的。

（2）电压量程的扩大

功率表电压量程的扩大是通过对电压线圈串联不同阻值分压电阻的方法来实现的，如图 6-2-3 所示。

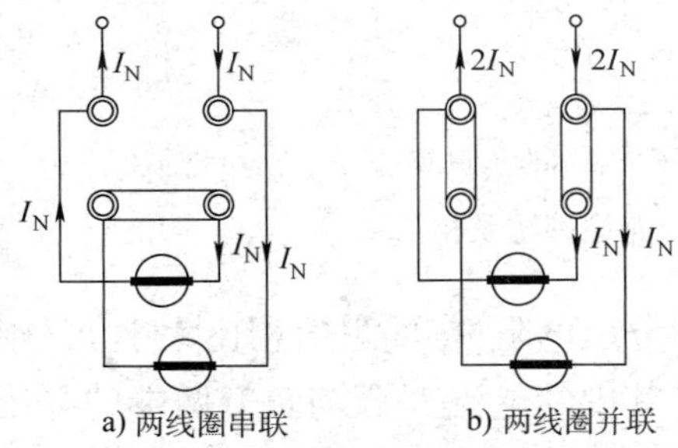

图 6-2-2　功率表电流量程的扩大

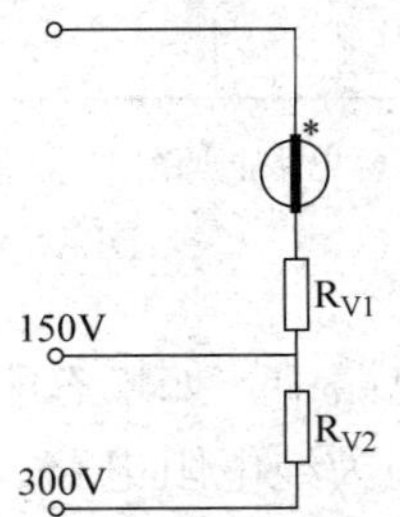

图 6-2-3　功率表电压量程的扩大

实际上，只要在功率表中选定不同的电流量程和电压量程，功率量程也就随之确定了。

例如，D19-W 型功率表的电流量程为 5/10 A，电压量程为 150/300 V，其功率量程为

$$P_1 = 5\ \text{A} \times 150\ \text{V} = 750\ \text{W}$$

$$P_2 = 10\ \text{A} \times 150\ \text{V} = 1\ 500\ \text{W} \text{或} P_2 = 5\ \text{A} \times 300\ \text{V} = 1\ 500\ \text{W}$$

$$P_3 = 10\ \text{A} \times 300\ \text{V} = 3\ 000\ \text{W}$$

这里的功率是指负载的功率因数 $\cos\varphi=1$ 时的情况。而感性或容性负载的 $\cos\varphi<1$，因此，上述量程是指最大功率量程。

3. 功率表的使用

单相指针式功率表的型号较多，但使用方法基本相同。下面以图 6-2-4 所示的 D26-W 型便携式单相功率表为例，说明单相指针式功率表的使用方法。该功率表有 150 V、300 V、600 V 三个电压量程和 2.5 A、5 A 两个电流量程。

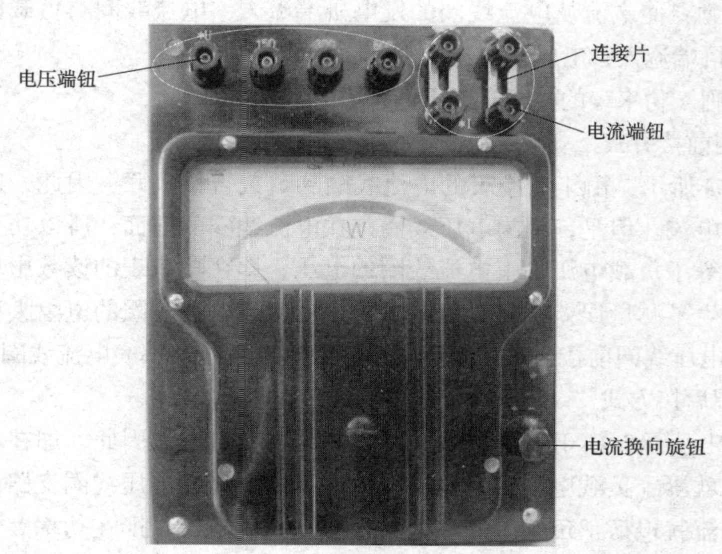

图 6-2-4　D26-W 型便携式单相功率表

（1）选择量程

功率表有电流量程、电压量程和功率量程三种量程。其中电流量程是指仪表的串联回路所允许通过的最大工作电流；电压量程是指仪表的并联回路所能承受的最高工作电压；功率量程实质上是由电流量程和电压量程来决定的，它等于两者的乘积，即 $P=UI$，它相当于负载功率因数 $\cos\varphi=1$ 时的功率值。

选择时要使功率表的电流量程略大于被测电流，电压量程略高于被测电压。

在实际测量中，选择指针式功率表的量程时，不仅要注意其功率量程是否足够，还要注意仪表的电流量程和电压量程是否与被测的电流和电压相适应。扫描右侧二维码即可了解。

【例 6-2-1】有一感性负载，额定功率为 400 W，额定电压为 220 V，$\cos\varphi=0.75$。现要用功率表测量它实际消耗的功率，试选择所用功率表的量程。

解：负载额定电压为 220 V，应选功率表电压量程为 300 V。负载额定电流为

$$I=\frac{P}{U\cos\varphi}=\frac{400}{220\times0.75}\ \text{A}\approx2.42\ \text{A}$$

故确定选用电流量程为 2.5 A，电压量程为 300 V，功率量程为 2.5 A × 300 V=750 W 的功率表。

（2）接线

由于电动系仪表指针的偏转方向与两线圈中电流的方向有关，为了防止指针反转，规定了两线圈的发电机端用符号“*”表示。功率表应按照“发电机端守则”进行接线。

发电机端守则：使电流从电流线圈的发电机端流入，电流线圈与负载串联；使电流从电压线圈的发电机端流入，电压线圈与负载并联。

按照上述原则，功率表的接线有以下两种方式：

1）电压线圈前接方式

如图 6-2-5a 所示，由于功率表的电流线圈和负载直接串联，因此，通过电流线圈的电流就等于负载电流。但是，因为电压线圈接在电流线圈的前面，所以功率表电压线圈支路两端的电压就等于负载电压加上电流线圈的电压，即在功率表的读数中增加了电流线圈的功率消耗，产生了测量误差。只有负载电阻比功率表电流线圈的电阻大得多时测量结果才准确。因此，电压线圈前接方式适用于负载电阻远远大于功率表电流线圈电阻的情况。

2）电压线圈后接方式

如图 6-2-5b 所示，由于电压线圈支路和负载直接并联，因此，加在功率表电压线圈支路两端的电压就等于负载电压。但是，因为电流线圈接在电压线圈支路的前面，所以通过电流线圈的电流就包括了负载电流和电压线圈支路的电流，即在功率表的读数中增加了电压线圈支路的功率损耗，这也会造成测量误差。因此，电压线圈后接方式适用于负载电阻远远小于功率表电压线圈支路电阻的情况，这样才能保证功率表本身对测量结果的影响较小。

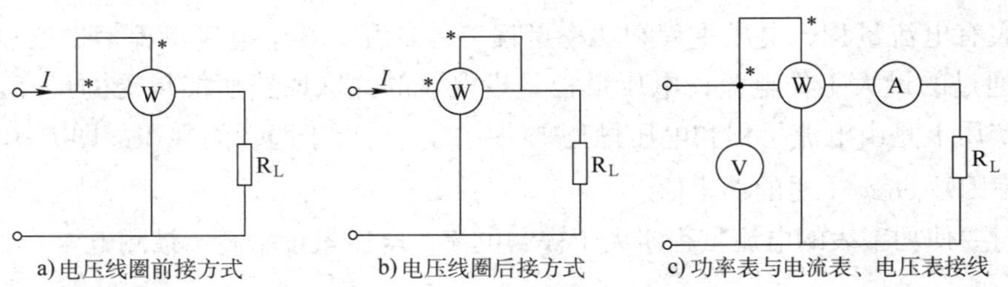

图 6-2-5　功率表的接线方式

不论采用电压线圈前接还是后接的方式，其目的都是为了尽量减小测量误差，使测量结果更为准确。尽管如此，功率表的读数误差仍会由于仪表内部损耗的影响而有所增大。在一般工程测量中，被测功率要比仪表本身的损耗大得多，因此，仪表内部功率损耗对测

量结果的影响可以不予考虑。此时，由于功率表电流线圈的损耗通常比电压线圈支路的损耗小，因此采用电压线圈前接方式为宜。但是，当被测功率很小时，仪表本身的功率损耗则不能忽略。此时应根据仪表的功率损耗值对读数进行校正，或采取一定的补偿措施。

另外，为了保证功率表安全可靠地运行，常将电流表、电压表与功率表联合使用，其接线如图 6-2-5c 所示。

在实际测量中，有时功率表接线正确，但指针仍然反偏。这种情况应如何处理，扫描右侧二维码即可了解。

（3）读数

便携式功率表一般都有多种电流和电压量程，但标度尺只有一条，因此，功率表的标度尺上只标有分格数，而不标功率值。当选用不同的量程时，功率表标度尺的每一分格所表示的功率值不同。通常把每一分格所表示的功率值称为功率表的分格常数。一般的功率表都附有表格，标明在不同电流、电压量程时的分格常数，以供查用。此外，功率表的分格常数 C 也可按下式计算

$$C=\frac{U_N I_N}{\alpha_m}$$

式中，U_N 为功率表的电压量程，I_N 为功率表的电流量程，α_m 为功率表标度尺满刻度的格数。

求得功率表的分格常数 C 后，便可求出被测功率

$$P=C\alpha$$

式中，α 为指针偏转格数。

【例 6-2-2】若选用一只功率表，它的电压量程为 300 V，电流量程为 2.5 A，标度尺满刻度格数为 150 格，用它测量某负载消耗的功率时，指针偏转 100 格，求负载消耗的功率。

解：先求功率表的分格常数

$$C=\frac{U_N I_N}{\alpha_m}=\frac{300\ \text{V}\times 2.5\ \text{A}}{150\ 格}=5\ \text{W/格}$$

则被测功率

$$P=C\alpha=5\times 100\ \text{W}=500\ \text{W}$$

安装式功率表通常都做成单量程的，其电压量程为 100 V，电流量程为 5 A，以便和电压互感器及电流互感器配套使用。为了便于读数，安装式功率表的标度尺可以按被测功率的实际值加以标注，但是必须和指定变比的仪用互感器配套使用。

二、低功率因数功率表

1. 低功率因数功率表的用途

普通指针式功率表的标度尺是按功率因数 $\cos\varphi=1$ 来刻度的，即被测功率 $P=U_N I_N$ 时，仪表指针偏转至满刻度。但当用它来测量功率因数很低的负载（如空载运行的电动机、变压器）时，由于仪表的转矩和偏转角与 $P=UI\cos\varphi$ 成正比，因此，当 $\cos\varphi$ 很小时，仪表的转矩

也很小，摩擦等引起的误差以及仪表本身的功耗都会对测量结果产生很大的影响。由此可见，用普通功率表测量低功率因数电路的功率，不仅读数困难，而且测量误差很大，因此，必须采用专门的低功率因数功率表进行测量。

2. 低功率因数功率表的结构

低功率因数功率表是专门用来测量低功率因数负载功率的仪表，其工作原理与普通指针式功率表基本相同，不同之处主要有以下几点：

（1）为了解决在低功率因数下读数困难的问题，其标度尺应按较低的功率因数（通常取 $\cos\varphi=0.1$ 或 0.2）来刻度，这就要求仪表有较高的灵敏度。

（2）为了减小摩擦，提高灵敏度，通常采用张丝弹片支撑、光标指示结构。这样，仪表就可以在较小的转矩下工作。

（3）在仪表结构上采用误差补偿措施。功率表的读数中包括了由于电压回路的功率损耗而产生的误差，尤其当被测功率很小时，相对误差将会很大，为了补偿这个功率损耗，仪表在原有的电动系测量机构中，增设了一个结构、匝数与电流线圈完全相同的补偿线圈，并且反向绕在电流线圈上，使用时将补偿线圈串联在功率表的电压线圈支路中，如图 6–2–6 所示。这样，通过补偿线圈的电流就是电压线圈支路的电流 I_U，由 I_U 通过补偿线圈所建立的磁势与电流线圈中通过电压线圈支路的电流所产生的附加磁势大小相等、方向相反，抵消了流过电压线圈支路的电流所产生的误差，从而消除了电压线圈支路功率损耗对读数的影响。

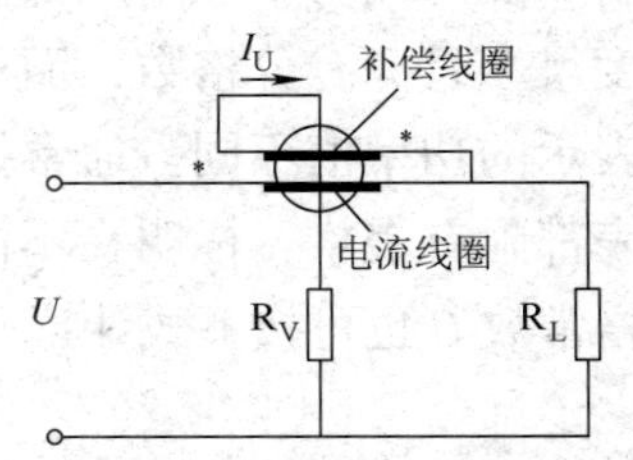

图 6–2–6　增设补偿线圈的低功率因数功率表

此外，还可以利用补偿电容来减小由于电压线圈的电感影响，而对低功率因数功率测量产生的误差，如 D34–W 型低功率因数功率表，如图 6–2–7 所示。图中电容器 C 并联在电压线圈支路的一部分附加电阻上，从而使原来的电感电路转变为纯电阻电路，达到消除误差的目的。

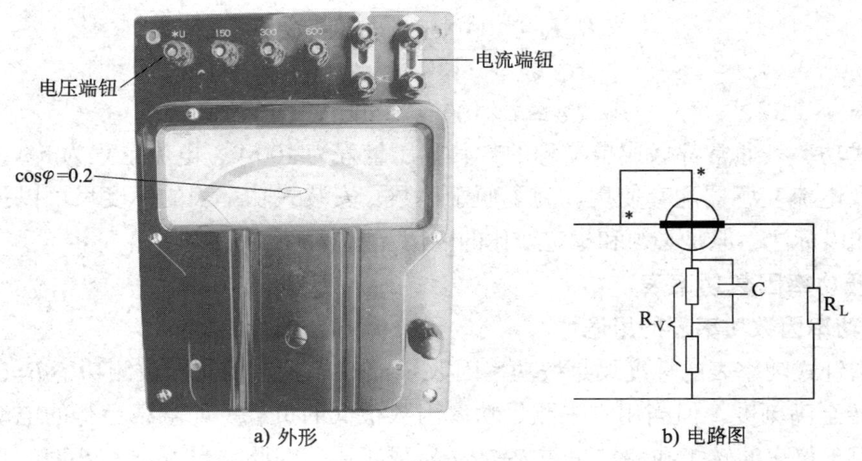

a) 外形　　b) 电路图

图 6–2–7　增设补偿电容的低功率因数功率表

3. 低功率因数功率表的使用

（1）接线

低功率因数功率表的接线也应遵守“发电机端守则”。对具有补偿线圈的低功率因数功率表，必须采用电压线圈后接的接线方式。

（2）读数

低功率因数功率表的分格常数 C 可按下式计算

$$C=\frac{U_N I_N \cos\varphi_N}{\alpha_m}$$

式中，额定功率因数 $\cos\varphi_N<1$（如 0.1、0.2 …）。

被测功率
$$P=C\alpha$$

知识链接

使用低功率因数功率表时，被测电路的功率因数 $\cos\varphi$ 不得大于功率表的额定功率因数 $\cos\varphi_N$，否则会发生仪表电压、电流量程并未达到额定值，而指针却已超出满刻度的情况，从而造成仪表损坏。

三、三相指针式功率表

工程中广泛采用三相交流电，测量三相电路的功率，既可以使用单相指针式功率表，也可以使用三相指针式功率表。

1. 三相指针式有功功率表

在实际应用中，为了测量方便，往往采用三相功率表测量三相有功功率，它由两只单相功率表的测量机构组成，故又称两元件三相功率表。图 6–2–8 所示为 D33–W 型三相指针式有功功率表外形及其接线图。

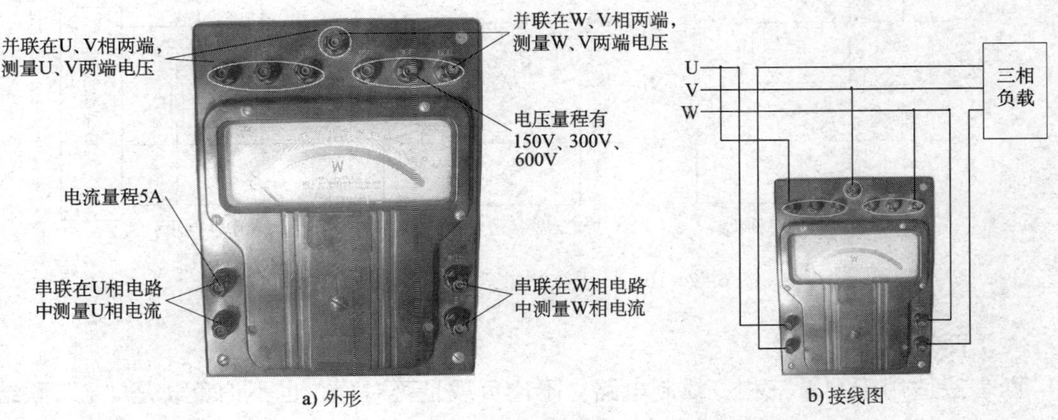

图 6–2–8 D33–W 型三相指针式有功功率表外形及其接线图

三相指针式有功功率表的内部装有两组固定线圈以及固定在同一转轴上的两个可动线圈，因此，仪表的总转矩等于两个可动线圈所受转矩的代数和，它能直接反映出三相功率的大小。三相指针式有功功率表的接线原理如图 6-2-9 所示，即两表法测量三相三线制负载功率。两只功率表的电流线圈分别串联在任意两相线（如 U、V 相线）上，使通过线圈的电流为线电流，电流线圈的发电机端必须接到电源一侧。两只功率表电压线圈的发电机端应分别接到该表电流线圈所在的相线上，另一端则共同接到未接功率表电流线圈的第三相上。

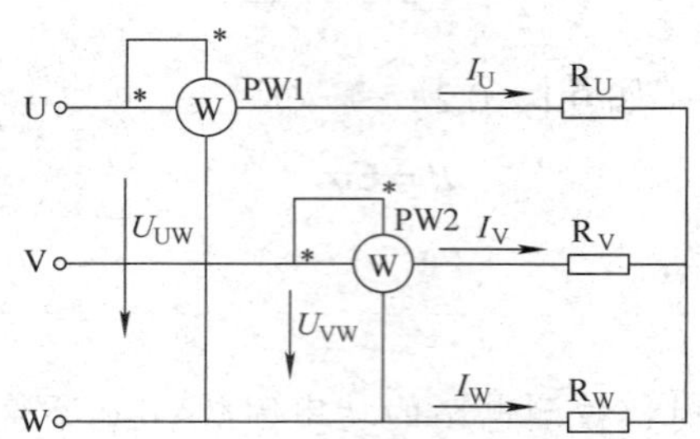

图 6-2-9　三相指针式有功功率表的接线原理

2. 三相有功功率的测量方法

（1）一表法

一表法适用于测量三相对称负载的有功功率，三相总功率 $P=3P_1$。

由于三相负载对称，只要用一只功率表测量三相中任意一相的功率 P_1，则三相总功率为 $P=3P_1$，接线方式如图 6-2-10 所示。在图 6-2-10 a 和 b 中，功率表的读数都是单相负载的功率。当连接负载的中性点不能引出，或“△”联结负载的一相不能断开接线时，则可采用图 6-2-10 c 所示的人工中性点法将功率表接入。两个附加电阻 R_N 应与功率表电压线圈支路的总电阻相等，从而使人工中性点 N 的电位为零。

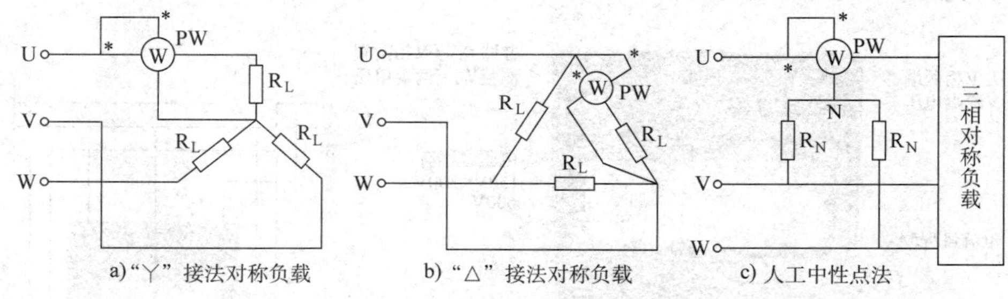

图 6-2-10　一表法测量三相对称负载的功率

（2）两表法

两表法适用于测量三相三线制电路。不论负载是否对称，也不论负载是“Y”联结还是“△”联结，都能用两表法来测量三相负载的有功功率。按两表法接线，三相总功率 $P=P_1+P_2$。两表法的接线方式如图 6-2-9 所示。

(3) 三表法

三表法适用于测量三相四线制不对称负载的有功功率，三相总功率 $P=P_1+P_2+P_3$。三表法的接线方式如图 6-2-11 所示。

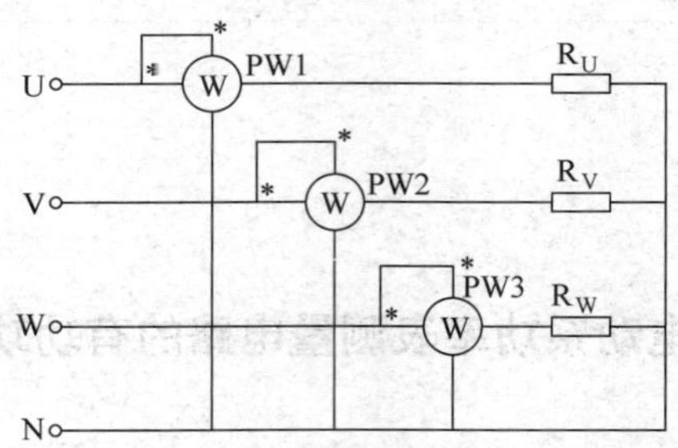

图 6-2-11　三表法测量三相四线制不对称负载功率

指针式有功功率表的读数与负载功率因数存在一定的关系，扫描右侧二维码即可了解。

3. 三相指针式无功功率表

在电网中，由电源供给负载的功率有两种形式，一种是有功功率，另一种是无功功率。有功功率是保障用电设备正常运行所需的功率，也就是将电能转换为其他形式能量所需的功率。无功功率是用于在电气设备中建立和维持磁场的功率。凡是有电磁线圈的电气设备，如果要建立磁场，就必须消耗无功功率。由于它不对外做功，所以被称为无功功率。

通常情况下，用电设备需要同时从电源获取有功功率和无功功率。如果电网中的无功功率供不应求，用电设备就无法建立正常的磁场，从而影响用电设备的正常运行，所以必须对电网中的无功功率进行测量。

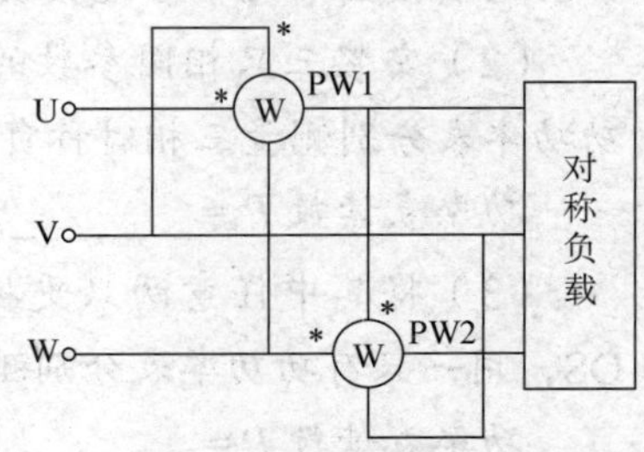

图 6-2-12　两表跨相法测量三相无功功率的接线图

指针式功率表不仅能测量电路的有功功率，通过改换接线方式，还能测量电路的无功功率，使用三相指针式有功功率表，按图 6-2-12 所示接线图接线，即可测量三相无功功率。在三相电路对称的情况下，每只功率表的读数 Q_1 和 Q_2 为

$$Q_1=Q_2=UI\sin\varphi$$

将两表读数之和乘以$\frac{\sqrt{3}}{2}$，就得到三相无功功率，即

$$Q=\frac{\sqrt{3}}{2}(Q_1+Q_2)=\frac{\sqrt{3}}{2}(2UI\sin\varphi)=\sqrt{3}UI\sin\varphi$$

三相无功功率的测量可以采用一表跨相法、两表跨相法和三表跨相法，扫描右侧二维码即可了解。

知识拓展

铁磁电动系功率表如何测量有功功率和无功功率，扫描右侧二维码即可了解。

实训 10

用电动系功率表测量电路的有功功率

一、实训目的

1. 熟悉单相指针式有功功率表的结构、原理和使用方法。

2. 能用一表法、两表法、三表法测量三相负载的有功功率。

二、实训器材

单相指针式有功功率表 3 只；三相开关 1 只，单相开关 1 只；220 V/200 W 白炽灯 3 只，220 V/100 W 白炽灯 3 只，220 V/25 W 白炽灯 3 只；220 V/150 W 高压钠灯（含镇流器）3 只。

三、实训内容及步骤

1. 外观检查

检查仪表的外壳、端钮、按键等是否完好无损，必要的标志和极性符号是否清晰，表内有无脱落元器件，绝缘有无破损等。

2. 用一表法测量三相四线制负载的功率

（1）按图 6-2-13 连接实训电路。

（2）安装三只相同参数的白炽灯，合上单相开关 SA，再合上三相开关 QS，用一只有功功率表分别测量三相对称负载的有功功率，测量结果如下：

功率表读数 P_1=________，P_2=________，P_3=________，$P_{总}$=________。

（3）将其中任意两只更换为不同参数的白炽灯，合上单相开关 SA，再合上三相开关 QS，用一只有功功率表分别测量三相不对称负载的有功功率，测量结果如下：

功率表读数 P_1=________，P_2=________，P_3=________，$P_{总}$=________。

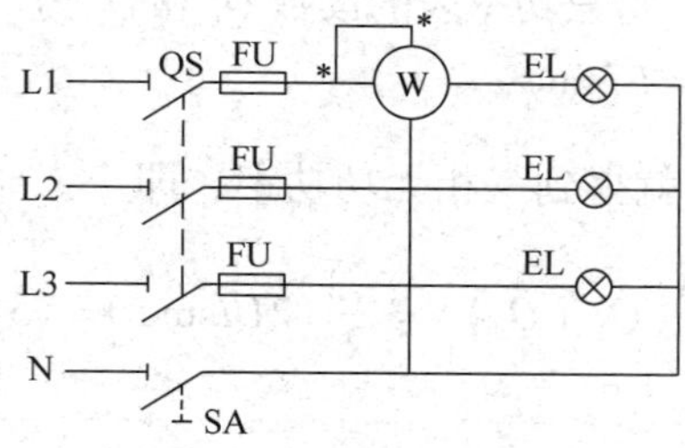

图 6-2-13　用一表法测量三相四线制负载功率

3. 用三表法测量三相四线制负载的功率

（1）按图 6－2－14 连接实训线路。

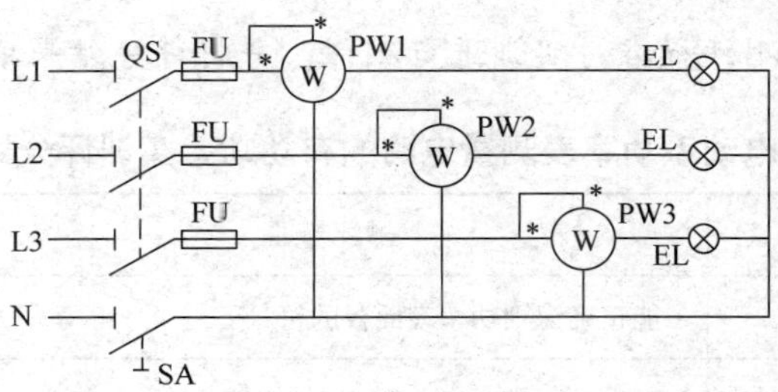

图 6－2－14　用三表法测量三相四线制负载功率

（2）安装三只相同参数的白炽灯，合上单相开关 SA，再合上三相开关 QS，用三只有功功率表同时测量其功率，测量结果如下：

功率表读数 P_1=________，P_2=________，P_3=________，$P_{总}$=________。

（3）将其中任意两只更换为不同参数的白炽灯，合上单相开关 SA，再合上三相开关 QS，用三只有功功率表同时测量三相不对称负载的有功功率，测量结果如下：

功率表读数 P_1=________，P_2=________，P_3=________，$P_{总}$=________。

4. 用两表法测量三相三线制负载的功率

（1）测量 $\cos\varphi=1$ 时，对称三相三线制负载的功率。

按图 6－2－15a 连接线路。用两表法测量其三相功率，测量结果如下：

两功率表读数 P_1=________，P_2=________，三相总功率 $P=P_1+P_2$=________。

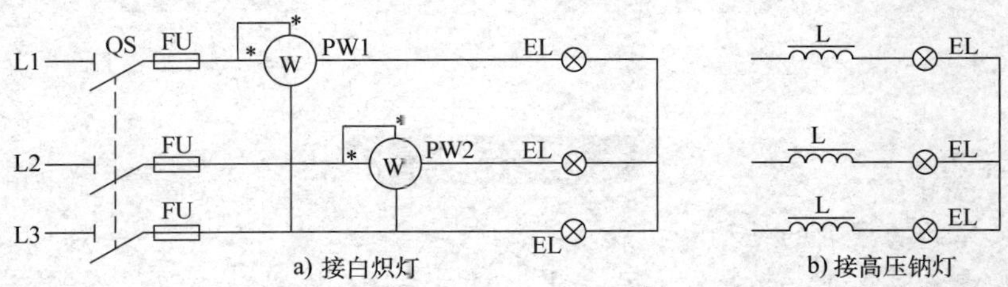

图 6－2－15　用两表法测量三相三线制负载功率

（2）测量 $\cos\varphi=0.5$ 时，对称三相三线制负载的功率。

将图 6－2－15a 中三只白炽灯换成三只 150 W 高压钠灯，组成 $\cos\varphi=0.5$ 的对称三相负载，如图 6－2－15b 所示，测量结果如下：

两功率表读数 P_1=________，P_2=________，三相总功率 $P=P_1+P_2$=________。

5. 按照现场管理规范清理场地，归置物品。

四、实训注意事项

1. 功率表应按照“发电机端守则”进行接线。

2. 通电前，一定要检查电路连接是否正确，经实训指导教师同意并在其监护下方能进行通电实训。

五、实训测评

根据表 6-2-1 中的测评标准对实训进行测评，并将评分结果填入表中。

表 6-2-1　　用电动系功率表测量电路的有功功率实训评分标准

序号	测评内容	测评标准	配分（分）	得分（分）
1	仪表面板符号含义	能正确识别功率表面板的符号	20	
2	一表法测量电路功率的方法、步骤和结果	能熟练使用一表法测量电路的功率，并正确读数	20	
3	两表法测量电路功率的方法、步骤和结果	能熟练使用两表法测量电路的功率，并正确读数	20	
4	三表法测量电路功率的方法、步骤和结果	能熟练使用三表法测量电路的功率，并正确读数	20	
5	安全文明实训	工作环境整洁，操作习惯良好，具有安全意识，能积极参与教学活动，整体符合 6S 标准	20	
合计			100	

§6—3 数字式功率表

学习目标

1. 了解数字式功率表的结构和功能。
2. 掌握数字式功率表的选型、接线方式、显示面板和参数设置。

数字式功率表是数显电工仪表中的一种，是对电路中的功率进行测量，并以数字形式显示的仪表。

一、数字式功率表的结构和功能

直流电路功率是指负载两端的电压与流经负载的电流的乘积。测量直流电路的功率，需要分别测量电压值和电流值，两者的乘积即为所测直流功率值。SPA-96BDW 智能数显直流功率表就是利用此种方法，可以直接测量直流电路的功率值并读数。

交流电路功率是指一个周期内瞬时电压和瞬时电流乘积的平均值。测量交流电路的功率同样需要分别测量瞬时电压值与瞬时电流值，然后通过运算或专用电路，求得一个周期的瞬时电压值与瞬时电流值乘积的平均值，即为所测交流功率值。SPC-96BW 智能数显交流功率表就是利用此种方法，可以直接测量交流电路的功率值并读数。

数字式功率表的测量结果要以数字的方式显示，因此电路中要用到乘法器，以便求得电压和电流瞬时值的乘积。乘法器分为模拟乘法器和数字乘法器。

1. 模拟乘法器

模拟乘法器求得的乘积为模拟值，需要通过 A/D 转换器变换为数字量并显示。由模拟乘法器构成的数字式功率表既可以测量直流电路的功率，又可以测量交流电路的功率，其工作原理框图如图 6-3-1 所示。

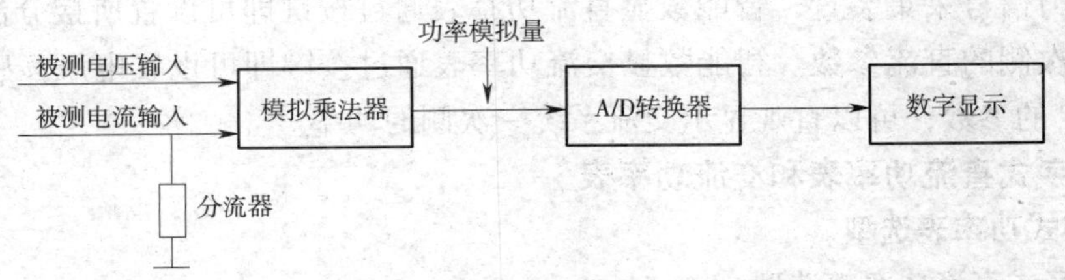

图 6-3-1　由模拟乘法器构成的数字式功率表工作原理框图

2. 数字乘法器

数字乘法器需要将电压和电流的瞬时值通过 A/D 转换器变换为数字量，再通过数字乘法器进行运算，求得功率后通过单片机直接显示。由数字乘法器构成的数字式功率表工作原理框图如图 6-3-2 所示。

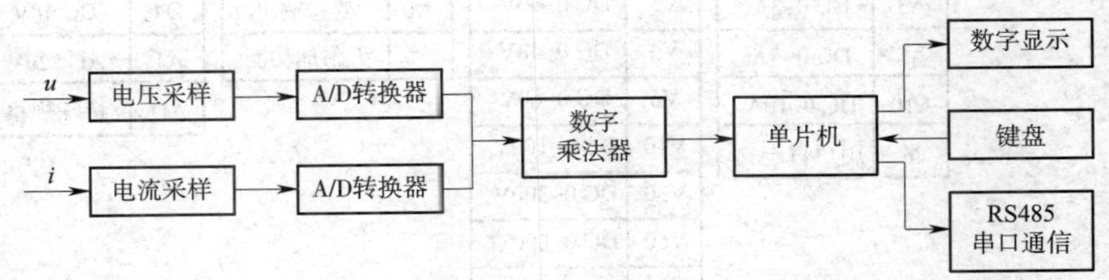

图 6-3-2　由数字乘法器构成的数字式功率表工作原理框图

由数字乘法器构成的数字式功率表，因为利用了单片机（自带 A/D 转换器）和数字乘法器，既可以组成功率表，又可以根据需要组成多功能的智能仪表，既可以测量有功功率，又可以测量无功功率、功率因数、电压、电流等。在 §3-3 中介绍的 SPC660 系列多功能智能仪表就属于此类仪表。

如果只使用单片机，而不用数字乘法器，则可以组成更加简易的数字式功率表，其工作原理框图如图 6-3-3 所示。

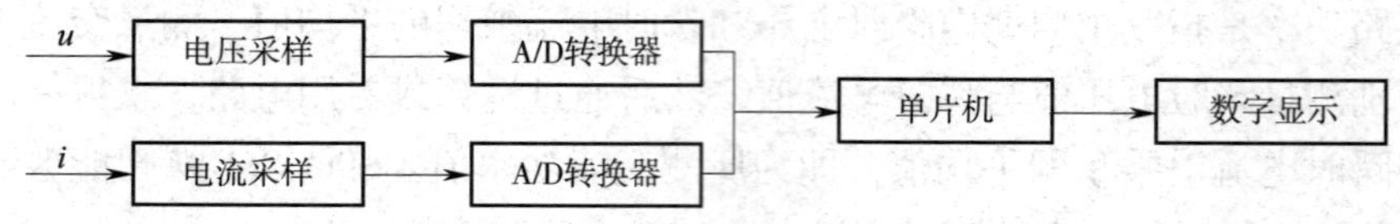

图 6-3-3　简易数字式功率表工作原理框图

SPA-96BDW 智能数显直流功率表可以用于光伏系统、移动电信基站、直流屏等电力监控，可以同时测量直流电路的电流和电压。SPC-96BW 智能数显交流功率表可以用于工矿企业、民用建筑、楼宇自动化等行业的电力监控，可以同时测量交流电路的电流和电压。数字式功率表可选配 RS485 通信接口，通过标准的 Modbus-RTU 协议，与各种组态系统兼容，把前端采集到的电路参数实时传送给系统数据中心。作为一种先进的智能化、数字化的电力信号采集装置，智能数显直流功率表通过按键即可设置所接分流器的变比，从而显示一次侧的直流参数。智能数显交流功率表通过按键即可设置电压互感器 PT 和电流互感器 CT 的参数，可以直观显示交流系统一次侧的功率。

二、数字式直流功率表和交流功率表

1. 数字式功率表选型

（1）数字式直流功率表选型

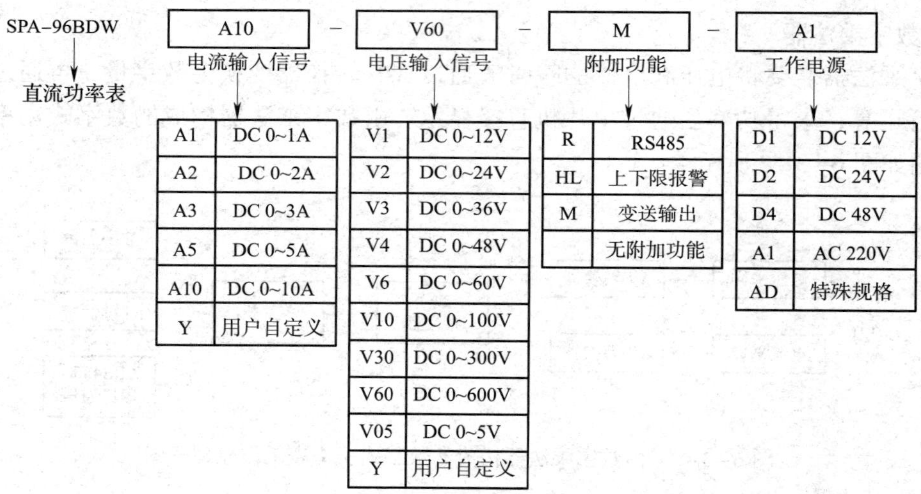

例如，型号 SPA-96BDW-A10-V60-M-A1 表示该仪表为数字式直流功率表，其输入电流为 DC 0～10 A，输入电压为 DC 0～600 V，具有变送输出功能，工作电源为 AC 220 V。

（2）数字式交流功率表选型

例如，型号 SPC-96BW-A5-V30-R-A1 表示该仪表为数字式交流功率表，其输入电流为 AC 0～5 A，输入电压为 AC 0～300 V，具有 RS485 通信输出功能，工作电源为 AC 220 V。

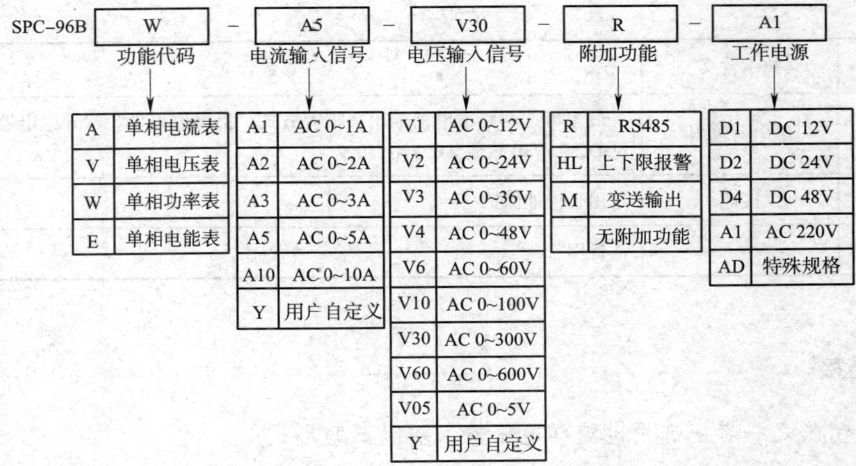

2. 数字式功率表的接线方式

（1）数字式直流功率表的接线方式

SPA–96BDW 智能数显直流功率表的典型接线方式（测量显示电压、电流和功率，选配一路 RS485+ 一路变送输出 + 两组报警输出）如图 6–3–4 所示。接线端子的参数含义见表 6–3–1。

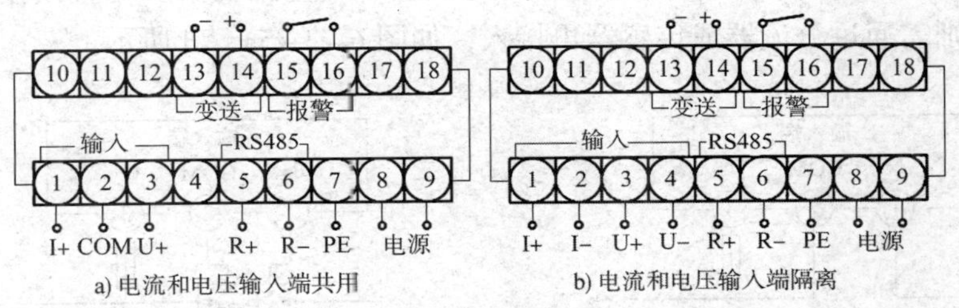

a) 电流和电压输入端共用　　b) 电流和电压输入端隔离

图 6–3–4　SPA–96BDW 智能数显直流功率表的接线

表 6–3–1　SPA–96BDW 智能数显直流功率表接线端子的参数含义

端子号	技术含义	参数含义
①②③ 或 ①②③④	电流、电压输入信号	电压额定值：最大直接输入电压 DC 0～1 000 V（范围可定制）。超出 DC 1 000 V 需加直流电压传感器，例如：DC 0～2 000 V/ 0～80 mA（直流电压霍尔传感器） 电流额定值：最大直接输入电流 DC 0～10 A（范围可定制）。超出 DC 10 A 需加分流器，例如：DC 0～50 A/0～75 mV
⑤⑥	通信	RS485 通信接口，Modbus-RTU 协议，通信地址：1～254 可设，传输速率：300～19 200 bit/s 可设
⑧⑨	工作电源	可选 DC 12 V，DC 24 V，DC 48 V 或 AC/DC 220 V，功耗 <3 W
⑬⑭	变送输出	可选一路 DC 4～20 mA 输出，也有 DC 0～10 V、0～20 mA 等输出，变送量程上下限可设

续表

端子号	技术含义	参数含义
⑮ ⑯	继电器输出	最多可选两路继电器输出，报警方式、报警值可设。常开继电器，继电器容量 DC 2 A/30 V 或 AC 2 A/250 V
⑦	接地	用于接地保护
⑩ ⑪ ⑫ ⑰ ⑱	—	备用

知识链接

有以下情形之一者应选用电流和电压输入端隔离的形式：

1）电流信号直接接入、采用分流器接入或采用霍尔传感器接入仪表，电压信号采用霍尔传感器接入仪表。

2）电压信号直接接入仪表，电流信号采用霍尔传感器接入仪表。

当被测量的电流和电压值在仪表范围内时，数字式直流功率表可直接接入。如果被测值超出范围，则需通过分流器或传感器再接入，如图 6-3-5a～d 所示。

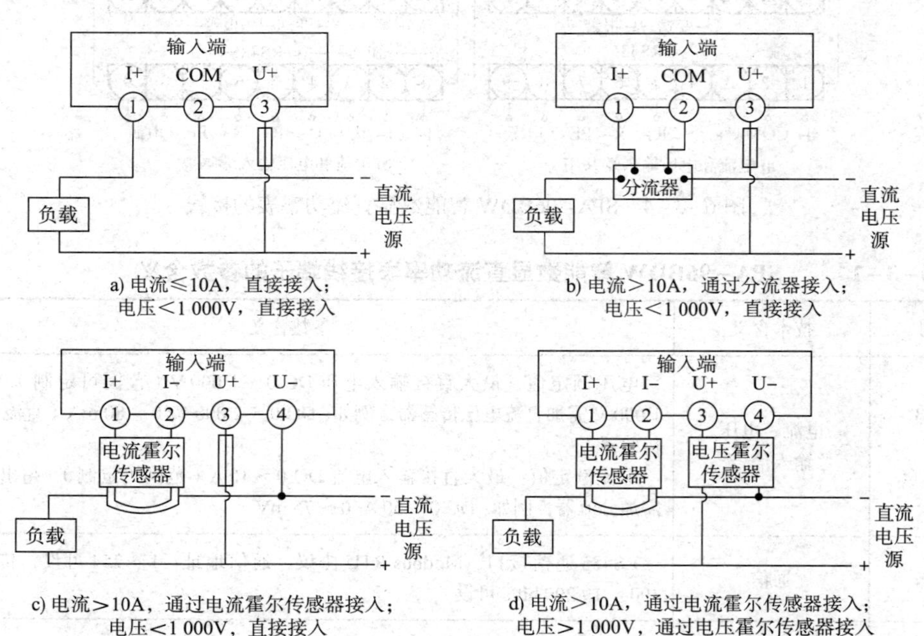

a) 电流≤10A，直接接入；电压<1 000V，直接接入

b) 电流>10A，通过分流器接入；电压<1 000V，直接接入

c) 电流>10A，通过电流霍尔传感器接入；电压<1 000V，直接接入

d) 电流>10A，通过电流霍尔传感器接入；电压>1 000V，通过电压霍尔传感器接入

图 6-3-5　数字式直流功率表电流、电压输入接线图

（2）数字式交流功率表的接线方式

SPC-96BW 智能数显交流功率表的典型接线方式如图 6-3-6 所示。接线端子的参数含

义见表 6-3-2。

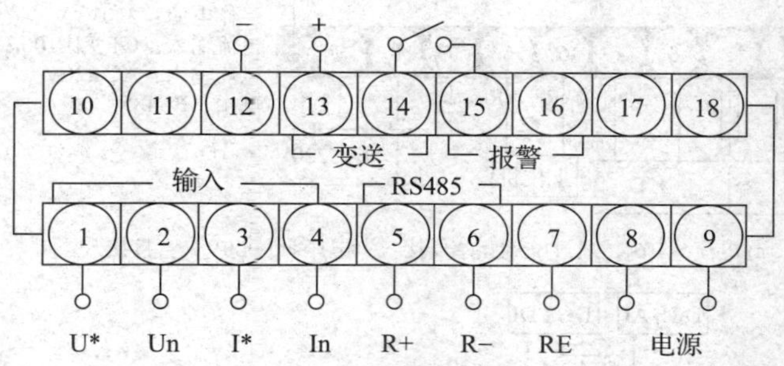

图 6-3-6 SPC-96BW 智能数显交流功率表的接线图

表 6-3-2 SPC-96BW 智能数显交流功率表接线端子的参数含义

端子号	技术含义	参数含义
①②③④	电压、电流 输入信号	电压额定值：AC 100 V 或 AC 400 V 电流额定值：AC 1 A 或 AC 5 A

注：数字式交流功率表其他接线端子的参数含义同表 6-3-1。

知识链接

数字式交流功率表在接线时，输入电流、输入电压的方向和相序要保持一致，否则测量的功率值会出现错误。

被测量的电流和电压值在仪表范围内时，数字式交流功率表可直接接入。如果被测值超出范围，则需通过互感器再接入，如图 6-3-7a 和 b 所示。

（3）数字式功率表工作电源

数字式功率表工作电源的接线和数字式交直流仪表工作电源的接线相同。

3. 数字式功率表显示面板

数字式功率表的显示面板如图 6-3-8 所示。四位 LED 数码管可以显示功率的测量值，显示面板右上角从上而下的四个指示灯分别为 AL1、AL2、k/W 和 COMM。AL1、AL2 为两路报警指示灯，报警继电器动作时，对应指示灯亮；报警继电器恢复时，对应指示灯灭；k/W 为功率单位指示灯，不亮为 W，长亮为 kW；COMM 为通信指示灯，与上位机通信时，指示灯闪烁。

该型号的数字式功率表显示屏的显示画面在功率、电压和电流之间切换，如图 6-3-9 所示。

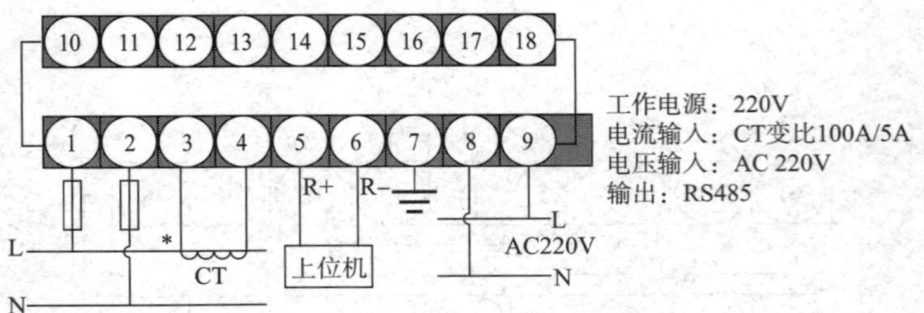

a) 电流＞10A，通过电流互感器接入；电压＜1 000V，直接接入

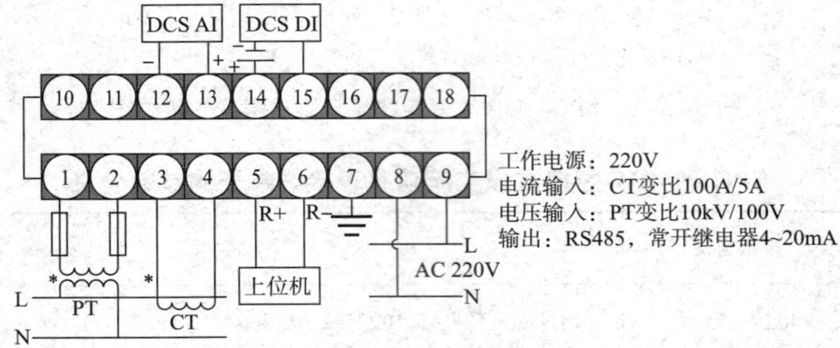

b) 电流＞10A，通过电流互感器接入；电压＞1 000V，通过电压互感器接入

图 6－3－7　数字式交流功率表电流、电压输入接线图

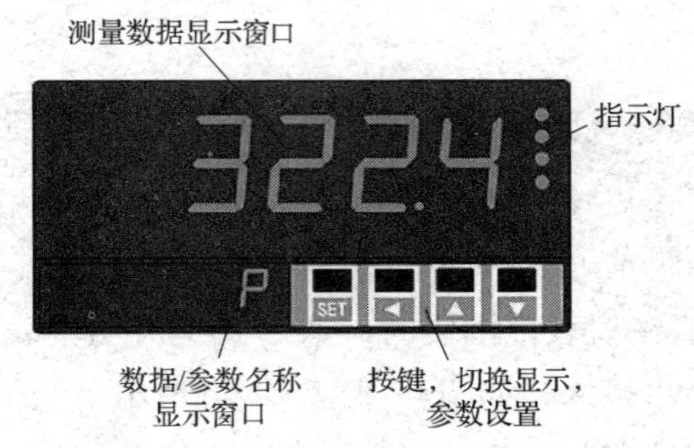

图 6－3－8　数字式功率表的显示面板

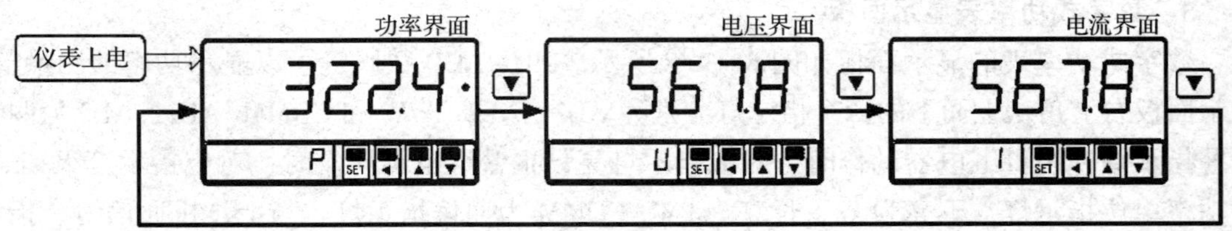

图 6－3－9　数字式功率表显示面板显示值的切换

4. 数字式功率表参数设置

数字式功率表参数的设置与数字式交直流仪表参数设置的方法相同。

用数字式交流功率表测量电路的有功功率

一、实训目的

1. 熟悉数字式交流功率表的结构和使用方法。

2. 能用数字式交流功率表测量单相和三相负载的功率。

二、实训器材

数字式交流功率表 3 只；三相开关 1 只，单相开关 1 只；220 V/200 W 白炽灯 3 只，220 V/100 W 白炽灯 3 只，220 V/25 W 白炽灯 3 只；220 V/150 W 高压钠灯（含镇流器）3 只。

三、实训内容及步骤

1. 外观检查

检查仪表的外壳、端钮、按键等是否完好无损，必要的标志和极性符号是否清晰，表内有无脱落元器件，绝缘有无破损，数字显示面板是否清晰等。

2. 用一只数字式交流功率表分别测量三相四线制负载的功率

（1）按图 6-3-10 连接实训电路。分别切断 a 和 a'、b 和 b'、c 和 c'，将数字式交流功率表的电流接线端子接入，再将电压接线端子分别接入 a 和 N'、b 和 N'、c 和 N'。

（2）安装三只相同参数的白炽灯，合上单相开关 SA，再合上三相开关 QS，用一只数字式交流功率表分别测量三相对称负载的有功功率，测量结果如下：

功率表读数 P_1=________，P_2=________，P_3=________，$P_{总}$=________。

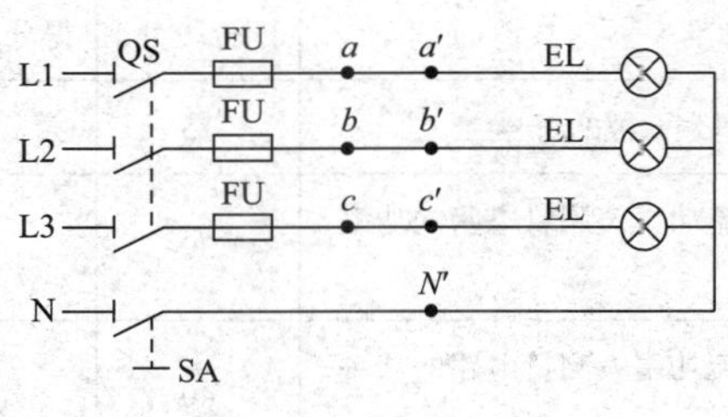

a) 实训电路接线图

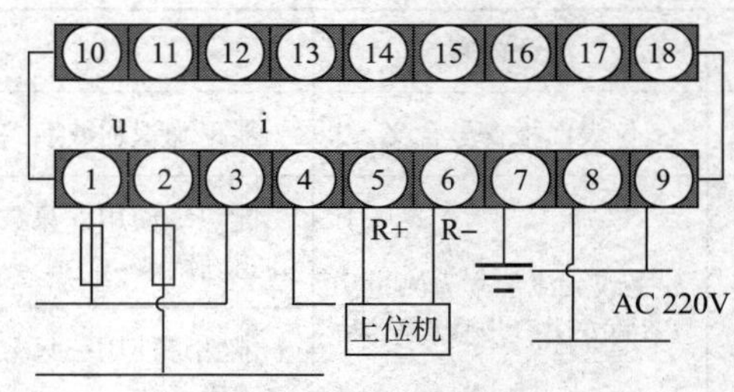

b) 功率表接线图

图 6-3-10　用一只数字式交流功率表分别测量三相功率

（3）将其中任意两只更换为不同参数的白炽灯，合上单相开关 SA，再合上三相开关 QS，用一只数字式交流功率表分别测量三相不对称负载的有功功率，测量结果如下：

功率表读数 P_1=________，P_2=________，P_3=________，$P_{总}$=________。

3. 用三只数字式交流功率表测量三相四线制负载的功率

（1）按图 6-3-11 连接实训电路。三只数字式交流功率表的接线方法和第二步相同。

（2）先合上单相开关 SA，再合上三相开关 QS，用三只数字式交流功率表同时测量其功率，测量结果如下：

三只功率表读数 P_1=________，P_2=________，P_3=________，$P_总$=________。

（3）将白炽灯换成高压钠灯，合上单相开关 SA，再合上三相开关 QS，用三只数字式交流功率表同时测量其功率，测量结果如下：

三只功率表读数 P_1=________，P_2=________，P_3=________，$P_总$=________。

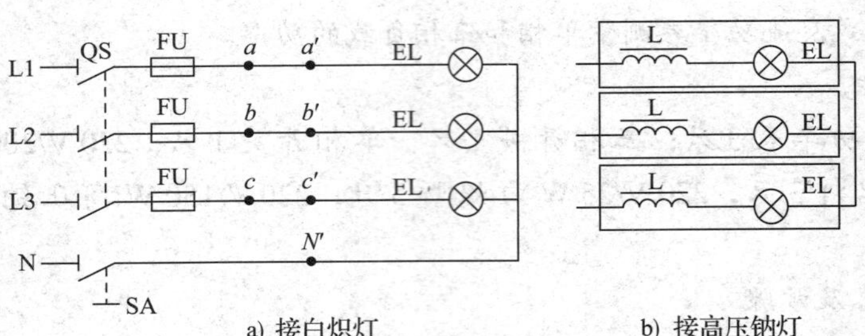

图 6-3-11　用三只数字式交流功率表测量三相功率

4. 按照现场管理规范清理场地，归置物品。

四、实训注意事项

通电前，一定要检查电路连接是否正确，经实训指导教师同意并在其监护下方能进行通电实训。

五、实训测评

根据表 6-3-3 中的测评标准对实训进行测评，并将评分结果填入表中。

表 6-3-3　　用数字式交流功率表测量电路的有功功率实训评分标准

序号	测评内容	测评标准	配分（分）	得分（分）
1	仪表面板符号含义	能正确识别数字式交流功率表面板的符号	15	
2	数字式交流功率表测量功率的方法、步骤和结果	能熟练使用一只数字式交流功率表测量电路的功率，并正确读数	30	
		能熟练使用三只数字式交流功率表测量电路的功率，并正确读数	40	
3	安全文明实训	工作环境整洁，操作习惯良好，具有安全意识，能积极参与教学活动，整体符合 6S 标准	15	
合计			100	

§6—4 单相电能表

学习目标

1. 了解单相电子式电能表的结构和工作原理，掌握单相电子式电能表的接线方式。
2. 了解单相电子式预付费电能表的工作原理及使用方法。
3. 了解单相费控智能电能表的基本知识。
4. 了解单相数字式电能表的结构和工作原理，掌握单相数字式电能表的选型和接线方式。
5. 了解导轨式单相多功能表的基本知识。

20世纪80年代前，我国使用的电能表都是交流感应式电能表。随着电子技术的发展，电子式电能表被研制成功并投入使用，电子式电能表克服了交流感应式电能表的摩擦问题，大大提高了灵敏度，降低了仪表本身消耗的功率。

电子式电能表从结构上改变了电能表的组成，取消了转动的铝盘、电流元器件和电压元器件，改用电子元器件，用液晶显示器或步进电机驱动的字轮显示读数。电子式电能表也称为静止式电能表，但严格地说，由于电子式电能表采用步进电机驱动字轮，因此不能认为是完全静止的。如果要做到完全静止，必须采用液晶显示器。若采用液晶显示器则要有相应的存储器件，有时还需要备用电源，才能保证电能表在停电后能够保存数据。

一、单相电子式电能表

单相电子式电能表与感应式电能表相同，测量的电能是有功功率与时间的乘积，交流电路中电压 U 和电流 I 在某一段时间 t 内的电能 E 的表达式为

$$E = UI\cos\varphi t$$

1. 单相电子式电能表的结构和工作原理

普通单相电子式电能表是将被测电量 U 和 I 先经电压输入电路和电流输入电路转换，然后通过模拟乘法器将转换后的 U_U 和 U_I 相乘（模拟乘法器的增益为 K），乘法器产生一个与 U 和 I 的乘积（有功功率 P）成正比的信号 U_0。再通过 U/f（电压/频率）转换型 A/D 转换器，将模拟量 U_0 转换成与 $UI\cos\varphi$ 的大小成正比的频率脉冲输出。最后经计数器累积计数而测得时间 t 内的电能数值。普通单相电子式电能表外形如图 6-4-1 所示，主要由输入变换电路、乘法器、U/f 转换器、计度器等组成，工作原理框图如图 6-4-2 所示。

图 6-4-1　单相电子式电能表

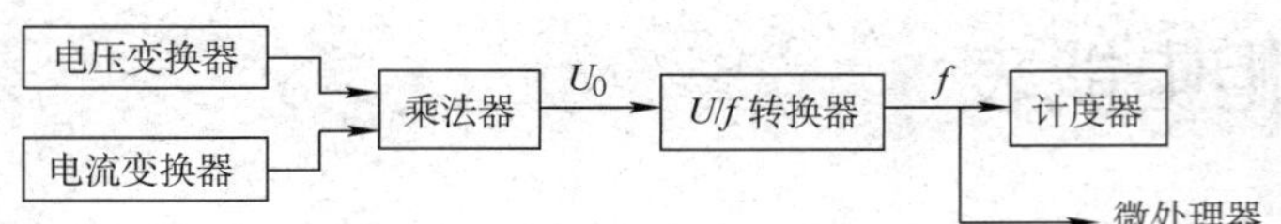

图 6-4-2　普通单相电子式电能表工作原理框图

（1）输入变换电路

输入变换电路包括电压变换器和电流变换器两部分。其作用是将高电压、大电流变换成可用于电子测量的小信号后送至乘法器。转换后的信号分别与输入的高电压和大电流成正比。常见的变换器有分流分压电阻和仪用互感器两种。

（2）乘法器

乘法器是电子式电能表的核心，是一种能将两个互不相关的模拟信号相乘的电子电路，通常具有两个输入端和一个输出端，是一个三端网络。其输出信号与两个输入信号的乘积成正比。

（3）*U*/*f* 转换器

U/*f* 转换器的作用是将输入电压转换成与之成正比的频率脉冲信号。在模 / 数（A/D）转换中，*U*/*f* 转换器是一种常用的电子电路。

（4）计度器

计度器包括计数器和显示部分。计数器可将由 *U*/*f* 转换器输出的脉冲加以计数，然后送至显示电路显示。全电子式电能表的显示部分通常采用液晶显示器，取消了感应式电能表的仪表转盘。

目前，也有一些电子式电能表采用的是步进电机式机械计度器，它通过步进电机驱动字轮显示用电量。步进电机可用石英电子钟上的永磁式单相步进电机。通常将步进电机与字轮组成一个单独部件，以便装配与更换。

2. 单相电子式电能表的接线方式

为接线方便，单相电子式电能表内设有专门的接线盒，盒内接有四个接线柱，连接时只要将 1、3 端接电源（进线端），2、4 端接负载（出线端）即可，如图 6-4-3 所示。

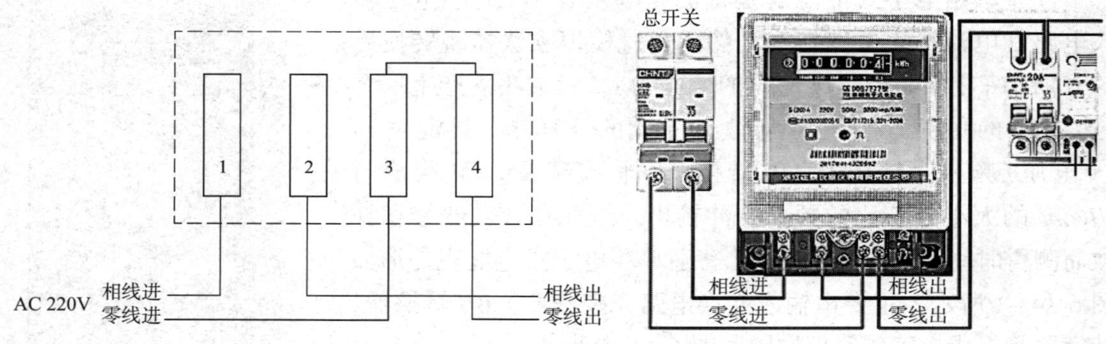

图 6-4-3　单相电子式电能表的接线

电能表接线盒盖的内侧通常画有其接线图，使用者只要按照接线图接线即可。

3. 电子式电能表的安装要求

（1）电子式电能表的安装地点应干燥、有利于抄表，且无尘土、热源，电磁场影响小（距离 100 A 左右的输电线 400 mm 以上）。装于户外时，应采取防水防雨措施。

（2）电子式电能表应竖直安装，上下左右的坡度不超过 2°。电子式电能表的中心一般距地面 1.5～1.8 m，在成套设备高压开关柜内安装时，距地面不小于 0.7 m，两表中心间距不可小于 200 mm。

（3）电子式电能表的接线端子联片不可拆卸，否则电压线圈内没有电流，电能表无法运转。

（4）不同电价的用电线路应分别装表，同一电价的用电线路应合并装表。

单相感应系电能表的结构是怎样的，扫描右侧二维码即可了解。

二、单相电子式预付费电能表

单相电子式预付费电能表的用途是计量额定频率为 50 Hz 的交流单相有功电能，并实现电量预购功能。它是一种采用先进的固态集成技术制造的新产品，其特点是精度高、过载能力强、功耗低、体积小、质量轻。供电部门可通过计算机售电管理系统对用户预购的电量进行预置，并经电卡传递给电能表。它还可以按需要储存用户表的出厂表号、电能表常数、计度器初始值、用户地址、用户姓名等，以便于进行系统管理。

单相电子式预付费电能表具有数据回读功能。当电卡插入表内，电能表正确读取数据后，能够将表内总电量、本次剩余电量、上次剩余电量、总购电次数等数据回读到电卡中，便于供电部门与用户进行信息传递，保护供、用电双方的利益。此外，该电能表还具有自动计算用户消耗电量、停电时表内数据自动保护、最大负荷控制等功能。

电卡作为媒介，由供电部门设置密码，保证了用户电卡只能自己使用而不能换用，电卡可反复使用一千次以上，表内的电卡插座与表内通过的市电完全绝缘，以保证用户使用电卡时的安全。

单相电子式预付费电能表的准确度等级为 1.0 级，额定电压为 220 V，额定电流有 2（10）A、5（25）A、10（50）A、20（100）A 等多种规格。

1. 工作原理

单相电子式预付费电能表包括测量系统和单片机处理系统，测量系统是一块单相电子式电能表。其工作原理是由分压器完成电压取样，由取样电阻完成电流取样，取样后的电压、电流信号由乘法器转换为功率信号，经 U/f 变换后，由步进电机驱动计度器工作，并将脉冲信号输入单片机处理系统。用户在供电部门交款购电，所购电量在售电机上被写入用户电卡，由电卡传递给电能表，电卡经多次加密可以保证用户可靠地使用。当所购电量用完后，表内继电器将自动切断供电回路。

2. 使用方法

单相电子式预付费电能表的外形如图 6-4-4 所示。

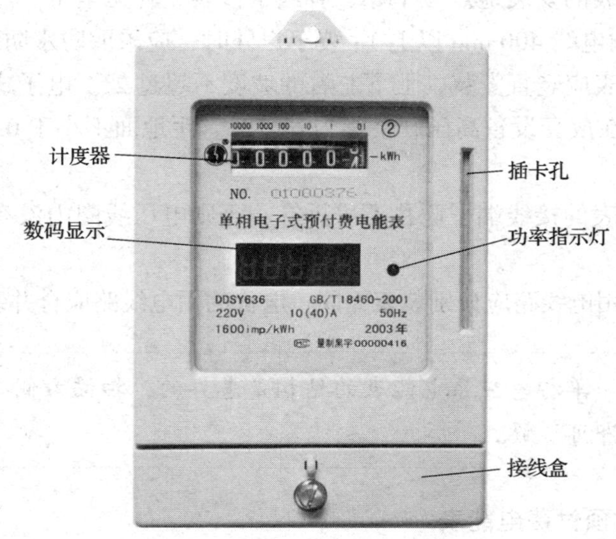

图 6-4-4　单相电子式预付费电能表

单相电子式预付费电能表采用六位计度器显示总消耗电量，其中左五位为整数位（黑色），右一位为小数位（红色），窗口示数为实际用电量，另用四位数码管滚动显示所购电量和剩余电量（0～9 999 kW·h）。电能表的标牌上装有红色功率指示灯，用以指示用户用电状况。用电负荷越大，该指示灯闪烁频率越快，反之越慢。当用户不用电时，该指示灯可停在常亮或常灭状态下，用电恢复后继续随用电负荷的大小而闪烁。用户携电卡购电后，将电卡插入电表，保持 5 s 后拔出电卡即可用电。在用户拔下电卡约 30 s 后，电表进入隐显状态。当电表电量小于 10 kW·h 时，电表由隐显变为常显状态，提醒用户电量已剩余不多。当用户电量剩至 5 kW·h 时，电能表断电报警，此时用户将电卡重新插入表内一次，可继续使用 5 kW·h 电量。此功能用于再次提醒用户及时购电并输入。

知识链接

电卡内有集成电路，为防止其被静电损坏，电卡一定要妥善保管，避免放入易产生静电的物体（如纤维、塑料）中，并保持电卡插头的清洁。如电卡丢失应及时到售电部门申请补配。

三、单相费控智能电能表

电网负荷的变化虽然是随机的，但总体来讲还是有一定的规律可循。例如，企业上班、夜幕降临时负荷会上升，企业下班、居民入睡后负荷会逐渐下降等。如果把一天的负荷状态按用电量大小来区分，则可以分成尖峰、峰、平、谷四个时段。为了提高电网的效率，在尖峰时段需要限制负荷，在谷时段则要鼓励用电，使一天的负荷相对平稳，为此电力管理部门制定了在不同时段执行不同电价的复费率制，以达到抑制尖峰时段用电的目的，使原来尖峰时段和峰时段的用电企业能自觉地改移到平时段和谷时段用电。

实行时段电价的用户则需要安装单相费控智能电能表。该表是现代智能电网的智能终端，它除了具备传统电能表的基本用电量计量功能以外，还具有双向多种费率计量功能、用户端控制功能、多种数据传输模式的双向数据通信功能、实时监测功能、自动控制以及防窃电等智能化的功能，能够适应智能电网和新能源的推广和使用。单相费控智能电能表代表着未来节能型智能电网智能化终端的发展方向。

单相费控智能电能表一般由测量单元、数据处理单元及通信单元等组成，外形如图 6-4-5 所示。智能式电能表按缴费方式可分为本地表和远程表。本地表是指用户可使用 IC 卡缴费的电能表，前面介绍的单相电子式预付费电能表就属于这种类型。远程表则是指供电部门通过计算机和远程售电管理系统实现远程费控功能的电能表，单相费控智能电能表则属于这种类型。远程费控功能可以根据用户的用电负荷、缴费记录、账户余额等对用户进行跳闸或合闸操作。

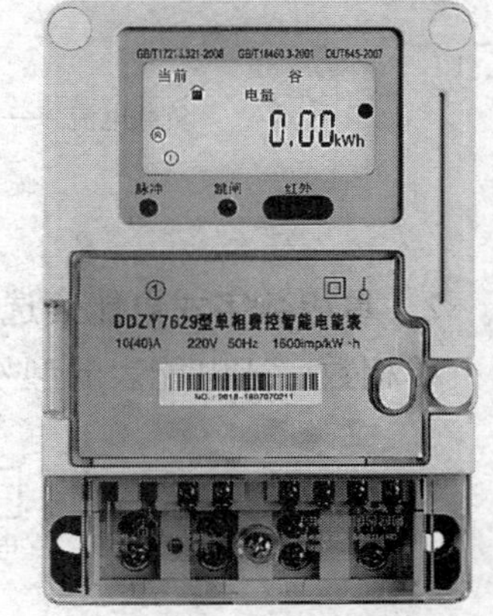

图 6-4-5　单相费控智能电能表

实现电能表远程费控给用电管理带来了极大的便利。一是拉闸动作只需在办公室完成（进入采集系统，单击“下发跳闸”指令即可），节省了不必要的人力支出，提高了工作效率；二是拉闸操作以系统采集的实时数据为依据，避免了拉错闸的情况，提升了供电服务质量。这种电能表还能够实现分时计量，用户可以轻松掌握自家的用电习惯。经过用电分析，调整用电习惯后，可以减少不必要的浪费。另外，用户在供电营业厅购电后，服务人员只需要通过计算机管理系统就能为用户远程充值，免去了用户拿着 IC 卡购电后再插到电表充值的过程。

四、单相数字式电能表

SPC-96BE 系列单相数字式电能表专门为工矿企业、民用建筑、楼宇自动化等行业的电力监控系统而设计。仪表采用交流采样技术，通过面板按键设置 PT 及 CT 参数，可直观显示单相系统一次侧的电能。该表配有 RS485 通信接口，通过标准的 Modbus-RTU 协议，可与各种组态系统兼容，把前端采集到的电能数值实时传送给系统数据中心。单相数字式电能表是一种先进的智能化、数字化的电力信号采集装置，其外形如图 6-4-6 所示。

图 6-4-6　SPC-96BE 系列单相数字式电能表

1. 单相数字式电能表的结构和工作原理

单相数字式电能表利用电子电路和芯片来测量电能，其结构原理如图 6-4-7 所示。电能表用分流器或电流互感器将电流信号转换成可用于电子测量的小信号，用分压电阻或电压互感器将电压信号转换成可用于电子测量的小信号，经乘法器得到电压与电流的乘积信号，再经 P/f 变换器产生一个频率，该频率与电压和电流的乘积成正比，这个频率经分频器处理，使输出信号的频率为输入信号频率的整数分之一并送入计数显示器，计数显示器对输出的频率脉冲个数进行累计并显示。

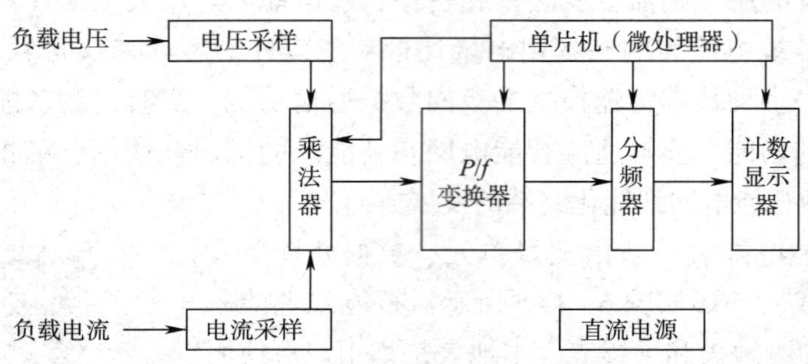

图 6-4-7 单相数字式电能表结构原理

2. 单相数字式电能表选型

单相数字式电能表的型号含义如下：

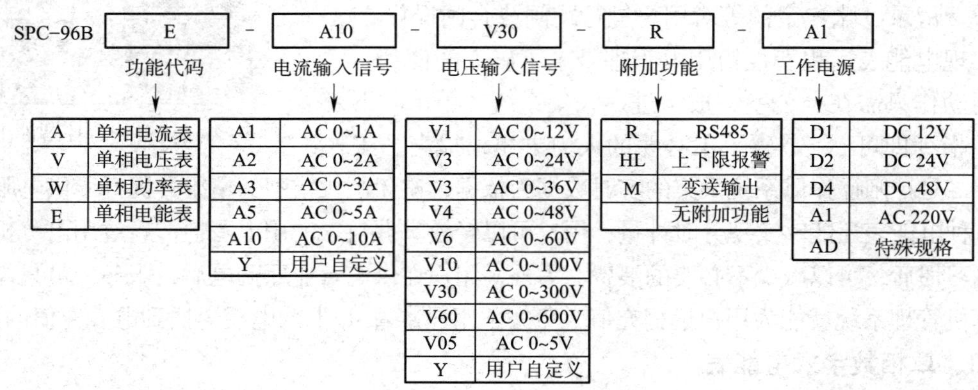

例如，型号 SPC-96BE-A10-V30-R-A1 表示该仪表为单相数字式电能表，其输入电流为 AC 0～10 A，输入电压为 AC 0～300 V，具有 RS485 通信输出功能，工作电源为 AC 220 V。

3. 单相数字式电能表接线方式

（1）接线端子

SPC-96BE 系列单相数字式电能表的接线端子如图 6-4-8 所示，接线端子的参数含义见表 6-4-1。

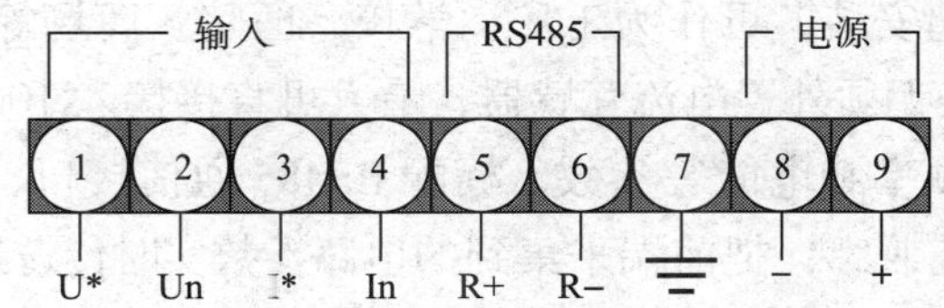

图 6-4-8 SPC-96BE 系列单相数字式电能表的接线图

表 6-4-1 SPC-96BE 系列单相数字式电能表接线端子的参数含义

端子号	技术含义	参数含义
①②③④	电流、电压输入信号	电压额定值：AC 100 V 或 AC 400 V。超出 400 V 需加电压互感器 电流额定值：AC 1 A 或 AC 5 A。超出 5 A 需加电流互感器
⑤⑥	通信	RS485 通信接口，Modbus-RTU 协议，通信地址：1～254 可设，传输速率：300～19 200 bit/s 可设
⑧⑨	工作电源	可选 DC 12 V，DC 24 V，DC 48 或 AC/DC 220 V，功耗小于 3 W
⑦	接地	用于接地保护

输入电流和电压要保持方向和相序的一致性，否则显示的电能和功率值将会出现错误。

（2）接线方式

如果被测量的电流值和电压值在仪表量程范围内，数字式电能表可直接接入。如果被测值超出量程范围，则需通过电流互感器或电压互感器接入，如图 6-4-9 所示。

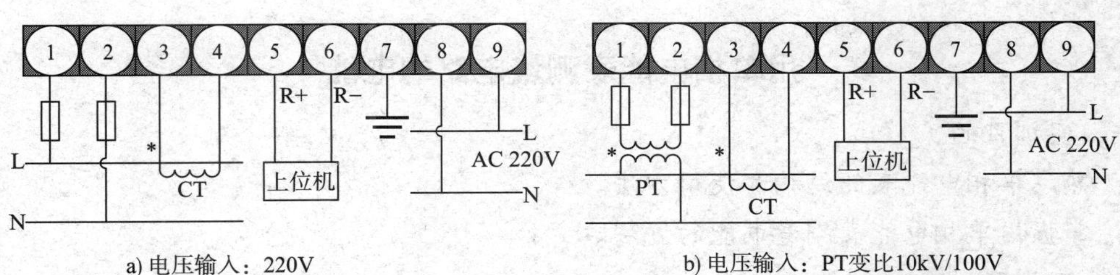

图 6-4-9 SPC-96BE 系列单相数字式电能表的接线图

（3）电能表工作电源

单相数字式电能表工作电源的接线方式和数字式直流仪表工作电源的接线方式相同。

五、导轨式单相多功能表

SPC-640 系列导轨式单相多功能表专为能效管理系统而设计。该仪表可直接与空气开关、断路器、接触器一起安装，可作为工厂、学校、医院、商场等具有电力分项管理需求的信号采集单元。该仪表无须外置电流互感器，最大可直接接入 100 A 电流，可同时测量交流电流、电压、功率、频率和电能等参数，标配 RS485 通信接口，默认 Modbus-RTU 通信协议，可与各种组态系统兼容，把前端采集到的电路参数实时传送给系统数据中心。其外形如图 6-4-10 所示。

图 6-4-10　SPC-640 系列导轨式单相多功能表

知识链接

所有导轨式电表都为直输式电表，无须外接电流互感器。为了提高测量准确度，请根据负载的电流等级选择适合的电表。当负载电流大于 80 A 时，连接导线需要加装专用的接线端子，以确保接线安全。

实训 12

用单相电能表测量电路的电能

一、实训目的

1. 熟悉单相电能表的结构和使用方法。

2. 掌握用单相电能表测量电能的方法。

二、实训器材

单相电能表 1 只，空气断路器 1 只，漏电保护器 2 只，电源插座 1 只，开关 1 只，螺口灯座 1 只，灯泡 1 只，导线若干。

三、实训内容及步骤

1. 外观检查

检查电能表的外壳、端钮、按键等是否完好无损，必要的标志和极性符号是否清晰，表内有无脱落元器件，绝缘有无破损等。

2. 绘制接线图

绘制单相电能表的接线图。

3. 按照接线图进行接线

参照图 6-4-11 所示的安装示意图接线，接线应安全可靠、布局合理，安装应符合从上到下、从左到右的原则。

4. 接线完毕

经检查无误后，在指导教师的监护下进行通电实训。

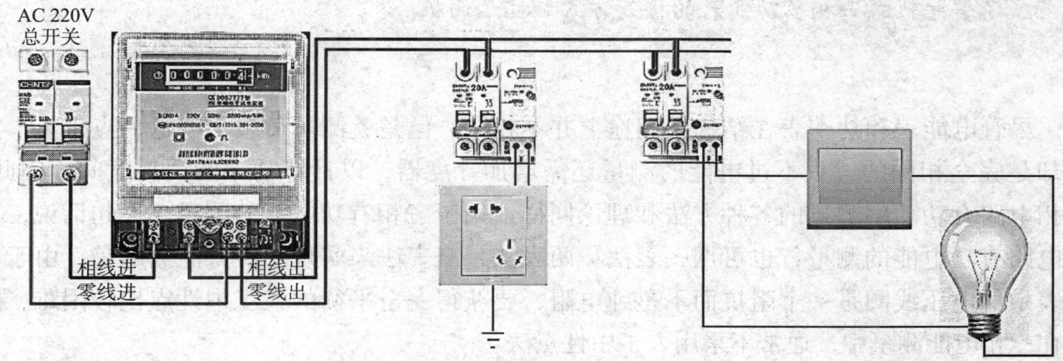

图 6-4-11 单相电能表安装示意图

5. 按照现场管理规范清理场地，归置物品。

四、实训注意事项

通电前，一定要检查电路连接是否正确，经实训指导教师同意并在其监护下方能进行通电实训。

五、实训测评

根据表 6-4-2 中的测评标准对实训进行测评，并将评分结果填入表中。

表 6-4-2 用单相电能表测量电路的电能实训评分标准

序号	测评内容	测评标准	配分（分）	得分（分）
1	仪表面板符号含义	能正确识别电能表面板的符号	20	
2	用单相电能表测量电路电能的方法、步骤	能正确接线，熟练使用单相电能表测量电能，并正确读数	60	
3	安全文明实训	工作环境整洁，操作习惯良好，具有安全意识，能积极参与教学活动，整体符合 6S 标准	20	
合计			100	

§6—5 三相电能表

学习目标

1. 掌握三相三线和三相四线有功电能表的基本知识和接线方式。
2. 掌握三相三线和三相四线无功电能表的基本知识和接线方式。
3. 了解导轨式三相多功能表的接线方式和显示面板。

尽管电能表和功率表在结构及用途上并不相同，但是就测量负载功率这一点来讲，它们却是完全相同的，只不过电能的测量还需增加计度器，以计算功率的消耗时间。因此，三相电路有功功率测量的各种方法和理论同样适用于三相有功电能的测量。换句话说，三相电路有功电能的测量，也可用一表法、两表法、三表法来实现。值得注意的是，由于电能表中的电压线圈是一个阻抗而不是纯电阻，要获得完全平衡的人工中性点比较困难，因此在三相电能测量中，通常不采用人工中性点法。

实际生产中三相电能的测量一般采用三相电能表。三相电能表是根据两表法或三表法的原理，把两个或三个单相电能表的测量机构组合在一只表壳内制成的。实际中，由于完全对称的三相电路很少，所以一表法在三相电能的测量中使用较少。

一、三相有功电能表

1. 三相三线有功电能表

常见的三相三线有功电能表如图 6-5-1 所示。三相三线有功电能表一般用于计量 50 Hz 电网中的三相三线交流有功电能，常用于企业、变电站或电厂，也可作为输配电或配网的自动化用表。

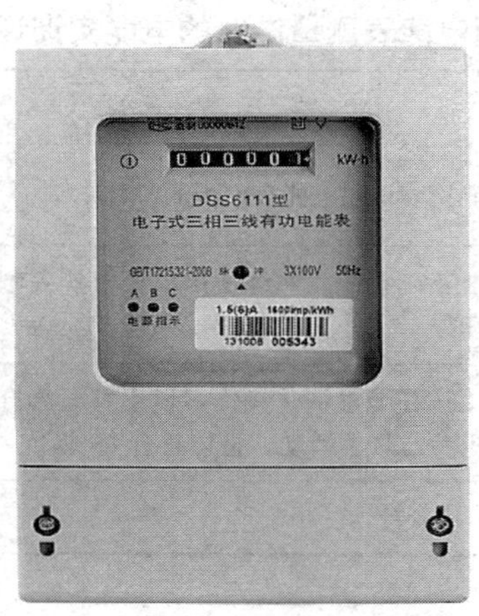

图 6-5-1　三相三线有功电能表

三相三线有功电能表的接线方式与两表法测量功率的接线方式相同。按规定，对于低压供电线路，当其负荷电流为 80 A 及以下时，可直接接入电能表，其接线如图 6-5-2 所示。当负荷电流为 80 A 以上时，电能表应配合电流互感器接入电路，其接线如图 6-5-3 所示。

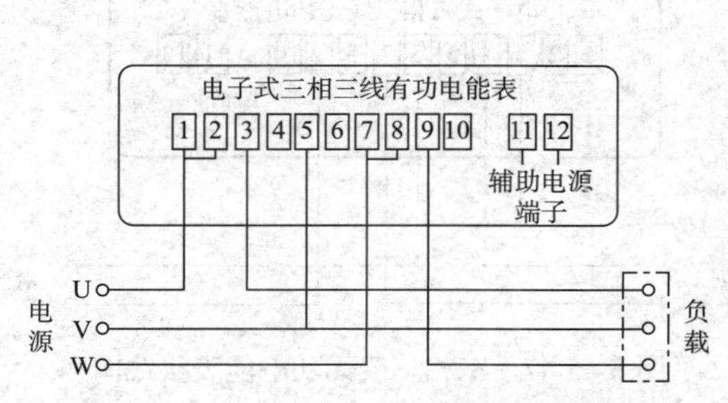

图 6-5-2　三相三线有功电能表接线图

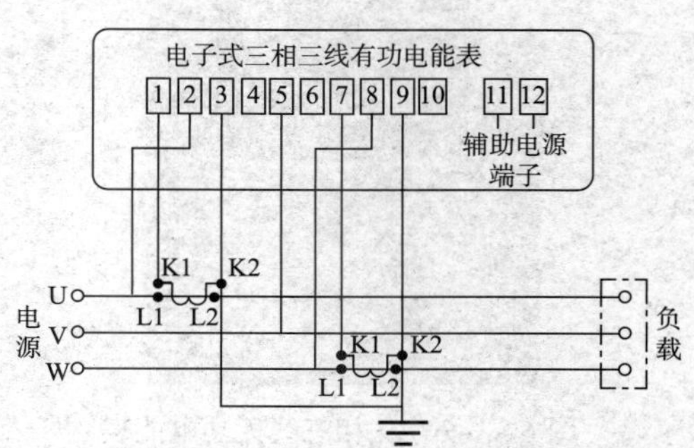

图 6-5-3　三相三线有功电能表配电流互感器接线图

2. 三相四线有功电能表

三相四线有功电能表实际上是按照三表法测功率的原理，由三只单相有功电能表的测量机构组合而成的。

目前常见的三相四线有功电能表的外形与三相三线有功电能表的外形完全相同，其接线如图 6-5-4 所示。当负载电流为 80 A 以上时，也应配合电流互感器使用，其接线如图 6-5-5 所示。

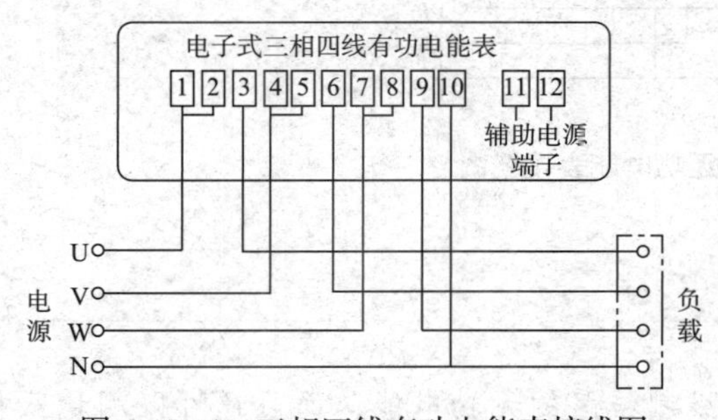

图 6-5-4　三相四线有功电能表接线图

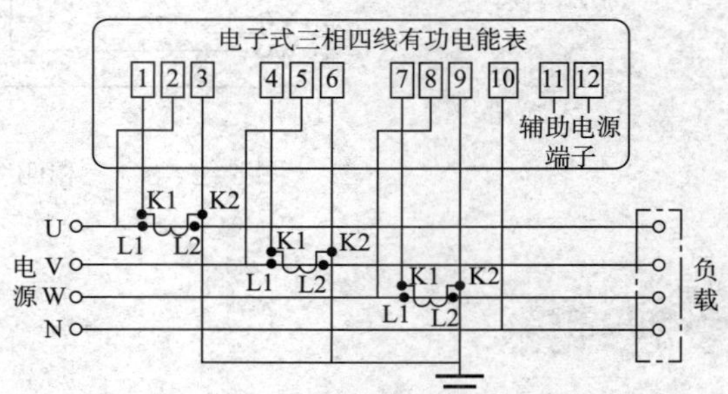

图 6-5-5　三相四线有功电能表配电流互感器接线图

二、三相无功电能表

在实际生产中，为了提高发电设备的效率，必须设法提高系统的功率因数，以降低系统的无功电能损耗。为此，有必要对用户无功电能的消耗进行监督，也就是需要用三相无功电能表测量用户的无功电能。所以无功电能的测量对电力部门是十分重要的。

1. 三相三线无功电能表

测量三相三线无功电能可采用三相三线无功电能表。常见的三相三线无功电能表如图 6-5-6 所示。三相三线无功电能表的接线如图 6-5-7 所示。

图 6-5-6　三相三线无功电能表

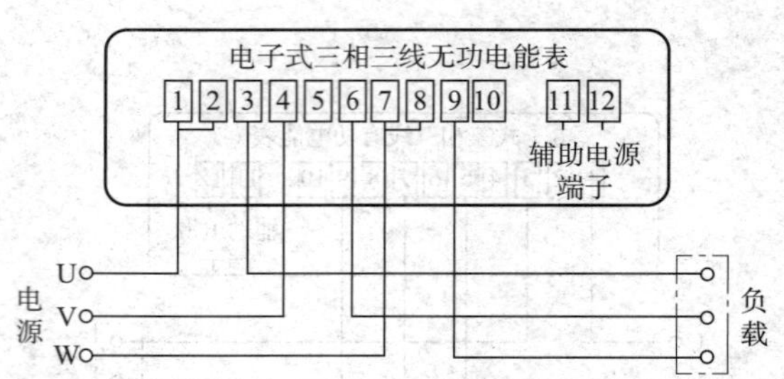

图 6-5-7　三相三线无功电能表接线图

2. 三相四线无功电能表

常见的三相四线无功电能表的外形与三相三线无功电能表的外形基本相同，其接线如图 6-5-8 所示。

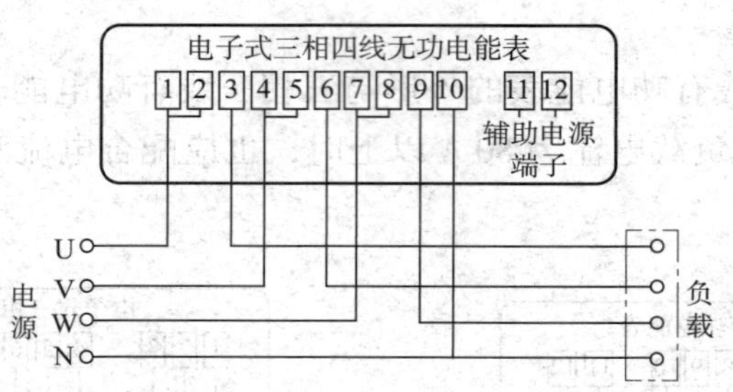

图 6-5-8　三相四线无功电能表接线图

知识链接

三相四线无功电能表不仅可以测量三相四线制线路的无功电能，而且还可以测量三相三线制线路的无功电能。

三、导轨式三相多功能表

SPC-670 系列导轨式三相多功能表专为能效管理系统而设计，可直接与空气开关、断路器、接触器一起安装，可作为工厂、学校、医院、商场等具有电力分项管理需求的信号采集单元。该仪表无须外置电流互感器，最大可直接接入 100 A 电流，可测量三相电网的电流、电压、有功功率、无功功率等电路参数，标配有 RS485 通信接口，通过标准的 Modbus-RTU 协议，可与各种组态系统兼容，把前端采集到的电路参数实时传送给系统数据中心。其外形如图 6-5-9 所示。

图 6-5-9 SPC-670 系列导轨式三相多功能表

1. **导轨式三相多功能表的接线方式**

SPC-670 系列导轨式三相多功能表的接线如图 6-5-10 所示。接线端子的参数含义见表 6-5-1。

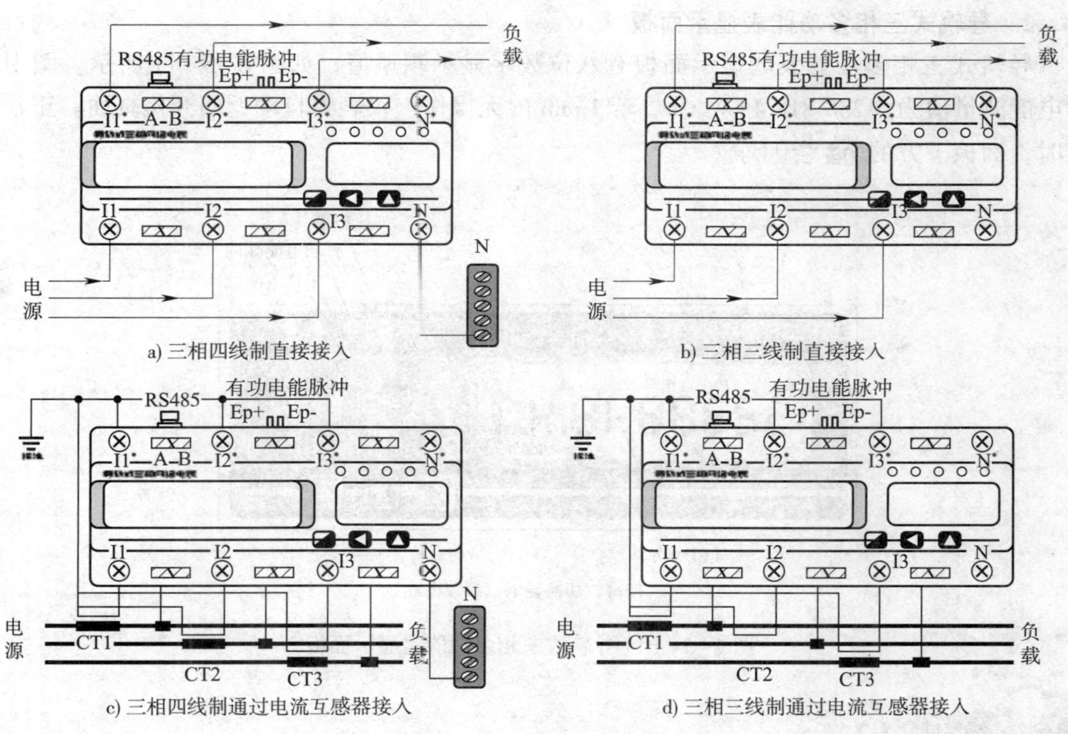

图 6-5-10 SPC-670 系列导轨式三相多功能表的接线图

表 6－5－1　SPC－670 系列导轨式三相多功能表接线端子的参数含义

端子号	技术含义	参数含义
I1、I2、I3、N	输入端	电压额定值：127/220 V、220/380 V、230/400 V 电流额定值：5 A、16 A、32 A、63 A、100 A
I1*、I2*、I3*、N*	输出端	
A、B	通信	RS485 通信接口，Modbus-RTU 协议，通信地址：1～254 可设，传输速率：1 200～9 600 bit/s 可设
Ep+、Ep-	电能脉冲	脉冲宽度 80 ms ± 20 ms

知识链接

当负载电流大于 80 A 时，使用 SPC-670 导轨式三相多功能表需用专用的接线端子，以确保接线安全。

2. 导轨式三相多功能表显示面板

导轨式三相多功能表的显示面板有八位数字显示测量值，如图 6－5－11 所示。图中显示电能测量值为 5 238 818.4 kW · h。若 1 min 内无操作，仪表将自动返回开机页面。正常通信时，面板下方的 ☎ 会闪烁。

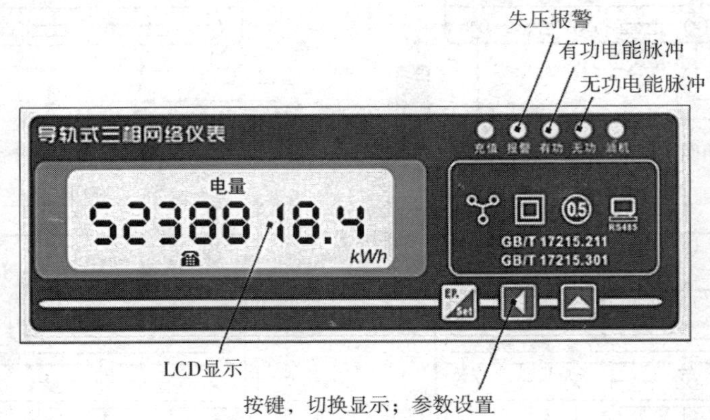

图 6－5－11　导轨式三相多功能表显示面板

实训 13

用三相电能表测量电路的电能

一、实训目的

1. 熟悉三相有功电能表的结构和使用方法。

2. 掌握用三相有功电能表计量电能的方法。

二、实训器材

三相三线有功电能表1只，三相四线有功电能表1只，电流互感器3只，熔断器3只，三相开关2只。

三、实训内容及步骤

1. 外观检查

检查电能表的外壳、端钮、按键等是否完好无损，必要的标志和极性符号是否清晰，表内有无脱落元器件，绝缘有无破损等。

2. 绘制接线图

绘制三相三线有功电能表和三相四线有功电能表的接线图。

3. 按照接线图分别进行接线

按照图6-5-12所示的安装示例图接线。接线应遵循安全可靠、布局合理的原则。

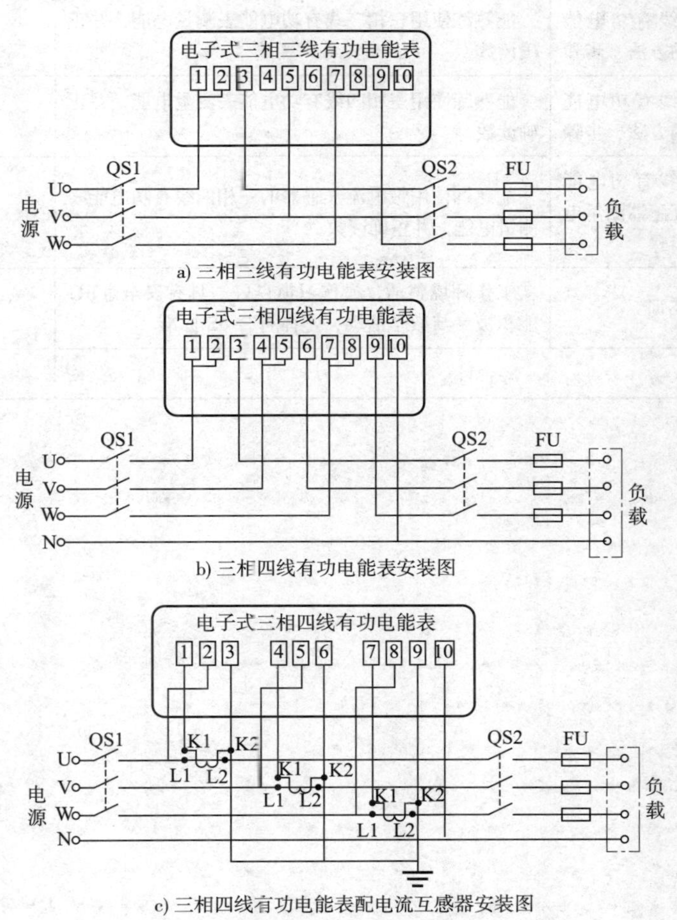

图6-5-12　三相电能表安装图

4. 接线完毕

经检查无误后，在指导教师的监护下进行通电实训。

5. 按照现场管理规范清理场地，归置物品。

四、实训注意事项

通电前，一定要检查电路连接是否正确，经实训指导教师同意并在其监护下方能进行通电实训。

五、实训测评

根据表 6-5-2 中的测评标准对实训进行测评，并将评分结果填入表中。

表 6-5-2　　用三相电能表测量电路的电能实训评分标准

序号	测评内容	测评标准	配分（分）	得分（分）
1	仪表面板符号含义	能正确识别三相电能表面板的符号	20	
2	用三相三线有功电能表测量电能的方法、步骤	能熟练使用三相三线有功电能表测量电能，并正确读数	20	
3	用三相四线有功电能表测量电能的方法、步骤	能熟练使用三相四线有功电能表测量电能，并正确读数	20	
4	用三相四线有功电能表配合电流互感器测量电能的方法、步骤	能熟练使用带电流互感器的三相四线有功电能表测量电能，并正确读数	20	
5	安全文明实训	工作环境整洁，操作习惯良好，具有安全意识，能积极参与教学活动，整体符合 6S 标准	20	
合计			100	

第七章 常用的电子仪器

随着科学技术的迅猛发展，许多设备的维修和调试都必须使用专用的电子仪器才能完成，如数控机床、晶闸管整流系统等。当今世界，电子仪器的应用日益普及，已经渗透到国民经济的各个领域和行业之中。对于新一代的电气工程技术人员来说，只掌握一般电工仪表的使用方法已经远远不能满足实际生产的需要。

电子仪器是指利用电子技术原理，由电子元器件构成的仪表、仪器及装置的总称。它种类繁多，用途和性能各异，本章将重点介绍电工常用的电子仪器，主要包括直流稳压电源、函数信号发生器、模拟双踪示波器和数字示波器。

§7—1 直流稳压电源

学习目标

1. 了解直流稳压电源的组成和工作原理。
2. 熟练掌握直流稳压电源的使用方法。

直流稳压电源是为负载提供稳定直流电源的电子装置。直流稳压电源的供电电源大都是交流电源，当交流供电电源的电压或负载电阻变化时，稳压电源的直流输出电压会一直保持稳定。常用的直流稳压电源如图 7–1–1 所示。由于直流稳压电源调整管的静态损耗大，因此需要安装一个很大的散热器，此外，由于变压器工作在工频（50 Hz），也导致了直流稳压电源的重量较大。

根据仪器中调整管的工作状态，常把直流稳压电源分为线性直流稳压电源和开关直流稳压电源。此外，还有一种使用稳压管的小电源。其中，线性直流稳压电源是指调整管工作在线性状态下的直流稳压电源。

图 7-1-1　常用的直流稳压电源

一、直流稳压电源的组成和工作原理

直流稳压电源是一种将 220 V 工频交流电转换成恒定的直流电的装置，它一般由变压、整流、滤波、稳压四个主要环节组成，如图 7-1-2 所示。

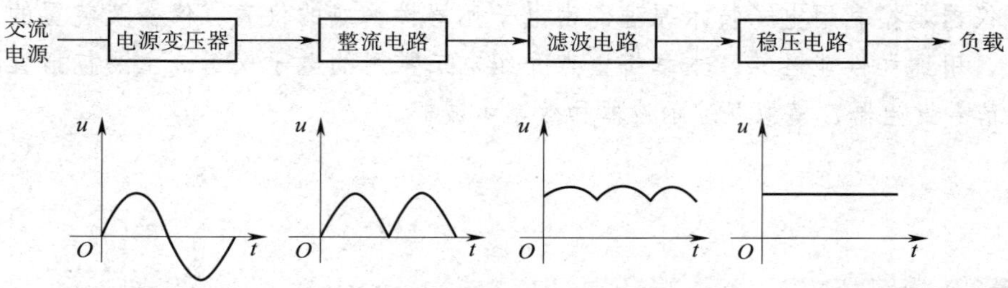

图 7-1-2　直流稳压电源的组成

1. 直流稳压电源的组成

（1）电源变压器

电源变压器是降压变压器，它的作用是将电网的 220 V 交流电压变换成符合需要的交流电压，输送给整流电路。

（2）整流电路

整流电路的作用是利用具有单向导电性能的整流元件，把 50 Hz 的正弦交流电变换成脉动的直流电。

（3）滤波电路

滤波电路的作用是将整流电路输出电压中交流成分的大部分加以滤除，从而得到比较平滑的直流电压。

（4）稳压电路

稳压电路的作用是使输出的直流电压稳定，使之不随交流电网电压和负载的变化而变化。

2. 直流稳压电源的工作原理

常用的直流稳压电源电路如图 7-1-3 所示。

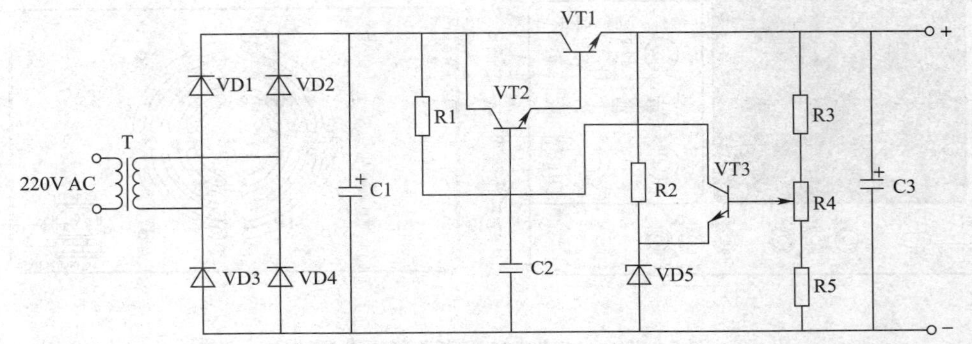

图 7-1-3　直流稳压电源电路图

交流电源经过电源变压器降压、桥式整流电路整流、电容滤波电路滤波后成为恒定的直流电。除以上电路外的部分是起电压调节、稳定作用的稳压电路。稳压电路通过对输出电压实时采样，并对采样电压进行负反馈，来调节输出管的动态电阻和压降，从而使输出电压保持稳定。例如，由于负载电流增大而导致输出电压下降时，稳压器就会通过上述的采样、负反馈、调整等动作，使输出管的管压降减小，从而在很大程度上抵消了输出电压下降的影响，使输出电压基本保持稳定。

该类直流稳压电源的优点是稳定性高，纹波小，可靠性高，易做成多路、输出连续可调的成品，缺点是体积大，较笨重，效率相对较低。

二、直流稳压电源的使用

下面以 UTP3305 型直流稳压电源为例，介绍直流稳压电源的使用。UTP3305 型直流稳压电源是一款双路可调输出、一路固定输出的三路线性直流稳压电源，具有跟踪、恒压、恒流、串并联输出、温控散热、过压过流保护等功能。其外形如图 7-1-4 所示。

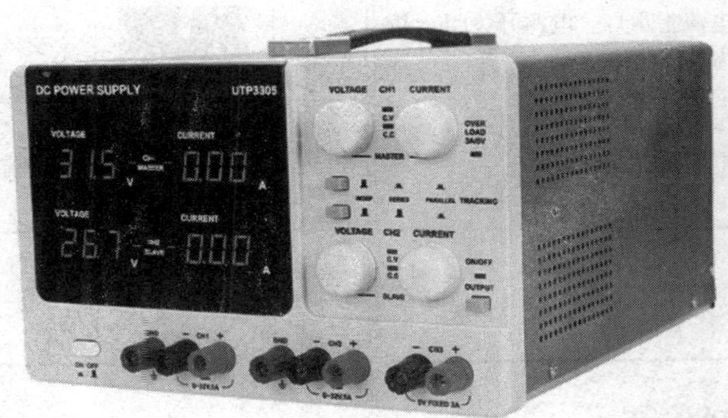

图 7-1-4　UTP3305 型直流稳压电源

1. 直流稳压电源的结构

UTP3305 型直流稳压电源的结构如图 7-1-5 所示。符号功能见表 7-1-1。

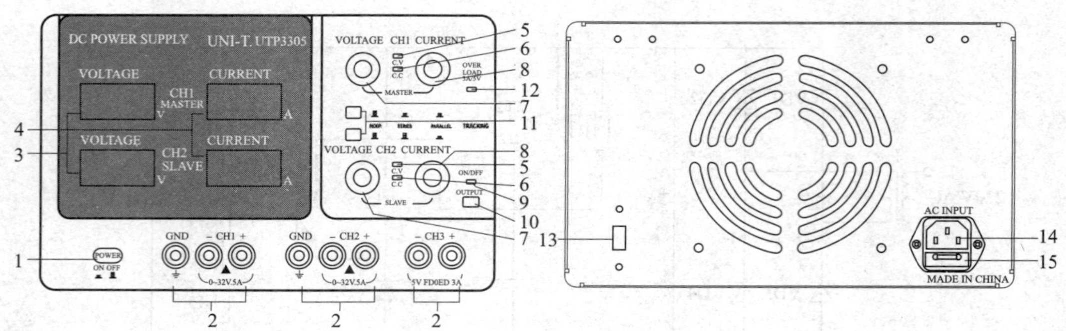

图 7－1－5　UTP3305 型直流稳压电源结构

表 7－1－1　　　　UTP3305 型直流稳压电源结构符号功能

序号	符号	作用	序号	符号	作用
1	ON OFF	电源开关按键	9	ON/OFF	输出指示灯。按下“OUTPUT”按键并且为电压工作状态时灯亮
2	GND − CH1 + 0~32V.5A	输出接线端子。直流正极为红色，直流负极为黑色，接地为绿色	10	OUTPUT	输出开关。控制输出状态
3	VOLTAGE 31.5 V	显示电压值	11	TRACKING	独立/跟踪开关
4	CURRENT 0.00 A	显示电流值	12	OVER LOAD 3A/5V	3 A/5 V 指示灯。当 CH3 路输出端的负载超过额定值时灯亮
5	C.V	电压指示灯。电源开关闭合并且为电压工作状态时灯亮	13		电源电压选择开关
6	C.C	电流指示灯。电源开关闭合并且为电流工作状态时灯亮	14		交流电源输入端子
7	VOLTAGE	电压调节旋钮	15		交流输入端熔丝座
8	CURRENT	电流调节旋钮			

2. 直流稳压电源的使用

（1）准备工作

使用 UTP3305 型直流稳压电源，开机前应将电流旋钮顺时针旋转至最大。按下电源开关按键，LCD 显示屏和 CV 指示灯点亮。逆时针旋转电压旋钮至最小，确保输出电压为 0，然后再顺时针旋转至最大，确保输出电压为最大值。按下“OUTPUT”按键，逆时针旋转电流旋钮至最小，再顺时针旋转至最大，确保电流能从0增大到额定值，然后方能连接负载。

（2）恒压操作

按下电源开关按键，LCD显示屏和CV指示灯点亮，调节电压旋钮以输出电压（输出端开路）。调节电流旋钮至最大可输出电流（电流限制），作为确定的负载条件。在实际操作中，如果一个负载变化导致电流限制超出，电源将自动交叉，以恒定电流模式运作，预设的电流限制和输出电压的比例下降。调节电压旋钮，控制所需的输出电压，最后按下“OUTPUT”按键，以便直流电压输出。

（3）恒流操作

逆时针旋转电流旋钮到最小，确保输出电流为0，然后按下电源开关按键，LCD显示屏和CV指示灯点亮。调节电压旋钮（无负载连接）至最大输出电压（电压限制），作为确定的负载条件。在实际操作中，如果一个负载变化导致电压限制超出，电源将自动交叉，以恒定电压模式运作，预设的电压限制和输出电流的比例下降。调节电流旋钮，控制所需的输出电流，最后按下“OUTPUT”按键，以便直流电流输出。

（4）独立/跟踪工作模式

独立/跟踪（串联或并联）工作模式是通过独立/跟踪的两个按键开关来实现的。具体实现的功能如下：

1）当两个按键都处于OFF状态时，是独立模式，CH1、CH2两路电源彼此完全独立。

2）当上面的按键处于ON状态，下面的按键处于OFF状态时，是串联跟踪模式。最大电压的设置由CH1（主）路电源控制（CH2路电源的输出电压跟踪CH1路电源的输出电压）。同时，在这个模式中，CH2路电源的正极与CH1路电源的负极连接在一起，可以提供从0到额定值两倍的电压，提供从0到额定值的电流。

3）当两个按键都处于ON状态时，是并联跟踪模式。CH1（主）和CH2（从）两路电源的输出是并联的（正极对正极，负极对负极），电流和电压的设置都由CH1路电源控制，可以提供从0到额定值两倍的电流，提供从0到额定值的电压。

在并联和串联跟踪模式中，电压和电流都是由CH1输出控制的。应将CH2路的电压和电流旋钮顺时针调节到最大值的位置。

3. 直流稳压电源的维护

（1）直流稳压电源使用一段时间后，应对指示电路进行校准。可通过外接电压表和电流表与该表上的数值进行比较并调整（分别为电压及电流指示校准），以达到校准的目的。但应注意如果机箱为钢板结构，盖上箱盖后会引起微小的读数变化，可先观察一下变化范围，在开机调整时留出余量进行校正即可。

（2）经常检查电源线接线是否松动，内部是否断裂。

（3）经常检查接线柱是否松动，机箱内外螺钉是否牢固。

（4）仪器应保持清洁，垂直安放。

（5）如果熔丝烧坏，CV和CC指示灯不亮，电源也不能工作，应查找出熔丝损坏的原因并予以修复后，更换一个同规格的熔丝。

（6）仪器使用过程中的常见故障及处理方法如下。

1）无输出电压：应检查电源开关是否接通，熔丝是否完好，检查电路中有无短路现象。

2）输出电压太高：应检查调整管是否击穿。

3）输出电压不稳：应检查基准电压是否稳定。

4）输出电流不够：应检查调整管是否烧毁开路，负载是否超出仪器规定的范围。

直流稳压电源的使用

一、实训目的

1. 熟悉直流稳压电源的结构和作用。

2. 熟练使用直流稳压电源。

二、实训器材

直流稳压电源 1 台，数字式万用表 1 只，单相开关 1 只，电阻若干只。

三、实训内容及步骤

1. 外观检查

检查直流稳压电源的外壳、LCD 显示屏、端钮等是否完好无损，必要的标志和极性符号是否清晰，表内有无脱落元器件等。

2. 使用直流稳压电源

按照直流稳压电源的使用方法进行操作。

3. 测量电路参数

实训电路如图 7–1–6 所示。使用直流稳压电源给该电路供电，用数字式万用表测量该电路的参数，并填入表 7–1–2 中。

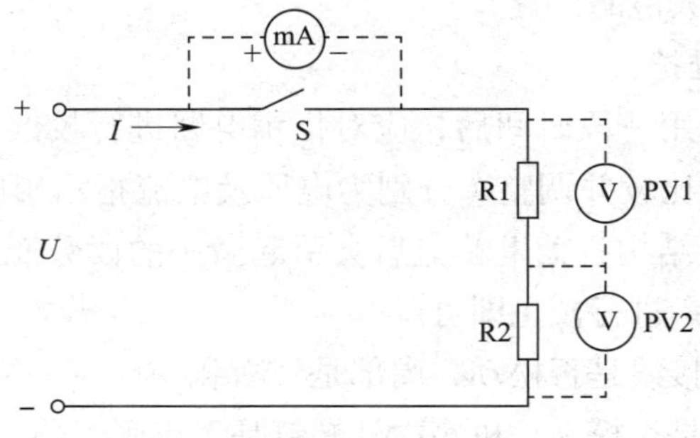

图 7–1–6　直流电流、电压测量电路

表 7-1-2　　电路参数测量记录表

电阻	未接通电源前	接通电源后	接通电源和开关后
R_1= 1 000 Ω， R_2= 500 Ω	电源电压 U= ________ V	测量值 I= ________ mA 测量值 U_{R1}= ________ V 测量值 U_{R2}= ________ V	测量值 I= ________ mA 测量值 U_{R1}= ________ V 测量值 U_{R2}= ________ V
R_1= 1 000 Ω， R_2= 1 000 Ω	电源电压 U= ________ V	测量值 I= ________ mA 测量值 U_{R1}= ________ V 测量值 U_{R2}= ________ V	测量值 I= ________ mA 测量值 U_{R1}= ________ V 测量值 U_{R2}= ________ V

4. 按照现场管理规范清理场地，归置物品。

四、实训注意事项

通电前，一定要检查电路连接是否正确，经实训指导教师同意并在其监护下方能进行通电实训。

五、实训测评

根据表 7-1-3 中的测评标准对实训进行测评，并将评分结果填入表中。

表 7-1-3　　直流稳压电源的使用实训评分标准

序号	测评内容	测评标准	配分（分）	得分（分）
1	仪表面板符号含义	能正确识别直流稳压电源面板的符号	20	
2	直流稳压电源的使用	按照实训步骤要求进行，正确使用直流稳压电源	20	
		熟悉直流稳压电源使用过程中的注意事项	20	
3	直流电量参数的测量	按照实训步骤要求进行，正确测量直流电压和电流值	10	
		正确回答开关闭合前后，电压值是否有变化及其原因	10	
4	安全文明实训	工作环境整洁，操作习惯良好，具有安全意识，能积极参与教学活动，整体符合 6S 标准	20	
合计			100	

§7—2 函数信号发生器

学习目标

1. 了解函数信号发生器及其结构组成。
2. 熟练掌握函数信号发生器的使用方法。
3. 掌握函数信号发生器的故障处理方法。

函数信号发生器实际上是一种多波形信号源，一般能产生正弦波、方波、三角波，有的还可以产生锯齿波、矩形波、正负脉冲、半正弦波等波形，因其输出波形都能用数学函数来描述而得名。函数信号发生器主要供电气设备或电子线路的调试及维修使用。本节主要介绍目前使用较为广泛的 UTG900 系列函数信号发生器的结构组成和使用方法。

一、函数信号发生器

UTG962 型函数信号发生器使用了直接数字合成技术，能够生成精确、稳定、纯净、低失真的输出信号，分辨率高达 1 μHz，操作便捷，技术指标优越，图形显示人性化，是一款经济、高性能、多功能的任意波形信号发生器。其外形如图 7-2-1 所示。

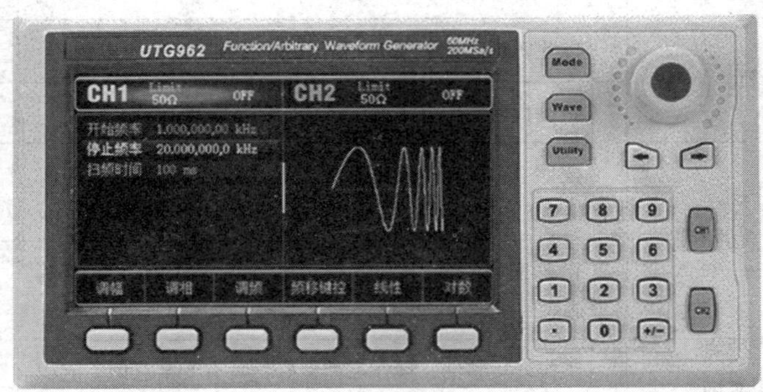

图 7-2-1 UTG962 型函数信号发生器

1. 函数信号发生器的组成和原理

（1）电路组成

函数信号发生器的电路构成有多种形式，一般由以下电路组成。

基本波形发生电路：基本波形可以由 RC 振荡器、文氏电桥振荡器或压控振荡器等电路产生。

波形转换电路：基本波形通过矩形波整形电路、正弦波整形电路、三角波整形电路可以转换为方波、正弦波、三角波。

放大电路：将波形转换电路输出的波形信号放大。

可调衰减器电路：对仪器输出信号进行 20 dB、40 dB 或 60 dB 衰减处理，输出各种幅度的函数信号。

（2）工作原理

常用的函数信号发生器大多由晶体管构成，一般采用恒流充放电的原理来产生三角波，同时产生方波。改变充放电的电流值，就能得到不同频率的信号。当充电与放电的电流值不相等时，原先的三角波可变成各种斜率的锯齿波，同时方波就变成不同占空比的脉冲。另外，将三角波通过波形变换电路，就产生了正弦波。然后正弦波、三角波（锯齿波）、方波（脉冲）经函数开关转换并由功率放大器放大后输出。

函数信号发生器的原理如图 7-2-2 所示。函数信号发生器输出的正弦波信号是由三角波通过正弦波整形电路变换而来，所需波形经选取、放大后由衰减器输出。输出的方波信号由三角波通过矩形波整形电路变换而成。实际中，三角波和方波的产生是难以分开的，矩形波整形电路通常是三角波发生器的组成部分。直流偏置电路提供直流补偿调整，使信号发生器输出的直流成分可以进行调节。

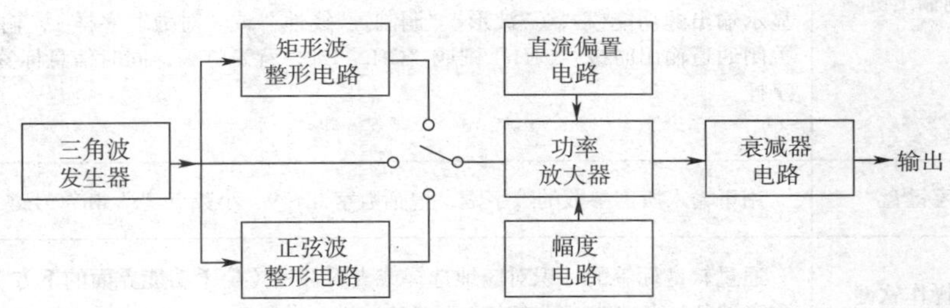

图 7-2-2　函数信号发生器的原理

2. 函数信号发生器的结构

UTG962 型函数信号发生器的结构如图 7-2-3 所示，结构功能见表 7-2-1。

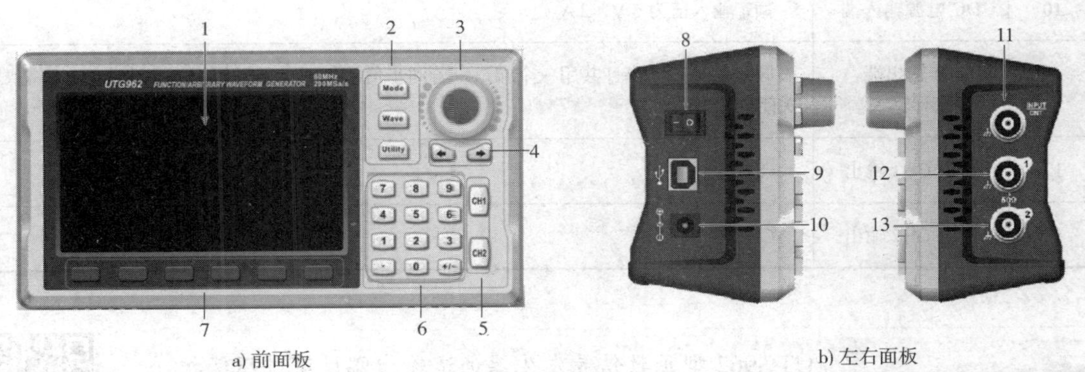

图 7-2-3　函数信号发生器的结构

表 7-2-1　　函数信号发生器结构功能

序号	符号	作用
1	LCD 显示屏	4.3 寸高分辨率 TFT 彩色液晶显示屏，通过色调的不同，明显区分通道 1 和通道 2 的输出状态、功能菜单和其他重要信息，人性化的系统界面使人机交互变得更便捷
2	功能按键	多功能按键有“Mode”“Wave”和“Utility”按键，通过这些按键进行调制设置、基波选择和辅助功能设置等
3	多功能旋钮	多功能旋钮可以改变数字（顺时针旋转数字增大）或作为方向键使用，按多功能旋钮可选择功能或确定设置的参数
4	方向键	在使用多功能旋钮和方向键设置参数时，用于切换数字的位或清除当前输入的前一位数字或移动（向左或向右）光标的位置
5	CH1/CH2 控制输出键	快速切换在屏幕上显示的当前通道（CH1 信息标签高亮表示为当前通道，此时参数列表显示通道 1 的相关信息，以便对通道 1 的波形参数进行设置）。若通道 1 为当前通道，可通过按“CH1”键快速开启 / 关闭通道 1 输出，也可以通过按“Utility”键弹出标签后再按通道 1 设置软键来设置。打开通道输出时，背光灯亮，同时信息标签会显示输出的功能模式（“波形”“调制”“线性”或“对数”字样），输出端输出信号。关闭通道输出时按“CH1”键或“CH2”键，背光灯灭，同时信息标签会显示“OFF”字样
6	数字键盘	用于输入所需参数的数字键，包括数字 0～9、小数点“.”和符号键“+/–”
7	菜单操作软键	通过软键标签的标识对应地选择或查看标签（位于功能界面的下方）的内容，配合数字键盘、多功能旋钮或方向键对参数进行设置
8	电源开关键	电源开关置“I”时，设备开机，置“O”时，设备关机
9	USB 接口	通过此 USB 接口与上位机连接
10	DC 电源输入端	额定输入值为 5 V，2 A
11	同步输出端 / 频率计输入端	同步信号和频率计共用一个端口。若同步信号打开时需要使用频率计功能，则需要关闭同步开关
12	通道 CH1 输出	CH1 输出接口
13	通道 CH2 输出	CH2 输出接口

UTG962 型函数信号发生器通道输出端设有过压保护功能，扫描右侧二维码即可了解。

3. LCD 显示屏

UTG962 型函数信号发生器的 LCD 显示屏的显示界面如图 7-2-4 所示，功能说明见表 7-2-2。

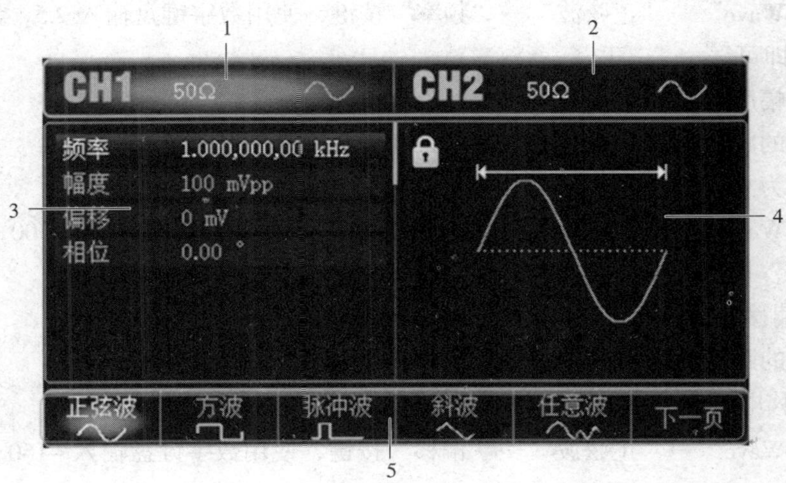

图 7-2-4　UTG962 型函数信号发生器的 LCD 显示屏显示界面

表 7-2-2　UTG962 型函数信号发生器 LCD 显示屏显示界面功能说明

序号	符号	说明
1	CH1 通道	“50 Ω”表示输出端要匹配的阻抗为 50 Ω（1～999 Ω 可调，或为高阻，出厂默认为 50 Ω）。表示当前为正弦波（不同工作模式下可能为“波形”“调制”“线性”“对数”“OFF”等字样）
2	CH2 通道	
3	波形参数列表	以列表的方式显示当前波形的各项参数，如果字符底色为当前通道的颜色（系统设置时为白色），说明此字符进入编辑状态，可用方向键、数字键盘或多功能旋钮来设置参数
4	波形显示区	显示该通道当前设置的波形形状（可通过颜色或 CH1、CH2 信息栏的高亮来区分是哪一个通道的当前波形，左边的参数列表显示该波形的参数）。注：系统设置时没有波形显示区，此区域被扩展成参数列表
5	软键标签	用于标识功能菜单软键和菜单操作软键当前的功能 高亮显示：标签的正中央显示当前通道的颜色或系统设置时的灰色，字体为纯白色

二、函数信号发生器的使用

1. 准备工作

使用 UTG962 型函数信号发生器前应检查附件是否齐全，包括电源适配器一个、BNC 电缆一根、BNC 转鳄鱼夹传输线一根。

2. 基本波形的输出

（1）输出频率的设置

输出波形的默认配置：频率为 1 kHz，幅度为 0.1 V_{p-p}（在函数信号发生器和示波器等常用仪器中，用 V_{p-p} 表示信号波形的电压峰—峰值，mV_{p-p} 表示信号波形电压峰—峰值的千分之一）的正弦波。

将频率改为 2.5 MHz 的具体步骤如下：

依次按“Wave”→“正弦波”→“频率”按键，使用数字键盘输入 2.5，然后选择参数单位“MHz”即可。

（2）输出幅度的设置

输出波形的默认配置：幅度为 0.1 V_{p-p} 的正弦波。

将幅度改为 0.3 V_{p-p} 的具体步骤如下：

依次按“Wave”→“正弦波”→“幅度”按键，使用数字键盘输入 300，然后选择参数单位“mV_{p-p}”即可。

（3）DC 偏移电压的设置

输出波形的默认配置：DC 偏移电压为 0 的正弦波。

将 DC 偏移电压改为 −150 mV 的具体步骤如下：

依次按“Wave”→“正弦波”→“偏移”按键，使用数字键盘输入 −150，然后选择参数单位“mV”即可。

（4）相位的设置

输出波形的默认配置：相位为 0°。

将相位设置为 90° 的具体步骤如下：

按“相位”按键，使用数字键盘输入 90，然后选择参数单位“°”即可。

（5）脉冲波占空比的设置

输出脉冲波的默认配置：频率为 1 kHz，占空比为 50%。

将占空比（受最低脉冲宽度规格 80 ns 的限制）改为 25% 的具体步骤如下：

依次按“Wave”→“脉冲波”→“占空比”按键，使用数字键盘输入 25，然后选择参数单位“%”即可。

（6）直流电压的设置

输出直流电压的默认配置：电压为 0。

将直流电压改为 3 V 的具体步骤如下：

依次按“Wave”→“下一页”→“直流”按键，使用数字键盘输入 3，然后选择参数单位“V”即可。

3. 辅助功能的设置

辅助功能（Utility）可对通道、频率计、系统等进行设置和查看，辅助功能设置的方法和步骤见表 7−2−3。

表 7-2-3 辅助功能设置的方法和步骤

序号	步骤	功能菜单	操作设定	说明
1	通道设置	通道输出	关、开	选择通道输出，可选择“关”或“开”。也可通过按前面板上的“CH1”“CH2”按键快速开启通道输出
		通道反向	关、开	选择通道反向，可选择“关”或“开”
		负载	50 Ω，高阻	选择负载，可输入范围为 1～999 Ω，也可以选择 50 Ω、高阻
		幅度限制	关、开	支持幅度限制输出，以便保护负载 选择幅度限制，可选择“关”或“开”
		幅度上限		选择幅度上限，设定幅度的上限范围
		幅度下限		选择幅度下限，设定幅度的下限范围
2	频率计设置	Utility		只有通过外部数字调制或频率计接口（INPUT /CNT 连接器）输入兼容 TTL 电平信号时，频率计才刷新显示。在没有信号输入时，频率计参数列表始终显示上一次的测量值。测量频率的范围为 100 mHz ～ 100 MHz
3	系统设置	同步输出	通道 1、通道 2、关	选择同步输出，可选择“CH1”“CH2”或“关”
		起始相位	独立、同步	选择起始相位，可选择“独立”或“同步” 独立：CH1 和 CH2 输出的相位没有关联 同步：CH1 和 CH2 输出的起始相位同步
		数字分隔符	逗号、空格、无	设置通道参数数值之间的分隔符号，按下“数字分隔符”后可选择“逗号”“空格”或“无”
		默认设置		恢复出厂设置选择

除以上功能外，UTG962 型函数信号发生器还具有 AM（幅度调制）、PM（相位调制）、FM（频率调制）、输出任意波等高级功能。需要这些特殊功能的使用者，可以进一步参考使用手册。

三、函数信号发生器的故障处理

仪器在使用过程中可能会出现故障，可按照以下步骤进行处理，如不能处理，可以与仪器生产厂家联系，并提供机器的设备信息（获取方法：依次按“Utility”→“系统”→“关于”按键，可获得该仪器的相关信息）。常见的一般性故障处理可参照以下步骤执行。

1. 屏幕无显示（黑屏）

（1）检查是否有电。

（2）检查电源是否接好。

（3）检查后面板的电源开关是否接好并置于“I”位置。

（4）检查前面板的电源开关是否打开。

（5）重新启动仪器。

2. 无波形输出（设置正确但没有波形输出）

（1）检查 BNC 电缆与通道输出端是否正确连接。

（2）检查按键“CH1”或“CH2”是否按下。

在日常使用中，要避免仪器的液晶显示器长时间受到直接日照。此外，为避免损坏仪器和连接线，勿将其置于雾气、液体或溶剂中。

§7—3 模拟示波器

学习目标

1. 了解模拟示波器的组成和原理。
2. 熟悉模拟双踪示波器的探头和校准信号发生器的使用。
3. 熟练掌握模拟双踪示波器的使用方法。
4. 掌握模拟双踪示波器的维护方法。

示波器是一种用来测量电信号或脉冲信号的仪器，它能把肉眼无法看见的电信号变换成看得见的图像，便于人们研究各种电现象的变化过程，是一种用途十分广泛的电子测量仪器。利用示波器能观察各种不同信号的波形曲线，还可以测量各种不同的电路参数，如电压、电流、频率、相位差、调幅度等。只要是可以变为电信号的周期性物理过程，都可以用示波器进行观测。目前，常用的示波器可分为模拟示波器和数字示波器两大类。

模拟示波器是一种能够直接显示电压（或电流）变化波形的电子仪器。通过模拟示波器不仅可以直观地观察被测电信号随时间变化的全过程，还可以通过它显示的波形测量电压（或电流）的有关参数，并进行频率和相位的比较、特性曲线的描绘等，用途十分广泛。目前，虽然数字示波器在许多场合取代了模拟示波器，但由于模拟示波器数量庞大，不少单位仍然在正常使用。

模拟示波器的种类很多，除通用示波器外，还有能同时显示两个以上波形的多踪示波器；利用取样技术，将高频信号转换为低频信号再进行显示的取样示波器。此外，还有具有特殊功能的特种示波器，如电视示波器、矢量示波器、高压示波器等。

本节主要介绍较为常用的双踪示波器，即能在同一屏幕上同时显示两个被测波形的示波器。双踪示波器通常是用电子开关控制两个被测信号，不断交替地送入普通示波管中进行轮流显示。只要轮换的速度足够快，示波管的余辉效应和人眼的视觉暂留就能使屏幕上同时显示出两个波形的图像。

一、示波器的组成和原理

1. 普通示波器的组成和原理

普通示波器的基本工作框图如图 7－3－1 所示，主要由示波管、Y 轴偏转系统、X 轴偏转系统、扫描及整步系统和电源五部分组成，各部分的组成和作用见表 7－3－1。

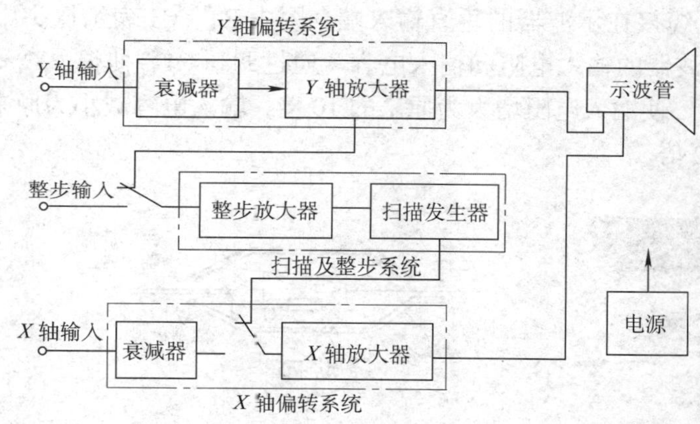

图 7－3－1　普通示波器的基本工作框图

表 7－3－1　普通示波器各部分的组成及作用

名称	组成和作用
示波管	示波器的核心，其作用是把所需观测的电信号变换成发光的图形
Y 轴偏转系统	由衰减器和 Y 轴放大器组成，其作用是放大被测信号。衰减器先将不同的被测电压衰减成能被 Y 轴放大器接收的微小电压信号，再经 Y 轴放大器放大后提供给 Y 轴偏转板，以控制电子束在垂直方向的运动
X 轴偏转系统	由衰减器和 X 轴放大器组成，其作用是放大锯齿波扫描信号或外加电压信号。衰减器主要用来衰减由 X 轴输入的被测信号，衰减倍数由“X 轴衰减”开关进行切换。当此开关置于“扫描”位置时，由扫描发生器送来的扫描信号经 X 轴放大器放大后送到 X 轴偏转板，以控制电子束在水平方向的运动
扫描及整步系统	扫描发生器的作用是产生频率可调的锯齿波电压，作为 X 轴偏转板的扫描电压。整步系统的作用是引入一个幅度可调的电压，使扫描电压与被测信号电压保持同步，屏幕上显示出稳定的波形
电源	由变压器、整流及滤波等电路组成，作用是向整个示波器供电

模拟示波器的工作方式是模拟电路的电子枪向屏幕发射电子，发射的电子经聚焦形成电子束，并打到屏幕上，屏幕的内表面涂有荧光物质，这样电子束打中的点就会发出光来。在被测信号的连续作用下，电子束就像一支笔的笔尖，可以在屏幕上描绘出被测信号瞬时值的变化曲线。

2. 双踪示波器的特有部分

双踪示波器除了具有普通示波器的组成部分外，还具有自己特有的组成部分。

（1）探头

探头是连接示波器外部的一个输入电路部件。探头的作用是提高垂直通道的输入电阻、减小输入电容，从而减小杂散信号对被测信号的影响。此外，探头还具有分压作用，被测信号通过探头可以产生 10∶1 的衰减，达到扩大量程的目的。

探头的外形、结构和等效电路如图 7–3–2 所示，它将一个 RC 并联电路装在金属屏蔽罩内，通过屏蔽电缆接在示波器的垂直输入端。图中 R1、C1 表示探头中的并联电阻和电容，R_i、C_i 表示示波器的输入电阻和输入电容。通过调整 C1，使得 $R_1C_1 = R_iC_i$，就能组成宽频带脉冲分压器，使输入电阻增大为原来的 10 倍，输入电容减小为原来的 1/10，同时量程扩大为原来的 10 倍。

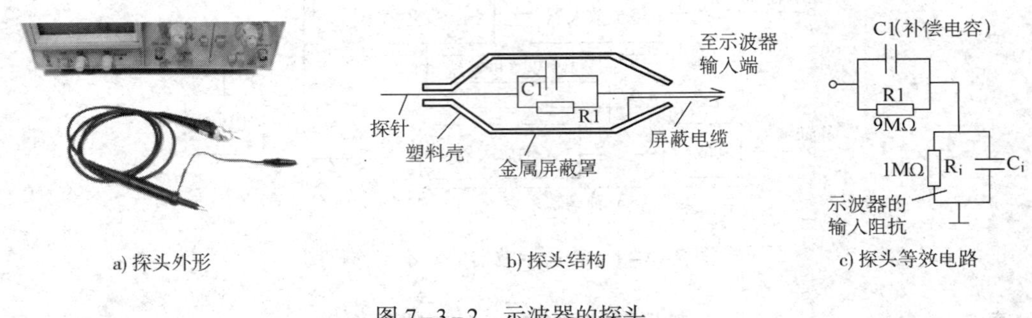

a) 探头外形　　b) 探头结构　　c) 探头等效电路

图 7–3–2　示波器的探头

还有一种探头被称为有源探头，它通过在探头内安装一个射极输出器来提高其输入阻抗。其主要特点是对信号没有衰减作用，因而便于测量微小信号。但测量的动态范围有限，测量大信号时有失真。

（2）校准信号发生器

校准信号发生器的作用是产生频率为 1 kHz、幅度为 0.5 V_{P-P} 的标准方波电压。校准信号发生器的电路主要由一个射极耦合多谐振荡器构成，其输出经限幅、放大，然后由射极跟随器的射极分压后产生标准方波。

连续扫描与触发扫描有何不同，扫描右侧二维码即可了解。

3. 双踪示波器的原理

双踪示波器的垂直系统和普通示波器相比，主要的区别是设有两个 *Y* 轴通道及增加了电子开关和门电路，如图 7–3–3 所示。被测的两个信号由 *Y* 轴的两个通道 CH1 和 CH2 分别输入，经各自的探头、衰减器、前置放大器放大后送入各自的门电路（CH1 门电路和 CH2 门电路），门电路受电子开关的控制轮流打开，使两个被测信号轮流送入延迟电路和 *Y* 轴后置放大器，最后送到示波管的 *Y* 轴偏转板上，实现电子束在垂直方向上的偏转。基本原理如图 7–3–4 所示。

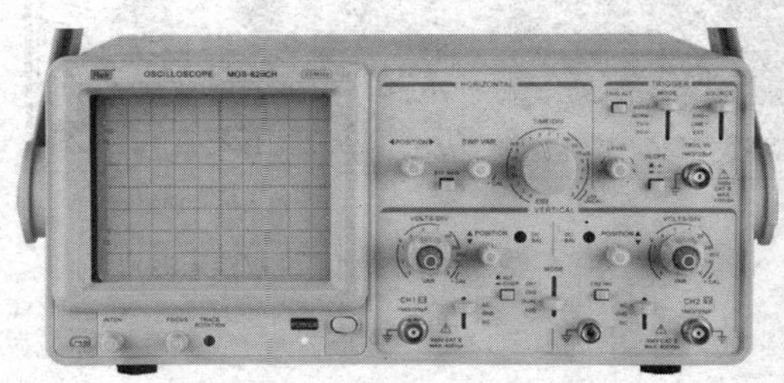

图 7–3–3　常用的双踪示波器

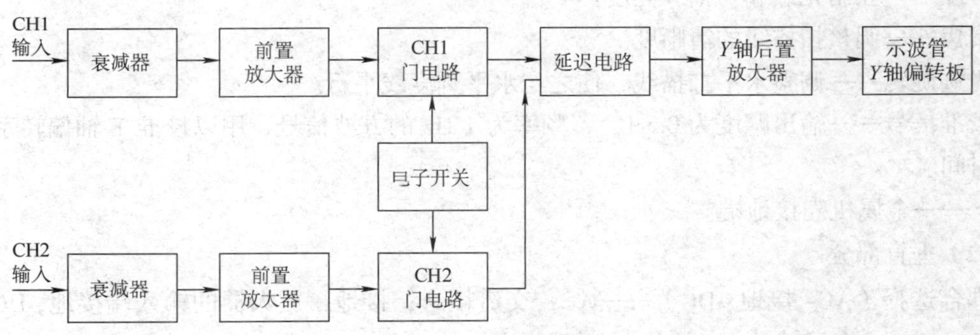

图 7–3–4　双踪示波器的基本原理

和普通示波器相似，被测信号经前置放大器放大后送出一路“内触发”信号，该信号经触发器选择开关和触发整形放大器后，触发扫描发生器，产生锯齿波扫描信号。

电子开关（Y 工作方式）有“交替”“断续”“CH1”“CH2”和“CH1+CH2”五种工作状态，扫描右侧二维码即可了解。

二、模拟双踪示波器的使用方法

模拟双踪示波器的型号很多，如 YB43020B 型、CA8020 型、XC4320 型等，使用方法大同小异。下面以 YB43020B 型双踪示波器为例，说明双踪示波器的使用方法。

1. YB43020B 型双踪示波器的面板

YB43020B 型双踪示波器的前面板如图 7－3－5 所示。

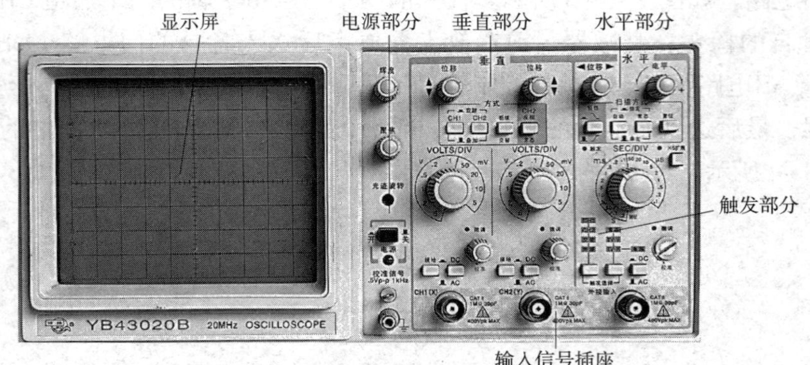

图 7－3－5　YB43020B 型模拟双踪示波器

（1）电源部分

电源——示波器主电源开关。开关按下时电源指示灯亮，表示电源接通。

辉度——控制光点和扫描线亮度。

聚焦——调整扫描线的清晰度。

光迹旋转——调整水平扫描线，使之与水平刻度线平行。

校准信号——输出幅度为 0.5 V_{p-p}，频率为 1 Hz 的方波信号，用以校准 Y 轴偏转系数和扫描时间。

⏚——金属机壳接地端。

（2）垂直部分

耦合选择（AC- 接地 -DC）——AC：交流耦合；接地：放大器的输入端接地；DC：直流耦合。

VOLTS/DIV——灵敏度选择旋钮。从 5 mV/Div～5 V/Div 共分为 10 挡，供选择垂直偏转因数。Div 表示分格，V/Div 表示显示器屏幕上每一格对应的电压值，这样就能很方便地从屏幕上波形所占的格数计算出波形的电压值。

微调——偏转系数微调，可调节至面板指示值的 2.5 倍及以上。该旋钮断开时为校准，可根据“VOLTS/DIV”旋钮位置和波形在垂直轴上的距离读取信号电压值。

CH1 位移和 CH2 位移——调节扫描线或光点的垂直位置。

方式——用于选择垂直系统的工作方式。CH1：只显示 CH1 通道的信号；CH2：只显示 CH2 通道的信号；双踪 / 叠加：用于显示 CH1 和 CH2 通道信号相加的结果，当 CH2 信号反相时，则显示两信号相减的结果；交替 / 断续：同时观察 CH1 和 CH2 通道信号，此时交替或断续显示 CH1 和 CH2 通道信号，适用于扫描速度较慢的情况；CH2 反相 / 常态：用于调节 CH2 通道信号的反相、正相。

（3）水平部分

SEC/DIV——扫描时间基数选择旋钮，根据被测信号的周期，选择合适的挡位。

微调——用以连续调节扫描时间．可调节至面板指示值的 2.5 倍及以上。该旋钮断开时为校准，可根据旋钮位置和波形在水平轴上的距离读取信号时间参数。

位移——调节扫描线或光点的水平位置。

电平——调节触发电平的大小，使被测信号在变化至某一电平时触发扫描。

极性——选择被测信号在上升沿或下降沿触发扫描。

扫描方式——选择扫描的方式。自动：当无触发信号时，屏幕显示扫描光迹，当有触发信号时，电路自动转入触发扫描状态，适合观察频率为 50 Hz 以上的信号；常态：当无触发信号时，屏幕无扫描光迹，当有触发信号时（电平旋钮在合适位置上），电路转入触发扫描状态，适合观察频率为 50 Hz 以下的信号；锁定：无须调节电平旋钮即可将波形稳定地显示在屏幕上；单次：当有触发信号，且按动“复位”按键时，扫描只产生一次，再次扫描需要继续按动“复位”按键。

×5 扩展——扫描速率扩大 5 倍。

触发——触发指示灯，有两种功能指示：一是示波器在非单次扫描方式下工作时，指示灯亮表示扫描电路处于触发状态；二是示波器在单次扫描方式下工作时，指示灯亮表示扫描电路处于准备状态，此时若有信号输入则产生一次扫描，指示灯随之熄灭。

（4）触发部分

CH1——在双踪显示时，触发信号来自 CH1 通道；单踪显示时，触发信号来自被显示的通道。

CH2——在双踪显示时，触发信号来自 CH2 通道；单踪显示时，触发信号来自被显示的通道。

交替——在双踪显示时，触发信号交替来自 CH1 和 CH2 两个通道，适合同时观察两路不相关的信号。

外接——触发信号来自外接输入端口。

常态——观察常规信号。

TV-V——观察电视场信号。

TV-H——观察电视行信号。

电源——与市电信号同步。

AC/DC——外触发信号的耦合方式。当选择外触发源，且信号为直流时，选择 DC；信号为交流时，选择 AC。

（5）输入信号插座

CH1（X）——常规使用时，作为垂直通道 1 的输入端口；示波器工作在 X-Y 方式时，作为 *X* 轴信号输入端口。

CH2（Y）——常规使用时，作为垂直通道 2 的输入端口；示波器工作在 X–Y 方式时，作为 Y 轴信号输入端口。

外接输入——选择外触发方式时，作为触发信号的输入端口。

2. YB43020B 型双踪示波器的使用方法

（1）测量前的准备工作

1）设置开关及旋钮位置。将电源线插入交流电源插座之前，应按表 7–3–2 设置示波器的开关及控制旋钮的位置。

表 7–3–2　示波器各开关及旋钮的位置

开关名称	位置设置	开关名称	位置设置
电源	断开	触发源	CH1
辉度	相当于时钟 3 点位置	CH1 耦合选择	AC
Y 轴工作方式	CH1	电平	相当于时钟 12 点位置
CH1 位移和 CH2 位移	CH1 相当于时钟 2 点位置 CH2 相当于时钟 10 点位置	扫描方式	锁定
VOLTS/DIV	0.5 V/Div	SEC/DIV	0.5 ms/Div
垂直微调	校准，断开	水平微调	校准，断开
CH2 耦合选择	接地	水平位移	相当于时钟 12 点位置

2）打开电源。调节辉度和聚焦旋钮，使扫描基线清晰度较好。

3）一般情况下，应将垂直微调和水平微调旋钮处于“校准”位置，以便读取 VOLTS/DIV 和 SEC/DIV 的数值。

4）调节 CH1 垂直移位。使扫描基线设定在屏幕中间，若此光迹在水平方向略微倾斜，则应调节光迹旋转旋钮，使光迹与水平刻度线平行。

5）校准探头。由探头输入方波校准信号到 CH1 输入端，将 0.5 V_{P-P} 校准信号加到探头上。将 CH1 耦合选择开关置于“AC”位置，校准波形将显示在屏幕上。

（2）测量信号的方法和步骤

1）将被测信号输入示波器通道输入端。注意输入电压不能超过 400 V（$DC+AC_{P-P}$）。使用探头测量大信号时，必须将探头衰减旋钮拨到“×10”位置，此时输入信号缩小到原值的 1/10，实际的 VOLTS/DIV 值为显示值的 10 倍。测量低频小信号时，可将探头衰减旋钮拨到“×1”位置，如图 7–3–6 所示。

2）按照被测信号参数测量方法的不同，选择各旋钮的位置，使信号正常显示在荧光屏上，记录测量的读数或波形。测量时必须注意将 Y 轴偏转系数微调旋钮和 X 轴扫描时间微调旋钮旋至“校准”位置。因为只有在“校准”时才可按旋钮“VOLTS/DIV”及

“SEC/DIV”的指示值计算测量结果。同时还应注意，面板上标定的垂直偏转系数“VOLTS/DIV”中的电压是指峰—峰值。

3）根据记录的读数进行分析、运算和处理，得到测量结果。

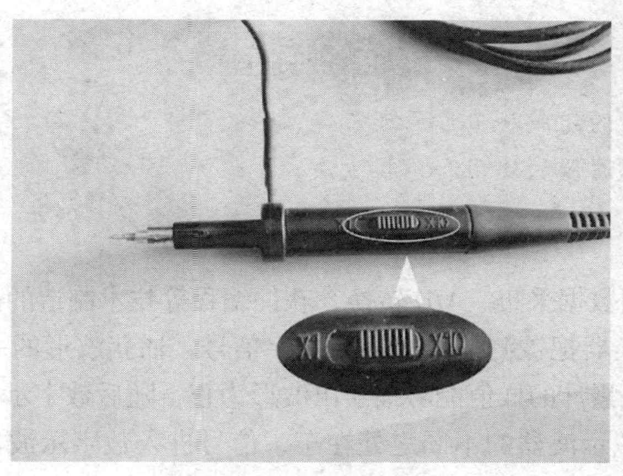

图 7-3-6　探头的使用

双踪示波器的应用示例——电压的测量，扫描右侧二维码即可了解。

双踪示波器的应用示例——时间和周期的测量，扫描右侧二维码即可了解。

三、模拟双踪示波器的维护

1. 双踪示波器的使用注意事项

（1）双踪示波器的电源为单相三线制，故仪器通电前应检查供电电源是否符合此要求。

（2）为了保护荧光屏不被灼伤，使用双踪示波器时，光点亮度不能太强，而且也不能长时间停留在荧光屏的同一位置。在使用过程中，如果短时间内不使用双踪示波器，可将辉度旋钮调到最小，不要经常通断双踪示波器的电源，以免缩短示波管的使用寿命。

（3）双踪示波器上所有开关与旋钮都有一定强度与调节角度。使用前，应掌握所使用的双踪示波器面板上各旋钮的作用。使用时应轻轻地旋转，不能用力过猛或随意旋转。

2. 双踪示波器的存放条件

（1）双踪示波器在日常使用时，应保持干燥和清洁。不使用时，应罩上塑料外罩，避免金属杂物和尘埃的进入。此外，存放处应保持干燥和通风，在气候潮湿时，应使用干燥剂，以免机内元器件受潮，产生故障。

（2）在搬运双踪示波器的过程中，应轻拿轻放，避免剧烈振动，以免损坏示波器。

§7—4 数字示波器

学习目标

1. 了解数字示波器的组成和工作原理。
2. 熟练掌握数字示波器的使用和维护方法。

数字示波器是运用数据采集、A/D 转换、软件编程等技术制造的高性能智能示波器。数字示波器通过模拟转换器把被测信号转换为数字信号，捕获波形的一系列样值，并对样值进行存储，存储限度是累计的样值能够描绘出波形为止，随后数字示波器重构波形。

数字示波器与模拟示波器的不同之处在于，信号进入数字示波器后立刻通过高速 A/D 转换器对模拟信号前端采样，存储其数字化信号，并利用数字信号处理技术对存储的数据进行实时快速处理，得到信号的波形及参数，最终由 LCD 显示屏显示。数字示波器不仅测量精度高，还能够存储和调用显示特定时刻的信号。

本节主要以具有广泛代表性的 UTD2102e 型数字示波器为例，介绍其组成、工作原理和使用方法。

一、数字示波器的组成和工作原理

UTD2102e 型数字示波器如图 7-4-1 所示。该数字示波器具有快速完成测量任务所需要的高性能指标和强大功能。UTD2102e 型数字示波器通过高速的实时采样和等效采样，可以在数字示波器上观察到更快的信号。强大的触发和分析能力使其易于捕获和分析波形。清晰的液晶显示和全面的数学运算功能，使其便于使用者更快、更清晰地观察和分析信号。

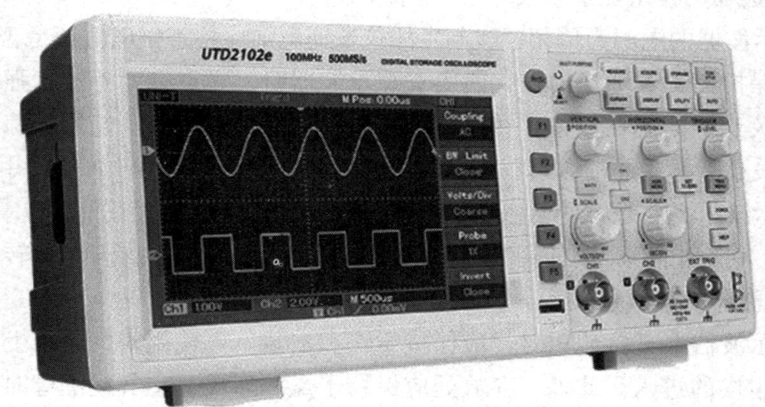

图 7-4-1 UTD2102e 型数字示波器

1. 数字示波器的组成

UTD2102e 型数字示波器的结构如图 7-4-2 所示。该数字示波器提供简单而功能明晰的前面板，以进行基本的操作。面板上包括旋钮和功能按键，旋钮的功能与其他数字示波器类似。显示屏右侧的一列按键为控制菜单软键（自上而下定义为 F1～F5），通过它们可以设置当前菜单的不同选项。其他按键为功能键，通过它们可以进入不同的功能菜单或直接获得特定的功能应用。

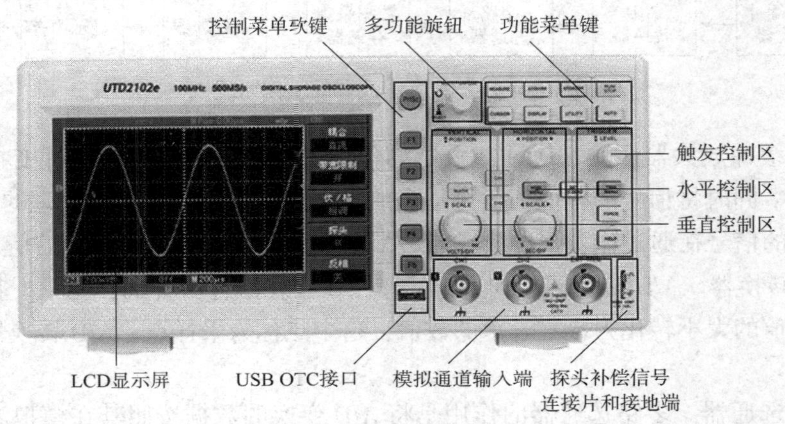

图 7-4-2　UTD2102e 型数字示波器的结构

UTD2102e 型数字示波器正常测量时，LCD 显示屏的界面如图 7-4-3 所示。LCD 显示屏上的显示项目与前面板的旋钮和功能按键一一对应，通过旋钮和功能按键可以分别调出需要显示的项目。

2. 数字示波器的工作原理

数字示波器有别于模拟示波器，它是将采集到的模拟信号转换为数字信号，再由微处理器进行分析、处理、存储、显示等操作。通过数据接口还可将数据传输到计算机等外部设备进行分析处理。

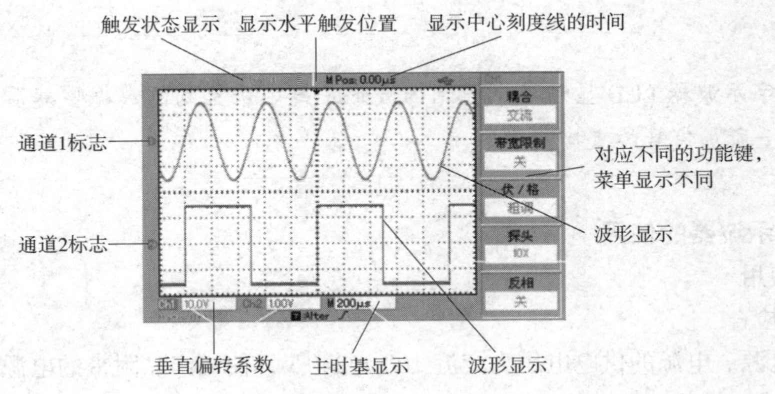

图 7-4-3　数字示波器 LCD 显示屏的界面

数字示波器的工作过程一般分为存储和显示两个阶段。在存储阶段，首先对被测模拟信号进行采样和量化，经 A/D 转换器转换成数字信号后，依次存入 RAM 中。当采样频率足够高时，就可以实现信号的不失真存储。在显示阶段，微处理器对存储器中的数字化信号波形进行相应的处理，并显示在 LCD 显示屏上。数字示波器的工作原理如图 7－4－4 所示。

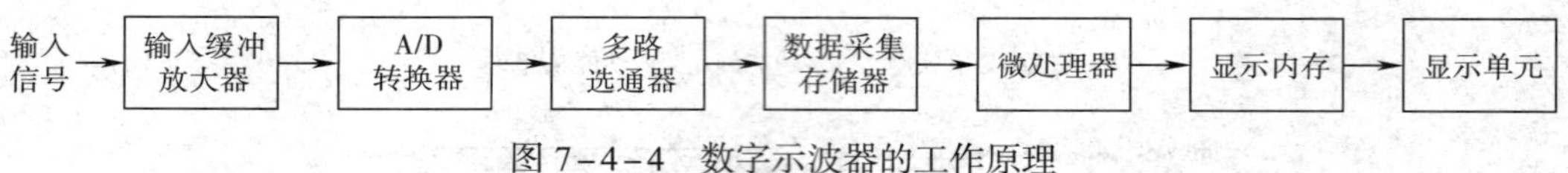

图 7－4－4　数字示波器的工作原理

（1）输入缓冲放大器。输入缓冲放大器的作用是将输入的信号作缓冲变换，将被测体与示波器隔离，同时将信号的幅值切换至适当的电平范围（示波器可以处理的范围），也就是说不同幅值的信号在通过输入缓冲放大器后都会转变成相同电压范围内的信号。

（2）A/D 转换器。A/D 转换器起到采样的作用，它在采样时钟的作用下，将采样脉冲到来时刻信号幅值的大小转化为数字表示的数值，这个点称为采样点。A/D 转换器是波形采集的关键部件。

（3）多路选通器。多路选通器的作用是将 A/D 变换的数据按照其在模拟波形上的先后顺序存入存储器，也就是给数据安排地址，地址的顺序就是采样点在波形上的顺序，相邻采样点之间的时间间隔就是采样间隔。

（4）数据采集存储器。将采样数据按照安排好的地址存储下来，当数据采集存储器内的数据足够复原波形时，再送入后级处理，用于复原波形并显示。

（5）微处理器和显示内存。微处理器用于控制和处理所有的信息，并把采样点复原为波形点，存入显示内存区用于显示。

（6）显示单元。将显示内存中的波形点显示出来，显示内存中的数据与 LCD 显示屏上的点是一一对应的关系。

我们在数字示波器 LCD 显示屏上看到的波形，是由采集到的数据重建后的波形，而不是输入连接端上所加信号的直接波形。

二、数字示波器的使用

1. 基本使用

（1）功能检查

1）接通电源。电源的供电电压为交流 100～240 V，使用产品附带的电源线或者其他符合标准的电源线，将示波器连接到电源。

2）开机检查。按下示波器的电源开关按键，示波器启动，出现开机动画，启动完成后即进入正常的界面。

3）接入信号。数字示波器为双通道输入，另有一个外触发输入通道。按照如下步骤接入信号：

① 将数字示波器探头连接到 CH1 输入端，并将探头上的衰减倍率设定为“10×”，如图 7-4-5 所示。

② 在数字示波器上设置探头衰减系数。此衰减系数能够改变仪器的垂直挡位倍率，从而使测量结果正确反映被测信号的幅值。设置探头衰减系数的方法为按“F4”按键使菜单显示“10×”，如图 7-4-5 所示。

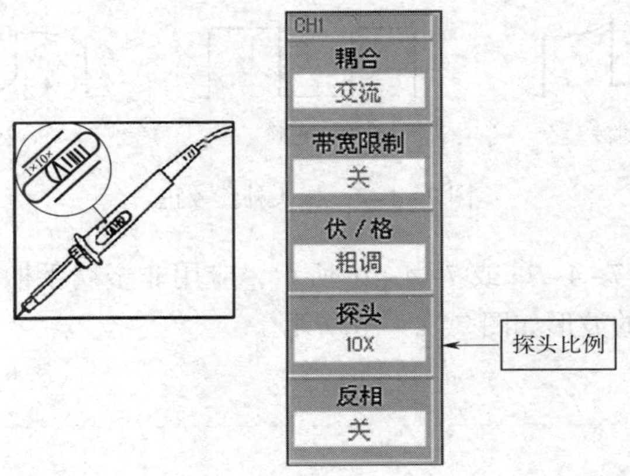

图 7-4-5　设定探头衰减倍率和衰减系数

③ 把探头的探针和接地夹连接到探头补偿信号的相应连接端上。按“CH1”按键，再按“AUTO”按键，几秒内可见到方波显示（1 kHz，3 V_{p-p}），如图 7-4-6 所示。

以同样的方法检查 CH2，按“CH2”按键自动关闭 CH1 通道，打开 CH2 通道，重复步骤①②③。

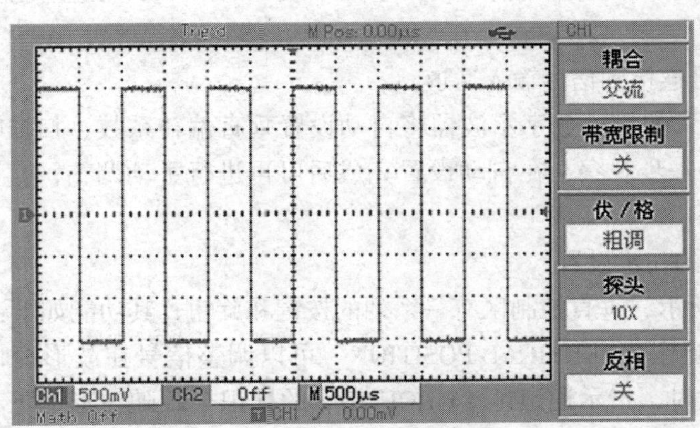

图 7-4-6　探头补偿信号

（2）探头补偿校正

首次将探头与任一输入通道连接时，需要进行探头补偿校正，使探头与输入通道相配。未经补偿校正的探头会导致测量误差或错误。探头补偿校正的操作步骤如下：

1）将探头衰减系数设定为“10×”，探头上的衰减旋钮置于“10×”位置，并将数字示波器探头与 CH1 连接。如使用探头钩形头，应确保其与探头接触可靠。将探头端部与探头补偿器的信号输出连接器相连，接地夹与探头补偿器的地线连接器相连，打开 CH1，然后按“AUTO”按键。

2）观察显示波形，如图 7－4－7 所示。

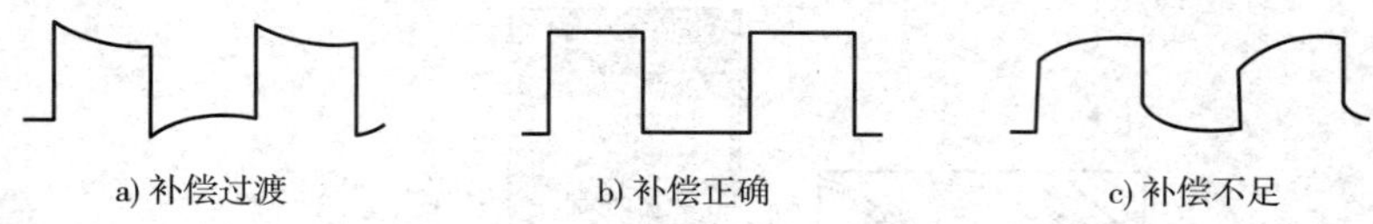

图 7－4－7　探头补偿校正

如果显示波形如图 7－4－7a 或 7－4－7c 所示，应用非金属手柄的旋具调整探头上的可变电容，直到屏幕显示的波形如图 7－4－7b 所示。

为避免在使用探头测量高电压时被电击，应确保探头的绝缘导线完好，并且连接高压源时不要接触探头的金属部分。

（3）波形显示的设置

数字示波器具有自动设置波形显示的功能，根据输入的信号可自动调整至最合适的波形。应用自动设置的要求是被测信号的频率大于或等于 50 Hz，占空比大于 1%。具体操作步骤如下：

1）将被测信号连接到信号输入通道。

2）按“AUTO”按键。数字示波器将自动设置垂直偏转系数、扫描时间基数以及触发方式。如果需要进一步观察，在自动设置完成后可再进行手动调整，直至波形显示达到需要的效果。

（4）垂直系统的初步设置

如图 7－4－8 所示，垂直控制区有一系列的按键和旋钮，其功能如下：

1）垂直位置旋钮“VERTICAL POSITION”可以调整信号在波形窗口的垂直位置。当旋转垂直位置旋钮时，指示通道地（GROUND）的标识会跟随波形上下移动。如果通道耦合方式为 DC，可以通过观察波形与信号地之间的差距来快速测量信号的直流分量。如果耦合方式为 AC，则信号中的直流分量被滤除。这种方式能够用更高的灵敏度显示信号的交流分量。

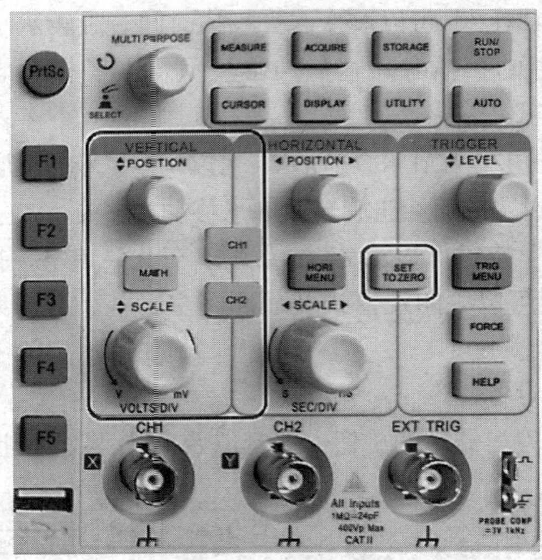

图 7-4-8　垂直控制区

2）“SET TO ZERO”按键是双模拟通道垂直位置恢复到零点的快捷键。该按键能够使垂直移位、水平移位、触发电平的位置回到零点（中点）。

3）旋转垂直标度旋钮“SCALE”可以改变“伏 / 格”垂直挡位。

4）按“CH1”“CH2”“MATH”按键可以使屏幕显示对应通道的操作菜单、标志、波形和挡位状态信息。

5）双击“CH1”“CH2”“MATH”按键可以关闭需要关闭的通道。

（5）水平系统的初步设置

如图 7-4-9 所示，在水平控制区有一系列的按键和旋钮，其功能如下：

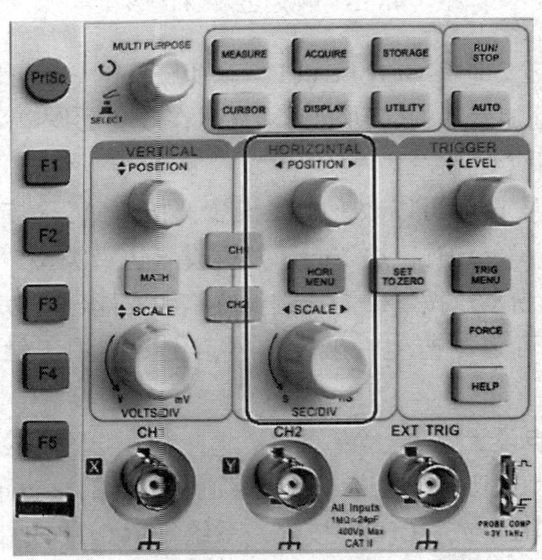

图 7-4-9　水平控制区

1）水平标度旋钮“SCALE”可以改变水平扫描时间。旋转水平标度旋钮“SCALE”时，可以发现状态栏对应通道的扫描时间基数挡位显示发生了相应的变化。水平扫描时间从2 ns～50 s，以1-2-5方式步进。

2）水平位置旋钮“HORIZONTAL POSITION”可以调整信号在波形窗口的水平位置。旋转水平位置旋钮时，可以观察到波形随旋钮旋转而水平移动。

3）按“HORI MENU”按键可显示Zoom菜单。在此菜单下，按“F3”按键可以开启视窗扩展，再按“F1”按键可以关闭视窗扩展而回到主时基。在此菜单下，还可以设置触发释抑时间。

（6）触发系统的初步设置

图7-4-10所示为触发控制区的旋钮、按键以及LCD显示屏上显示的触发菜单。

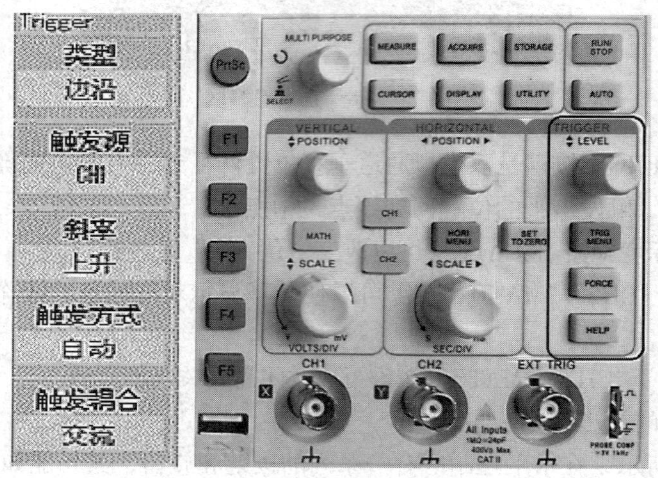

图7-4-10　触发控制区和触发菜单

1）使用触发电平旋钮“TRIGGER LEVEL”改变触发电平，可以在屏幕上看到触发标志来指示触发电平线，并且随旋钮的转动上下移动。在改变触发电平的同时，可以观察到屏幕下部触发电平数值的相应变化。

2）按“TRIG MENU”按键可以改变触发设置。按“F1”按键选择“边沿”触发；按“F2”按键选择“触发源”为CH1；按“F3”按键设置边沿类型“斜率”为上升；按“F4”按键设置“触发方式”为自动；按“F5”按键设置“触发耦合”为交流。

3）按“FROCE”键可强制产生一触发信号，主要应用于触发方式中的正常和单次模式。

2. 垂直系统的进一步设置

数字示波器提供两个模拟输入通道，每个通道有独立的垂直菜单，每个项目都按不同的通道分别设置。按“CH1”或“CH2”按键，系统显示CH1或CH2通道的操作菜单，功能说明见表7-4-1。

表 7-4-1 垂直通道菜单的功能说明

功能	设定	说明
耦合	交流	阻挡输入信号的直流成分
	直流	通过输入信号的交流和直流成分
	接地	显示参考地电平（不断开输入信号）
带宽限制	打开	限制带宽至 20 MHz，被测信号中高于 20 MHz 的高频分量将被衰减
	关闭	不打开带宽限制功能，示波器按满带宽工作
伏格	粗调	按 1-2-5 步进设定当前通道的垂直挡位
	细调	在粗调设置的范围之间，按当前伏格挡位 1% 的步进来设置当前通道的垂直挡位
探头	1×、10×、100×、1 000×	根据探头衰减倍率选取其中一个值，以保持垂直挡位读数与波形实际显示一致，而不需要通过乘探头衰减倍率进行计算
反向	关	波形正常显示
	开	波形反相显示

（1）垂直通道耦合设置

以信号通过 CH1 通道为例，被测信号是一含有直流分量的正弦信号。按“F1”按键选择交流，设置为交流耦合方式，被测信号中的直流分量被阻隔，波形显示如图 7-4-11a 所示。按“F1”按键选择直流，设置为直流耦合方式，被测信号的直流分量和交流分量都可以通过，波形显示如图 7-4-11b 所示。按“F1”按键选择接地，设置为接地耦合方式，被测信号的直流分量和交流分量都被阻隔，波形显示如图 7-4-11c 所示。

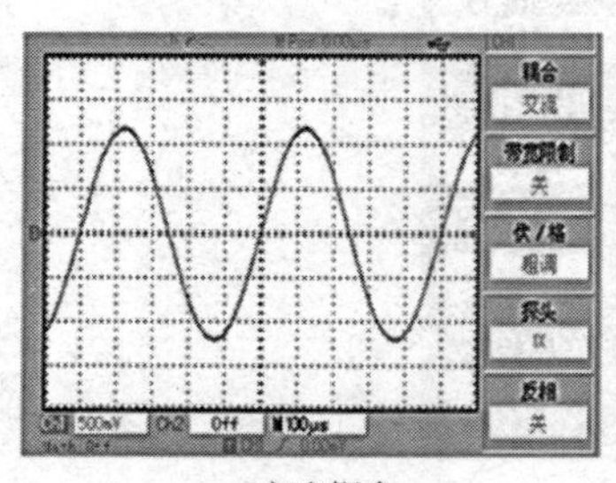

a) 交流耦合

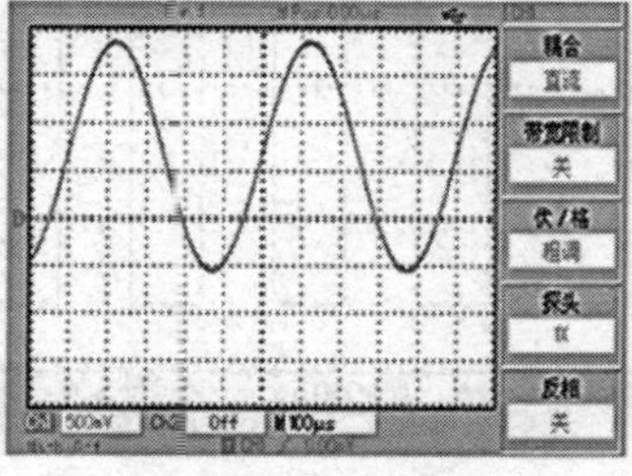

b) 直流耦合

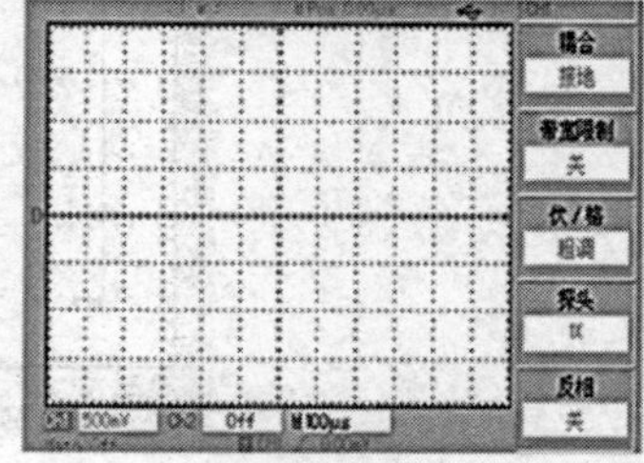

c) 接地耦合

图 7-4-11 垂直通道耦合的设置方式

（2）垂直通道带宽限制

以一个 40 MHz 左右的正弦信号通过 CH1 通道为例，按“CH1”按键打开 CH1 通道，然后按“F2”按键，关闭带宽限制，此时通道带宽为全带宽，被测信号含有的高频分量都可以通过，波形显示如图 7-4-12 a 所示。按“F2”按键，打开带宽限制，此时被测信号中高于 20 MHz 的噪声和高频分量被大幅度衰减，波形显示如图 7-4-12 b 所示。

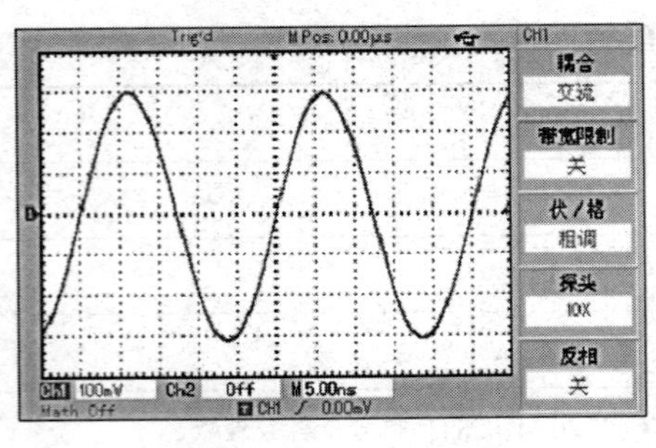

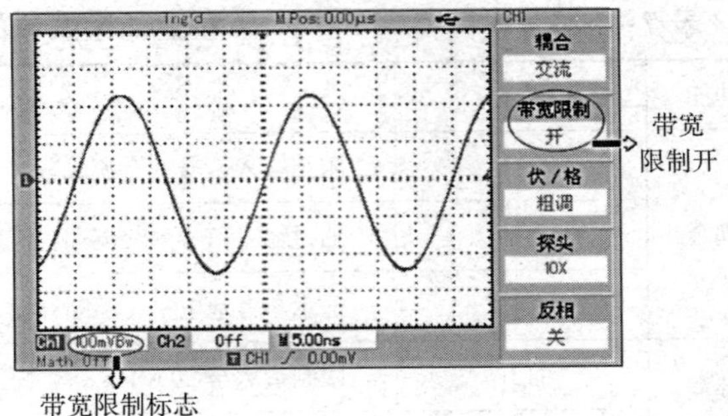

a) 带宽限制关闭时的波形显示　　b) 带宽限制打开时的波形显示

图 7－4－12　垂直通道带宽限制关闭 / 打开时的波形显示

（3）设置探头衰减系数

为了配合探头衰减倍率，需要在通道操作菜单中进行相应的设置。若探头上的旋钮置于“10×”，则通道菜单中探头衰减系数应相应设置为“10×”，以此类推，以确保读数正确。图 7－4－12 所示为使用 10 : 1 探头时的设置及垂直挡位的显示。

（4）调节垂直偏转系数

垂直偏转系数的伏 / 格挡位调节分为粗调和细调两种模式。粗调时，伏 / 格范围是 1 mV/Div～20 V/Div，以 1－2－5 方式步进。细调时，在当前垂直挡位范围内以更小的步进改变偏转系数，从而实现垂直偏转系数在所有垂直挡位内无间断地连续可调。图 7－4－12 所示为粗调，图 7－4－13 所示为细调。

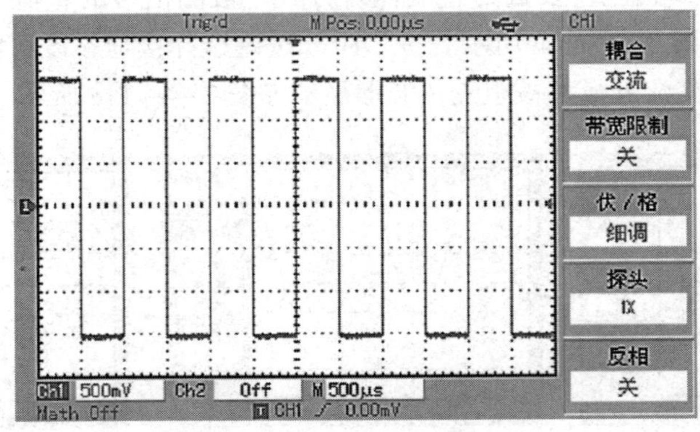

图 7－4－13　垂直偏转系数细调

（5）反相

波形反相即显示信号的相位翻转 180°。未反相的波形如图 7－4－14 a 所示，反相后的波形如图 7－4－14 b 所示。

3. 水平系统的进一步设置

（1）水平扫描

X－T 方式——在此方式下，Y 轴表示电压值，X 轴表示时间。

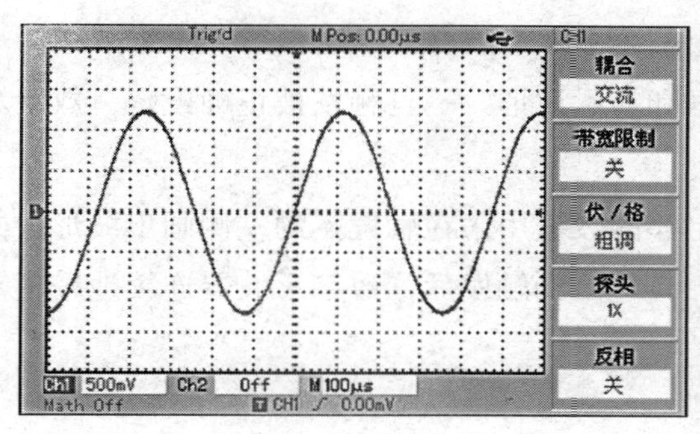

a) 未反相

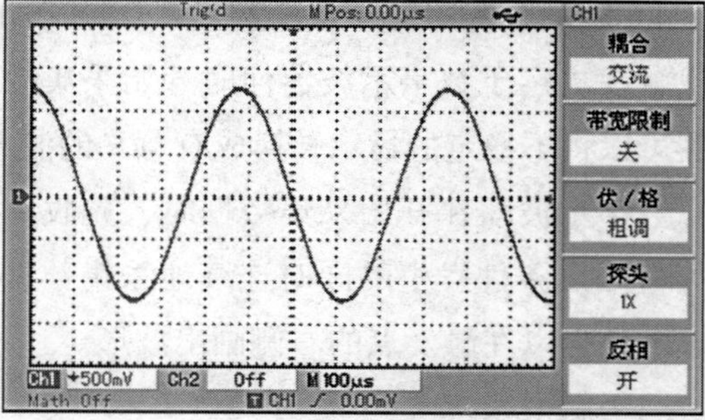

b) 反相

图 7-4-14　垂直通道反相设置

X-Y 方式——在此方式下，*X* 轴表示 CH1 电压值，*Y* 轴表示 CH2 电压值。

慢扫描模式——当扫描时间基数控制设定在 100 ms/Div 或更慢时，仪器进入慢扫描采样模式。应用慢扫描模式观察低频信号时，建议将垂直通道耦合设置成直流。

SEV/DIV——扫描时间基数选择旋钮，根据被测信号频率的高低，选择合适的挡位。

（2）视窗扩展

视窗扩展用来放大一段波形，以便查看图像细节。视窗扩展的设定值要大于主时基的设定值。视窗扩展下的屏幕显示如图 7-4-15 所示。

在扩展视窗下，屏幕分两个显示区域，上半部分显示的是原波形，此区域可以通过旋转水平位置旋钮“HORIZONTAL POSITION”左右移动，或旋转水平标度旋钮“SCALE”扩大和减小选择区域。下半部分是选定的原波形区域经过水平扩展得到的波形。值得注意的是，扩展时基相对于主时基提高了分辨率。由于整个下半部分显示的波形对应于上半部分选定的区域，因此旋转水平标度旋钮“SCALE”减小选择区域可以提高波形的水平扩展倍数。

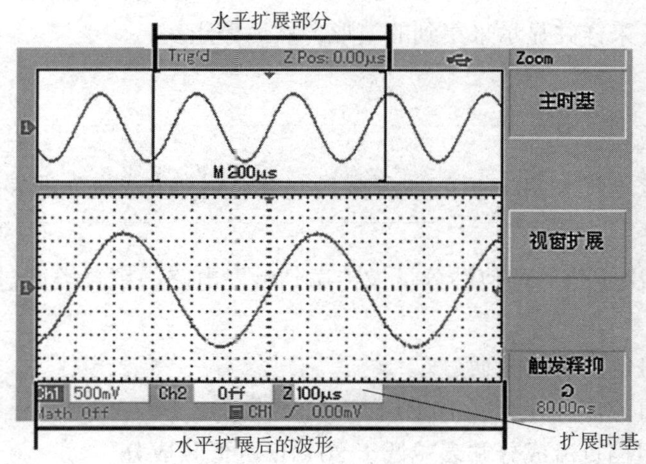

图 7-4-15　视窗扩展下的屏幕显示

4. 触发系统的进一步设置

触发决定了数字示波器何时开始采集数据和显示波形。一旦触发被正确设定，数字示波器可以将不稳定的显示转换成有意义的波形。

数字示波器在开始采集数据时，先收集足够的数据用来在触发点的左侧画出波形，并在等待触发条件发生的同时连续地采集数据。当检测到触发后，数字示波器连续地采集足够多的数据以在触发点的右侧画出波形。

（1）触发系统

1）触发源：触发可从多种信号源得到，例如输入通道（CH1、CH2）、外部触发（EXT）和市电。

输入通道——最常用的触发源是输入通道（可任选一个）。被选中作为触发源的通道，无论其输入是否被显示，都能正常工作。

外部触发——这种触发源可在两个通道上采集数据的同时在第三个通道上触发。例如，可利用外部时钟或来自待测电路的信号作为触发源。

市电——即市电电源。这种触发方式可用来观察与市电相关的信号，如照明设备和动力提供设备之间的关系，从而获得稳定的同步。

2）触发方式：决定数字示波器在无触发事件情况下的行为方式。该型号数字示波器提供自动触发、正常触发和单次触发三种触发方式。

自动触发——在没有触发信号输入时，系统自动采集波形数据，屏幕上显示扫描基线；当有触发信号输入时，自动转为触发扫描，从而与信号同步。

正常触发——只有触发条件满足时才能采集到波形。在没有触发信号时停止数据采集，示波器处于等待触发状态。

单次触发——用户按下“运行”按键，数字示波器进入等待触发状态，当数字示波器检测到一次触发时，采样并显示采集到的波形，然后停止。

当扫描时间基数设定为 50 ms/Div 或更慢时，自动触发方式允许没有触发信号。

3）触发耦合：决定信号的何种分量被传送到触发电路。耦合类型包括直流、交流、低频抑制和高频抑制。

直流——让信号的所有成分通过。

交流——阻挡直流成分并衰减 10 Hz 以下信号。

低频抑制——阻挡直流成分并衰减低于 80 kHz 的低频成分。

高频抑制——衰减超过 80 kHz 的高频成分。

4）预触发 / 延迟触发：触发事件之前 / 之后采集的数据。触发位置通常设定在屏幕的水平中心，可以观察到 5 Div（或 6 Div）的预触发和延迟触发信息。可以通过调节波形的水平位移，查看更多的预触发信息。观察预触发数据可以掌握触发前的波形情况。例如，捕捉到电路启动时刻产生的毛刺，通过观察和分析预触发数据，就能帮助查出毛刺产生的原因。

（2）触发控制的方式

触发控制的方式分为边沿触发、脉宽触发和交替触发。

边沿触发——当触发信号的边沿到达某一给定电平时，触发产生。

脉宽触发——当触发信号的脉冲宽度达到设定的触发条件时，触发产生。

交替触发——当 CH1、CH2 分别交替地触发各自的信号时，触发产生，适用于触发没有频率关联的信号。

数字示波器的应用示例——测量简单的信号和观察正弦波信号通过电路产生的延时，扫描右侧二维码即可了解。

三、数字示波器的维护

1. 系统提示信息说明

（1）调节已到极限：提示在当前状态下，多用途旋钮的调节已到达极限，不能再继续调整。

（2）U 盘连接成功：当 U 盘插入数字示波器时，如果连接正确，屏幕出现该提示。

（3）U 盘已移除：当 U 盘从数字示波器上拔下时，屏幕出现该提示。

（4）Saving：当波形正在存储时，屏幕显示该提示，并在其下方出现进度条。

（5）Loading：当波形正在调出时，屏幕显示该提示，并在其下方出现进度条。

2. 简单故障排除

（1）无波形

采集信号后，画面中并未出现信号的波形，按以下步骤处理：

1）检查探头是否正常连接在信号测试点上。

2）检查信号连接线是否正常连接在模拟通道输入端上。

3）检查输入信号的模拟通道输入端与打开的通道是否一致。

4）将探头探针端连接到示波器前面板的探头补偿信号连接片，检查探头是否正常。

5）检查待测物是否有信号产生（可将有信号产生的通道与有问题的通道接在一起来确定问题所在）。

6）按“AUTO”按键自动设置，使示波器重新采集信号。

（2）电压测试错误

测量的电压幅度值为实际值的 10 倍或 1/10，则应检查通道探头衰减系数设置是否与所使用的探头衰减倍率一致。

（3）不触发

有波形但无法稳定显示，按以下步骤处理：

1）检查触发菜单中的触发源设置与实际信号所输入的通道是否一致。

2）检查触发类型。一般的信号应使用边沿触发方式，只有设置正确的触发方式，波形才能稳定显示。

3）改变触发耦合为高频抑制或低频抑制，以滤除干扰触发的高频或低频噪声。

（4）刷新慢

1）检查“ACQUIRE”按键菜单中的获取方式是否为“平均”，且平均次数较大。如果想加快刷新速度可适当减少平均次数或选取其他获取方式，例如“正常采样”。

2）检查“DISPLAY”按键菜单中的“余辉时间”是否被设置成较长的时间或者“无限”。

（5）波形显示呈阶梯状

1）扫描时间基数挡位过低，通过增大扫描时间基数提高水平分辨率，可以改善显示。

2）显示类型为“矢量”，采样点间的连线造成波形阶梯状显示。将显示类型设置为“点”，即可解决。

函数信号发生器与示波器的使用

一、实训目的

1. 掌握函数信号发生器的使用方法，熟悉各旋钮、按键的作用。

2. 掌握模拟示波器的使用方法，熟悉各旋钮、按键的作用。

3. 掌握数字示波器的使用方法，熟悉各旋钮、按键的作用。

二、实训器材

函数信号发生器 1 台，模拟示波器 1 台，数字示波器 1 台。

三、实训内容及步骤

1. 外观检查

主要检查函数信号发生器、模拟示波器和数字示波器的外壳、显示屏、端钮等是否完好无损，必要的标志和极性符号是否清晰，表内有无脱落元器件等。

2. 熟悉各仪器面板上旋钮和按键的作用。

3. 开启示波器电源开关

预热一段时间后，调节示波器有关旋钮，使显示屏中央出现一条亮度适当的清晰水平线。

4. 使用函数信号发生器、模拟示波器和数字示波器

（1）将信号发生器的接地端与示波器的接地端相连，将信号发生器的输出电压端接在

示波器的 CH1 输入端。接通信号发生器的电源开关，按照函数信号发生器基本波形输出的调试方法和步骤，将信号发生器的频率调至 1 kHz，输出电压逐渐加大到适当幅度，使示波器的显示屏上显示出被测波形。按照示波器的使用方法，使示波器显示屏上出现稳定的正弦波形，观察波形并记录在表 7–4–2 中。

（2）保持示波器设置不变，将函数信号发生器的频率分别调至 500 Hz 和 50 Hz，观察、绘制相应的波形，记录在表 7–4–2 中，并分析这三种频率波形的区别。

表 7–4–2　　　　测量参数及波形表

波形参数	模拟示波器显示的波形图	数字示波器显示的波形图
垂直设置：______/Div 水平设置：______/Div 频　率：______Hz 最大值：______V 最小值：______V		
垂直设置：______/Div 水平设置：______/Div 频　率：______Hz 最大值：______V 最小值：______V		
垂直设置：______/Div 水平设置：______/Div 频　率：______Hz 最大值：______V 最小值：______V		

5. 按照现场管理规范清理场地，归置物品。

四、实训注意事项

通电前，一定要检查电路连接是否正确，经实训指导教师同意并在其监护下方能进行通电实训。

五、实训测评

根据表 7-4-3 中的测评标准对实训进行测评，并将评分结果填入表中。

表 7-4-3　　函数信号发生器与示波器的使用实训评分标准

序号	测评内容	测评标准	配分（分）	得分（分）
1	仪表面板符号含义	能正确识别函数信号发生器和示波器面板的符号	10	
2	函数信号发生器的使用	能正确使用函数信号发生器	15	
		能掌握函数信号发生器使用过程中的注意事项	10	
3	模拟示波器的使用	能正确使用模拟示波器	15	
		能调试出正弦波	10	
4	数字示波器的使用	能正确使用数字示波器	15	
		能调试出正弦波	10	
5	安全文明实训	工作环境整洁，操作习惯良好，具有安全意识，能积极参与教学活动，整体符合 6S 标准	15	
合计			100	

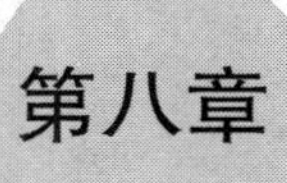

第八章 非电量测量仪器和测量技术

非电量电气测量，就是先将被测的非电量转换为电量，然后采用电气测量的方法进行测量。非电量电气测量具有准确度高、响应快、便于与计算机相连以实现自动在线实时测量等优点。本章重点介绍常月的非电量测量仪器和测量技术，包括转速、温度的测量。

§8—1 转速的测量

学习目标

1. 了解常见的光电式传感器的基本原理。
2. 掌握非接触式转速表的结构和使用方法。
3. 掌握离心式转速表的结构和使用方法。
4. 掌握非接触式转速表和离心式转速表的维护保养方法。

测量电动机及其拖动设备的转速，是电工常见的测量项目之一。转速表是专门测量各种旋转机械转速的仪表，根据其结构的不同分为离心式和数字式两大类。离心式转速表具有成本低、坚固耐用等优点，但在使用过程中需要碰触机械设备的旋转部分。随着科学技术的进步，一种非接触式转速表的使用日趋广泛，它可以不碰触机械设备的旋转部分直接测量其转速。

本节重点介绍非接触式转速表和离心式转速表的构造和使用方法。

一、非接触式转速表

UT371 型非接触式转速表是性能稳定、安全、可靠的非接触式转速表，如图 8-1-1 所示。该转速表的电路设计以单片机为核心，光电转速采样处理，可用于测量转速及计数，转速量程为 10～99 999 r/min，计数量程为 0～99 999。

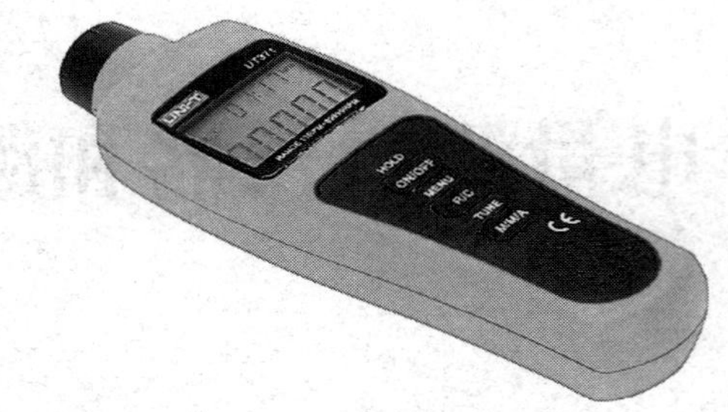

图 8-1-1　UT371 型非接触式转速表

1. 非接触式转速表的结构

以 UT371 型非接触式转速表为例，其结构和 LCD 显示屏如图 8-1-2 所示。UT371 型非接触式转速表主要由激光发射与接收窗口、LCD 显示屏和功能按钮三部分组成，其结构和 LCD 显示屏显示符号的含义见表 8-1-1。

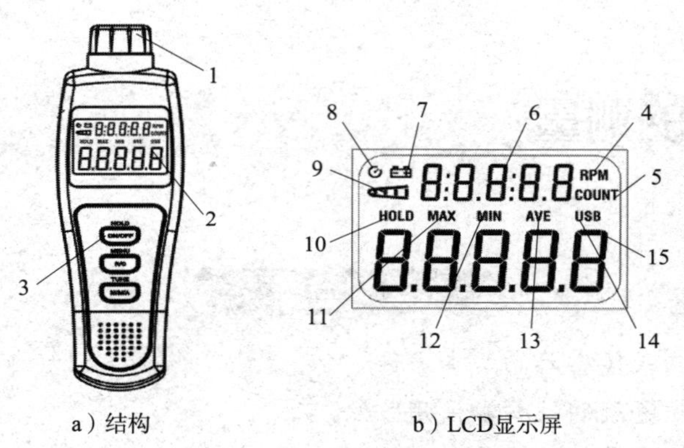

图 8-1-2　UT371 型非接触式转速表的结构和 LCD 显示屏

表 8-1-1　UT371 型非接触式转速表的结构和 LCD 显示屏显示符号的含义

序号	结构 / 显示符号	作用说明
1	激光发射与接收窗口	激光发射和激光接收区域（严禁照射人眼）
2	LCD 显示屏	测量数据和信息显示区域
3	功能按钮	ON/OFF（HOLD）：开机 / 关机（数据保持）按键
		R/C（MENU）：转速 / 计数选择（设置）按键
		M/M/A（TUNE）：最大值 / 最小值 / 平均值 / 清零（设置）按键
4	RPM	转速测量单位指示

续表

序号	结构 / 显示符号	作用说明
5	COUNT	计数测量单位指示
6	8:8.8:8.8	时钟显示
7		电池欠压符号指示
8		自动关机符号指示
9		转速与计数测量
10	HOLD	数据保持指示
11	MAX	最大值测量指示
12	MIN	最小值测量指示
13	AVE	平均值测量指示
14	USB	USB 启动指示
15	8.8.8.8.8	测量读数显示

2. 非接触式转速表的原理

UT371 型非接触式转速表采用光电转速采样的方式，电路以单片机为核心。光电转速采样以光电式传感器为主要元器件。

（1）光电式传感器

光电式传感器是一种将光信号转换为电信号的传感器，具有结构简单、非接触、反应快、精度高、不易受电磁干扰等优点，在自动控制系统中被广泛应用。其缺点是易受外界光源干扰、对光信号的检测处理比较困难、不能用于高温环境等。

光电式传感器依据光电效应原理，其工作过程是：首先将被测的非电量（如转速、浑浊度等）转换为光信号，然后通过光电元器件将相应的光信号转换为电信号后再进行测量。常见的光电式传感器有以下几种。

1）光敏电阻

光敏电阻的工作原理是光电导效应，即当光照射在某些物体上时，其电导率发生变化的现象。在半导体光敏材料两端装上电极引线，将其封装在带有透明窗的管壳内就构成了光敏电阻，常见的光敏电阻如图 8-1-3 所示。构成光敏电阻的材料有金属硫化物、硒化物、碲化物等半导体材料。当光敏电阻受到光照时，其电阻率变小，光照越强，阻值越小。若将光敏电阻与一电流表串联后接到电源上，就能将光信号转换为电信号，如图 8-1-4a 所示。为了增加灵敏度，有的光敏电阻还将两电极做成梳状，如图 8-1-4b 所示。光敏电阻的图形符号如图 8-1-4c 所示。

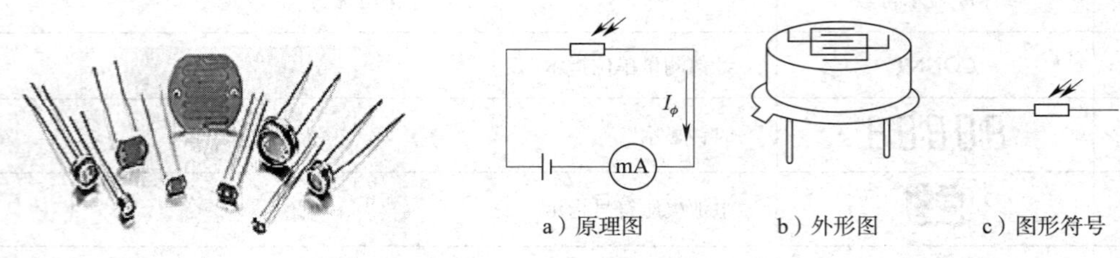

a）原理图　b）外形图　c）图形符号

图 8-1-3　常见的光敏电阻　　图 8-1-4　光敏电阻

2）光敏二极管

光敏二极管的工作原理是 PN 结的单向导电性，与一般半导体二极管的不同之处在于其 PN 结装在透明管壳的顶部，可直接接受光照，常见的光敏二极管如图 8-1-5 所示。光敏二极管在电路中一般处于反向偏置状态，如图 8-1-6a 所示，内部结构如图 8-1-6b 所示，图形符号如图 8-1-6c 所示。

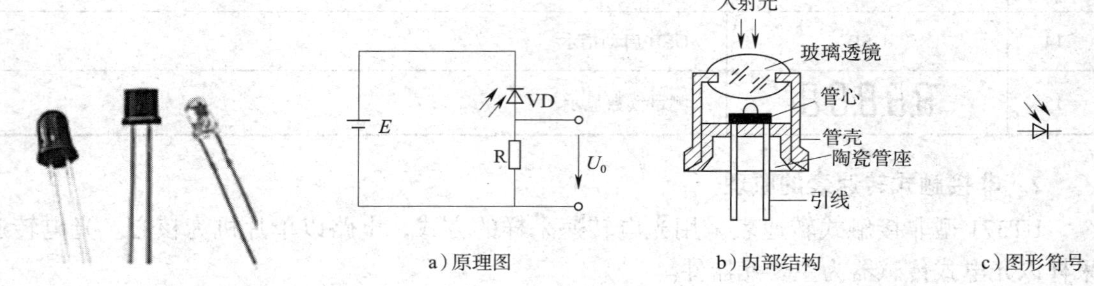

a）原理图　b）内部结构　c）图形符号

图 8-1-5　常见的光敏二极管　　图 8-1-6　光敏二极管

当没有光照时，二极管反向偏置，反向电流很小，这时的电流称为暗电流。当有光照射在二极管的 PN 结上时，会产生光电流，光电流的大小与光照强度成正比。目前，还有一种雪崩式光敏二极管，它利用了二极管 PN 结的雪崩效应，灵敏度极高，响应速度极快，可用于光纤通信及微光测量。

3）光敏三极管

光敏三极管的结构与普通三极管相同，有两个 PN 结。其基本原理与光敏二极管相同，但它在把光信号转换为电信号的同时，还放大了信号电流，因此具有更高的灵敏度。另外，它的基极一侧做得很大，从而扩大了光照面积，也能够提高灵敏度。一般情况下，光敏三极管的基极不接线，只有发射极和集电极两根引出线，所以光敏三极管通常只有两根管脚。光敏三极管也有 PNP 型和 NPN 型两种型号。光敏三极管的工作原理如图 8-1-7a 所示，外形如图 8-1-7b 所示，图形符号如图 8-1-7c 所示。

当无光照时，光敏三极管处于截止状态，无电信号输出。当光照射光敏三极管的基极时，光敏三极管导通，形成集电极电流输出，且集电极电流是光电流的 β 倍，因此光敏三极管比光敏二极管的灵敏度高许多倍。

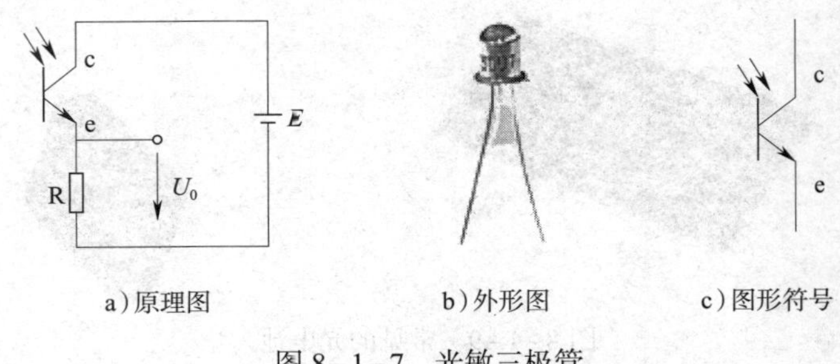

a）原理图　　b）外形图　　c）图形符号

图 8－1－7　光敏三极管

知识链接

光敏二极管和光敏三极管一般统称为光敏管，光敏管也分为硅管和锗管两种。在使用光敏管时，不能从外形上来区别是硅管还是锗管，只能通过其型号来判定，如 2AU（二极管）、3AU（三极管）是锗管，2CU、2DU、3CU、3DU 是硅管。

4）光电池

光电池是根据光生伏特效应的原理制成的一种光电式传感器，它能直接将光信号转换为电动势输出。

硅光电池的结构和图形符号如图 8－1－8 所示，它是在 N 型衬底上制造一薄层 P 型区作为光照敏感面，然后分别把 P 型层和 N 型层用电极引出，成为正负电极。当入射光足够强时，会使 N 型区带负电，P 型区带正电。如果光照是连续的，经短时间后，PN 结两侧就会产生稳定的光生电动势输出。

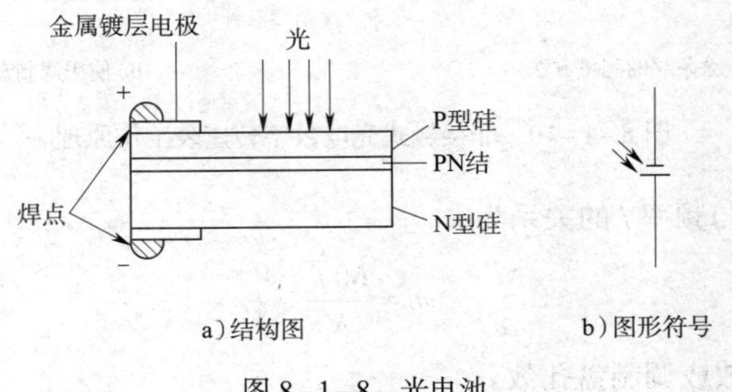

a）结构图　　b）图形符号

图 8－1－8　光电池

光电池的种类很多，有硅光电池、硒光电池、砷化镓光电池、硫化镉光电池等，常见的光电池如图 8－1－9 所示。其中应用最广的是硅光电池和硒光电池，这是因为它们具有性能稳定、光谱范围宽、频率特性好、转换效率高、耐高温辐射、价格较低等优点。砷化镓光电池是光电池中的后起之秀，它在效率、光谱特性、稳定性、响应时间等多方面均有优势，但生产成本较高。

图 8-1-9　常见的光电池

（2）工作原理

以非接触式光电数字转速表为例，其工作原理如图 8-1-10 所示。图 8-1-10a 所示是在电动机的转轴上贴上黑白相间的条纹，当电动机转轴转动时，黑色与白色交替出现，光电式传感器间断接收光的反射信号，输出电脉冲，再经过放大整形电路，输出整齐的方波信号，由数字式频率计测量其频率，再经计算得到电动机的转速。

图 8-1-10b 所示是在电动机转轴上固定一个调制盘，当电动机转轴转动时，将发光二极管发出的恒定光调制成随时间变化的调制光，同样经光电式传感器和放大整形电路，输出整齐的方波信号，由数字式频率计测量其频率，再经计算得到电动机的转速。

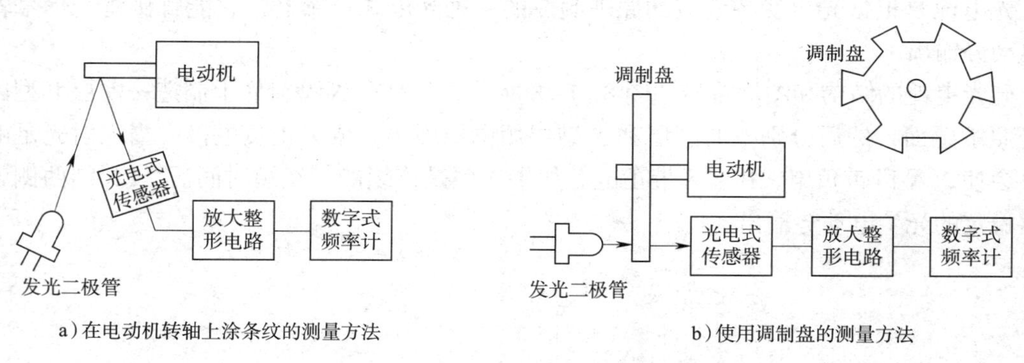

a）在电动机转轴上涂条纹的测量方法　　b）使用调制盘的测量方法

图 8-1-10　非接触式光电数字转速表工作原理

电动机的转速 n 与频率 f 的关系为

$$n=\frac{60f}{N}$$

式中，N 为白色条纹数或调制盘孔数。

光电脉冲放大整形电路如图 8-1-11 所示。当有光照时，光敏二极管 VD 产生光电流，使 RP 上压降增大，三极管 VT1 导通，经 VT2 和 VT3 组成的射极耦合触发器，输出电压 U_o 为高电位。当无光照时，U_o 为低电位。该脉冲信号 U_o 经过数字式频率计测量后即可得到电动机的转速。

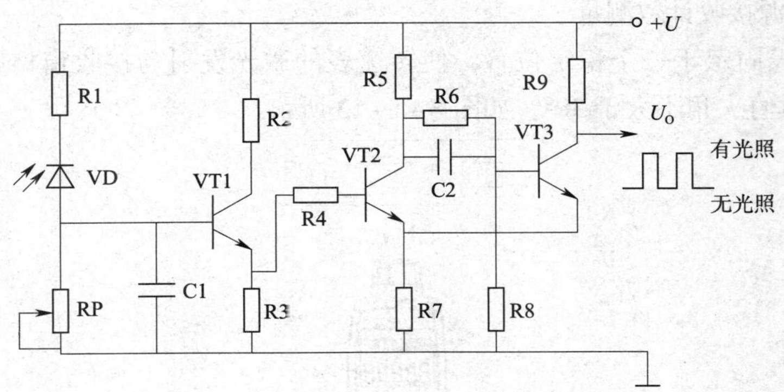

图 8-1-11　光电脉冲放大整形电路

3. 非接触式转速表的使用

（1）转速测量

1）将反光纸贴在待测物体上，如图 8-1-12 所示。

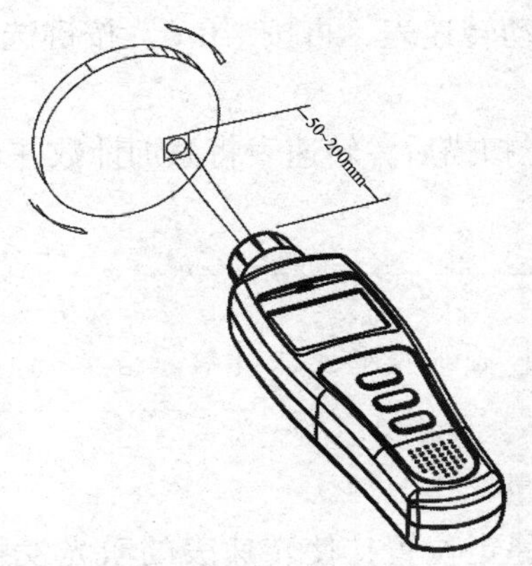

图 8-1-12　贴反光纸

2）将转速表固定于一个稳定位置，使转速表的激光发射与接收窗口距离被测量物体 50～200 mm。

3）按"ON/OFF"按键开启转速表，默认进入转速量程，将激光对准被测物体上的反光纸，与反光纸的垂直夹角不大于 30°。

4）启动被测量物体，仪表显示被测量物体的转速。

知识链接

转速表的激光不可照射人的眼睛；测量转速时距离不可小于 50 mm，避免高速旋转的物体触碰转速表，造成转速表损坏或人身伤害。

（2）内部光源接收计数测量

1）将转速表固定于一个稳定位置，使转速表的激光发射与接收窗口距离被测量物体 50～200 mm，垂直夹角不大于 30°，如图 8－1－13 所示。

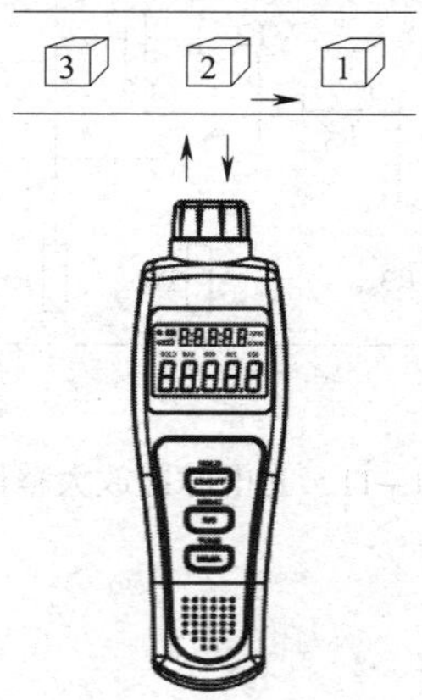

图 8－1－13　内部光源接收计数测量

2）按“ON/OFF”按键启动转速表，再按“R/C”按键选择计数量程，将激光对准被计数的物体。

3）当被计数物体经过激光扫描后，转速表将累加计数并显示数量。

被计数的物体必须能反光，否则可能无法计数。

（3）外部光源接收计数测量

1）将转速表固定于一个稳定位置，使转速表的激光发射与接收窗口距离被测量物体 50～200 mm，垂直夹角不大于 30°，如图 8－1－14 所示。

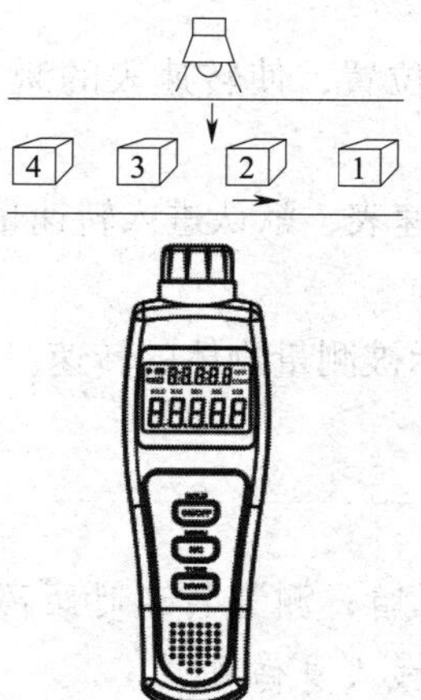

图 8－1－14　外部光源接收计数测量

2）将外部光源与转速表相对，固定于被测物体的另一侧。

3）按“ON/OFF”按键启动转速表，关闭 LED 激光管，然后按“R/C”按键，选择计数量程。

4）当被计数的物体经过转速表与外部光源之间时，转速表将累加计数并显示数量。

当计数测量时，若数量超过 99 999 个，转速表显示“OL”并保持数据；按“M/M/A”按键计数清零，再按“ON/OFF”按键可以重新计数。

接触式转速表如何使用，扫描右侧二维码即可了解。

二、离心式转速表

1. 离心式转速表的结构

离心式转速表属于机械式仪表，外形如图 8-1-15 所示。为使转速表与被测轴能够可靠接触，转速表都配有不同的探头，使用时可根据被测对象选择合适的探头安装在转速表输入轴上。

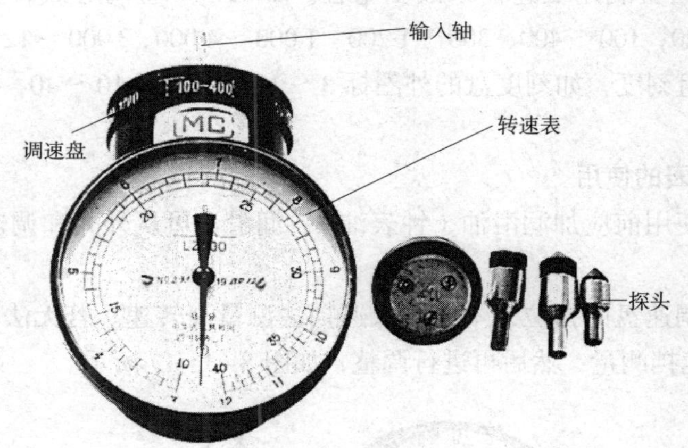

图 8-1-15　离心式转速表的外形

离心式转速表的结构如图 8-1-16 所示，其中离心器中的重锤利用连杆与活动套环及固定套环连接，固定套环装在离心器轴上，通过从变速器（齿轮传动机构）中的输入轴获得转速，另外还有指示器中的游丝、指针等装置。

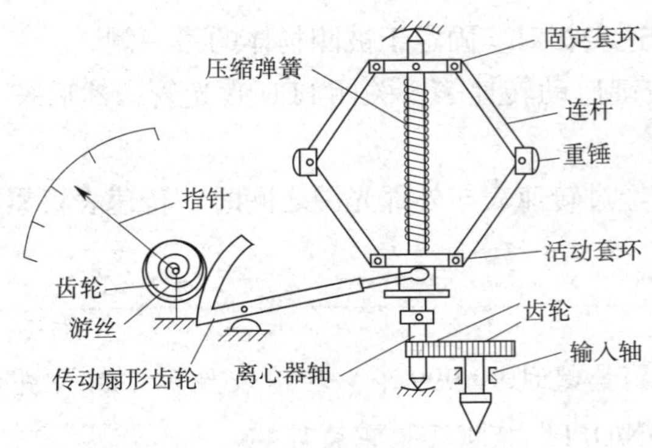

图 8－1－16　离心式转速表的结构

2. 离心式转速表的原理

当离心式转速表的离心器旋转时，重锤随着旋转产生的惯性力通过连杆使活动套环向上移动，并压缩弹簧。当转速一定时，活动套环最终受力平衡，套环将停在相应位置。同时，活动套环的移动通过传动扇形齿轮传递给指针，在表盘上指示出被测转速值。显然，转速表指针的偏转与被测轴旋转方向无关。

由于向心力 $F = mR\omega^2$（式中，m 为重锤质量，R 为重锤重心到转轴轴心的距离，ω 为重锤旋转的角速度），即向心力与旋转角速度的平方成正比，因而离心式转速表的刻度盘不是等分度的。为减小表盘分度不均匀的影响，可恰当选取转速表的各参量及测量范围，提高测量的准确度。

离心式转速表通常利用变速器来改变量程。如 LZ–30 型离心式转速表有以下五个量程（r/min）：30～120、100～400、300～1 200、1 000～4 000、3 000～12 000。在转速表的表盘上通常标有两组刻度，如刻度盘的外圈标 3～12，内圈标 10～40，它分别适用于两组量程。

3. 离心式转速表的使用

（1）转速表在使用前应加润滑油（钟表油），润滑油可从外壳和调速盘上的油孔注入。

（2）合理选择调速盘的挡位，不能用低速挡去测量高转速。若无法确定被测转速的大致范围，可先用高速挡测量，然后再进行调整，如图 8－1－17 所示。

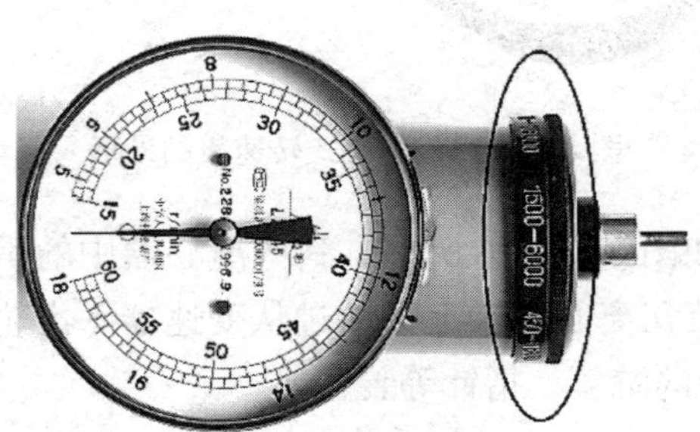

图 8－1－17　选择合适的量程

（3）选择合适的探头，安装在转速表的输入轴上，如图 8－1－18 所示。

图 8－1－18　选择并安装探头

（4）转速表的探头与被测转轴接触时，应使两轴心对准，动作要缓慢，以两轴接触时不产生相对滑动为准，同时尽量使两轴保持在一条直线上，如图 8－1－19 所示。

图 8－1－19　探头靠近被测转轴时要缓慢

（5）若调速盘的挡位为Ⅰ、Ⅲ、Ⅴ挡，则测得的转速应为刻度盘外圈数值再分别乘 10、100、1000；若调速盘的挡位为Ⅱ、Ⅳ挡，则测得的转速应为刻度盘内圈数值再分别乘 10、100 即可。

三、转速表的维护

1．使用前应检查仪表和附件，谨防任何损坏或不正常的现象。如发现仪表壳体已明显损坏、LCD 显示屏无显示等，则不应再使用。

2．在进行测量前，应仔细阅读操作说明。测量时，应遵守操作规程，不要在高温、高湿、易燃、易爆和强电磁场环境中使用转速表。

3．维护保养时应使用软布及中性清洁剂清洁仪表外壳，以防外壳被腐蚀，损坏仪表。

4．使用非接触式转速表时严禁用激光照射人的眼睛。

5．当非接触式转速表的 LCD 显示屏显示“ ”符号时，应及时更换新电池；长时间不使用转速表应取出电池。当电池电压为 4.5 V～4.8 V 时，LCD 显示屏显示电池欠压符号；当电池电压为 4.3 V～4.5 V 时，电池欠压符号闪烁，1 min 后转速表自动关机。

6．在使用和搬运离心式转速表时，应轻拿轻放，避免剧烈振动。

转速表的使用

一、实训目的

1. 了解非接触式转速表和离心式转速表的原理和结构。

2. 熟悉非接触式转速表和离心式转速表的使用方法。

3. 掌握用非接触式转速表和离心式转速表测量电动机转速的方法。

二、实训器材

非接触式转速表 1 个，离心式转速表 1 个，三相交流电动机 1 台，三相开关 1 个。

三、实训内容及步骤

1. 外观检查

检查转速表的外壳、LCD 显示屏、按键等是否完好无损，必要的标志是否清晰，表内有无脱落元器件等。

2. 连接电路

将三相交流电动机通过三相开关与三相交流电源连接。

3. 测量转速

按照两种转速表的使用方法测量电动机的转速。记录测量结果，用非接触式转速表测量电动机的转速为______r/min，用离心式转速表测量电动机的转速为______r/min。

4. 按照现场管理规范清理场地，归置物品。

四、实训注意事项

通电前，一定要检查电路连接是否正确，经实训指导教师同意并在其监护下方能进行通电实训。

五、实训测评

根据表 8-1-2 中的测评标准对实训进行测评，并将评分结果填入表中。

表 8-1-2　　转速表的使用实训评分标准

序号	测评内容	测评标准	配分（分）	得分（分）
1	仪表面板符号含义	能正确识别转速表面板的符号	20	
2	非接触式转速表的使用	按照实训步骤要求进行，正确使用非接触式转速表	15	
		熟悉非接触式转速表使用过程中的注意事项	15	
3	离心式转速表的使用	按照实训步骤要求进行，正确使用离心式转速表	15	
		熟悉离心式转速表使用过程中的注意事项	15	

续表

序号	测评内容	测评标准	配分（分）	得分（分）
4	安全文明实训	工作环境整洁，操作习惯良好，具有安全意识，能积极参与教学活动，整体符合6S标准	20	
		合计	100	

§8—2　温度的测量

学习目标

1. 了解热电阻传感器的原理及应用。
2. 熟悉热电偶传感器的原理及应用。
3. 掌握红外测温仪的使用方法和使用注意事项。

温度是用来表征物体受热程度的物理量。在生产、科研和日常生活中，温度测量都占有十分重要的地位。电气测量温度的方法，通常按感温元件是否与被测物体接触而分为接触式测量和非接触式测量两大类。接触式测量使用的温度传感器具有结构简单、工作稳定可靠及测量精度高等优点，如热电阻传感器等。非接触式测量使用的温度传感器具有测量温度高、不干扰被测物体温度等优点，但测量精度不高，如红外高温传感器、光纤高温传感器等。本节介绍常用的热电阻传感器、热电偶和红外测温仪，常用的热电偶、热电阻和红外测温仪如图 8-2-1 所示。

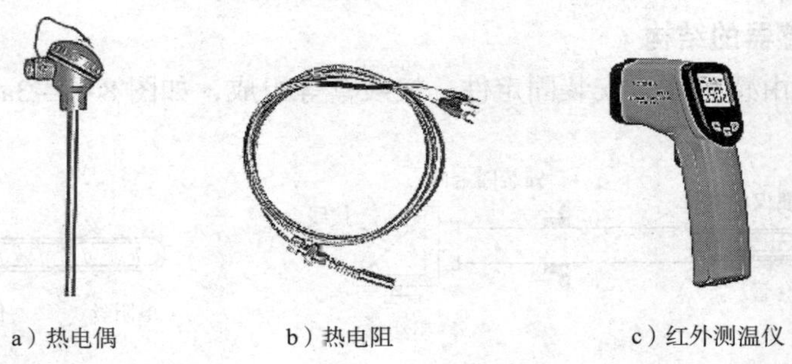

a）热电偶　　b）热电阻　　c）红外测温仪

图 8-2-1　常用的热电偶、热电阻和红外测温仪

一、热电阻传感器

金属热电阻传感器也称为热电阻传感器，它是利用金属导体的电阻随温度变化而变化的原理进行测温的。一般的热电阻传感器由热电阻、连接导线及显示仪表组成，如图 8－2－2 所示。热电阻被广泛应用于 –220～850℃范围内温度的测量，少数情况下，低温可测量至 –272℃，高温可测量至 1 000℃。热电阻大多由纯金属材料制成，目前主要采用的材料是铂和铜，也有用锰、铑、碳等材料制作热电阻的情况。

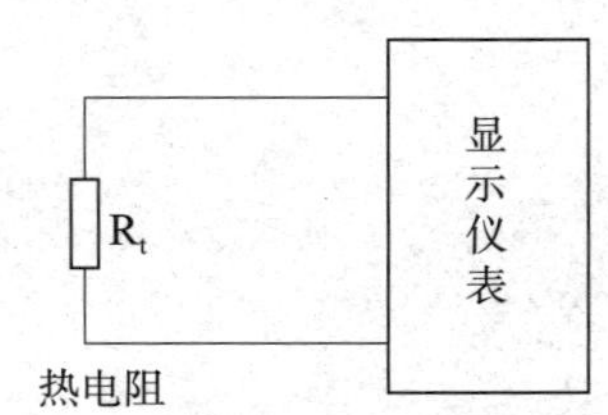

图 8－2－2　热电阻传感器的组成

1. 热电阻的温度特性

热电阻的温度特性是指热电阻 R_t 的阻值随温度改变而变化的特性。

铂电阻的特点是测温精度高、稳定性好，它是制造热电阻的最佳材料。铂电阻的应用范围为 –200～850℃，其阻值与温度之间的关系接近于线性，当温度为 –200～0℃时，其关系式为

$$R_t=R_0[1+At+Bt^2+Ct^3(t-100)]$$

当温度为 0～850℃时，其关系式为

$$R_t=R_0(1+At+Bt^2)$$

式中，R_t 为 t℃时的铂电阻阻值，R_0 为 0℃时的铂电阻阻值，t 为被测量温度，A、B、C 均为常数，其数值与感温元件的电阻在 100℃和 0℃时的阻值有关。

我国规定，工业用铂电阻有 R_0=10 Ω 和 100 Ω 两种，并将阻值 R_t 与温度 t 的关系统一列成表格，称其为铂电阻分度表，分度号分别用 Pt10 和 Pt100 表示。在实际测量中，只要测得铂电阻的阻值 R_t，便能根据分度表确定其对应的温度。

2. 热电阻传感器的结构

热电阻传感器由感温体、安装固定件、接线盒等组成，如图 8－2－3a 所示。

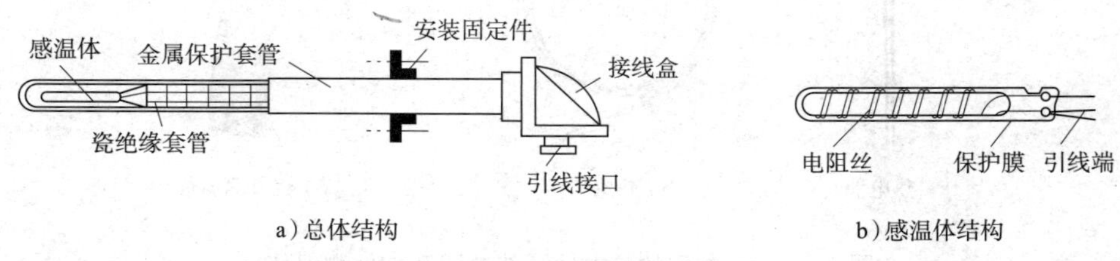

图 8－2－3　热电阻传感器的结构

感温体由细铂丝或细铜丝绕在支架上组成。为了消除感抗的影响，热电阻丝必须采用无感绕法，即先将热电阻丝对折一下，然后按图 8-2-3b 所示方法双绕，使两个线头处在支架的同一端。为防止外界有害气体的腐蚀，工业用的热电阻传感器都要有金属保护套管。金属保护套管上一般配有安装固定件，以便将热电阻传感器固定在被测设备上。

二、热电偶传感器

热电偶传感器具有构造简单、使月方便、测温范围大、精确度和稳定性较高等特点，故在工矿企业的温度测量中应用十分广乏。

1. 热电偶的测温原理

热电偶的测温原理基于热电效应。如图 8-2-4 所示，当 A、B 两种不同材料的导体组成一个闭合电路时，若两接点的温度不同（图中的两个接点，一个称为测量端，或称为热端；另一个称为参考端，也称为冷端），则在该电路中会产生电动势并形成电流，这种现象称为热电效应，该电动势称为热电动势。热电偶测温系统示意图如图 8-2-5 所示。

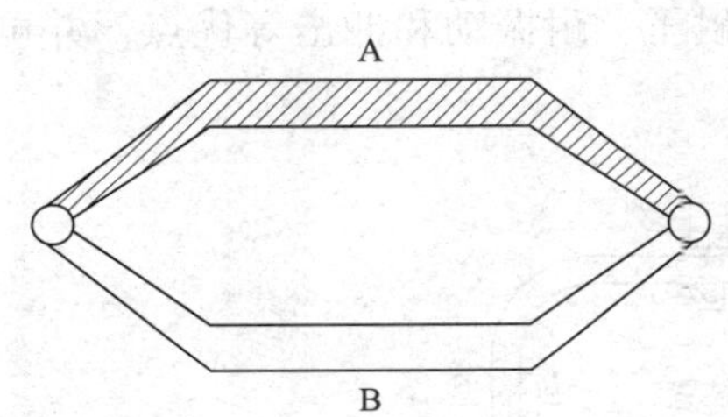

图 8-2-4　热电偶的测温原理

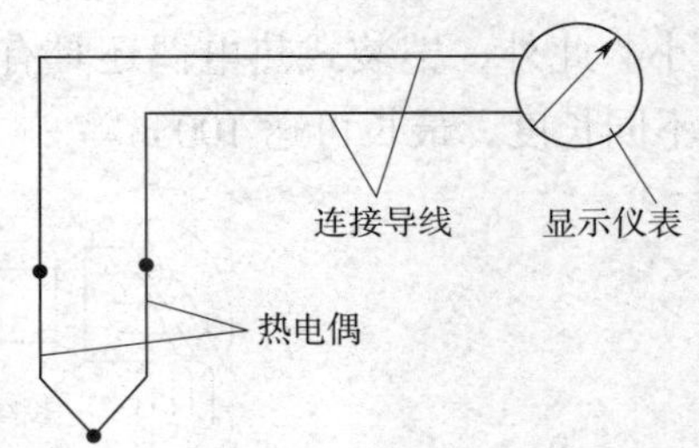

图 8-2-5　热电偶测温系统示意图

实验证明，热电动势 E_t 与热电偶两端的温度差（$T-T_0$）成正比，即

$$E_t = K(T - T_0)$$

式中，K 与热电偶材料的电子浓度有关。

2. 热电偶的材料

理论上讲，任何两种不同材料都能制成热电偶，但生产实际中为了准确可靠地进行温度测量，必须对材料进行选择。目前，常用的热电偶材料主要有镍铬—铜镍（分度号 E）、铂铑 $_{10}$—铂（分度号 S）、铂铑 $_{30}$—铂铑 $_{6}$（分度号 B）和镍铬—镍硅（分度号 K）四种。通常写在前面的材料为正极，写在后面的材料为负极。

热电偶的热电动势与温度的关系表称为分度表。通过查表，可以根据热电偶的热电动势确定相应的温度。

3. 热电偶的分类

根据结构形式的不同，热电偶通常分为普通型热电偶、铠装式热电偶和薄膜热电偶。

（1）普通型热电偶

普通型热电偶主要应用于工业中液体、气体等介质温度的测量。它一般由热电偶丝、绝缘套管、保护套管、接线盒等组成，如图 8-2-6 所示。实验室使用时可以不用保护套管，以减小热惯性。

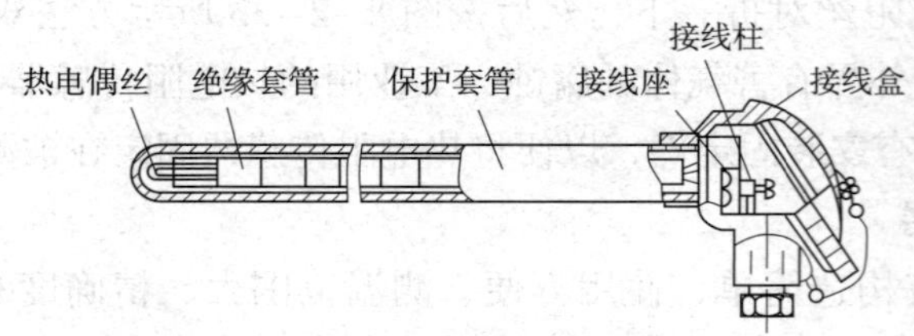

图 8-2-6　普通型热电偶

（2）铠装式热电偶

铠装式热电偶是由热电偶丝、绝缘材料、金属套管组合成一体的具有特殊结构的热电偶，如图 8-2-7 所示。它可以做得很细很长，并且可以弯曲。根据热端形状的不同，铠装式热电偶又可分为多种结构形式，不同结构形式热电偶的响应时间、应用场合及特点也有所不同。铠装式热电偶的突出优点是可小型化（直径 0.25～12 mm）、使用方便、寿命长、热惯性小。此外，铠装式热电偶还具有强度高、耐压、耐振动和冲击等优点，并可根据需要制成不同长度，最长可达 100 m。

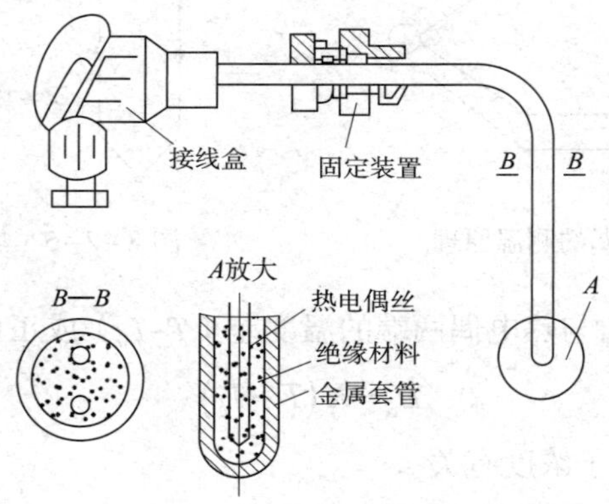

图 8-2-7　铠装式热电偶

（3）薄膜热电偶

薄膜热电偶用真空蒸镀等方法将两种热电极材料蒸镀到绝缘板上，上面再蒸镀一层二氧化硅作为绝缘和保护层，如图 8-2-8 所示。其热接点极薄（0.01～0.1 μm），特别适用于快速测量物体表面的温度。安装时用黏结剂将它粘接在被测物体表面即可。

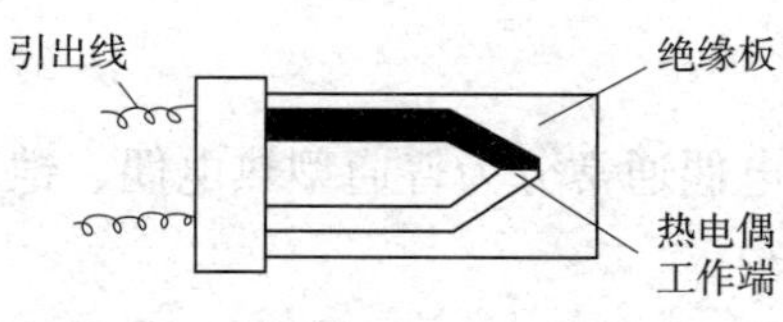

图 8-2-8　薄膜热电偶

知识链接

由于热电偶传感器是接触式测温计，测量时直接与被测物体接触，其输出电动势通过连接导线引出，因此热电偶及其连接导线的散热必然会影响热电偶接点的温度，引起测量误差。为减少测量误差，必须掌握正确安装和敷设热电偶的方法。

知识拓展

使用动圈式温度仪表时，一种规格的仪表只能与一种分度号的热电偶相配套，扫描右侧二维码即可了解。

三、红外测温仪

UT301D+ 型红外测温仪可通过测量目标表面所辐射的红外能量来快速准确地确定其表面的温度，如图 8–2–9 所示。该测温仪是一款高精度、高重复性、多功能、坚固耐用且易于操作的红外测温仪，具有可调节的高低温可视和声音报警功能，其发射率可调且可存储 5 组设置好的预备发射率，配备三脚支架，非常适合需要对温度进行监控的工艺过程。同时具备预约测量功能，适合需要对温度进行长期周期性监控的工艺过程。UT301D+ 型红外测温仪广泛应用于配电巡检、暖通维护、运输设备检验、设备维修、汽车故障检修等领域。

图 8–2–9　UT301D+ 型红外测温仪

1. 红外测温仪的结构

UT301D+ 型红外测温仪的结构和 LCD 显示屏如图 8–2–10 所示，其结构和 LCD 显示屏显示符号的含义见表 8–2–1。

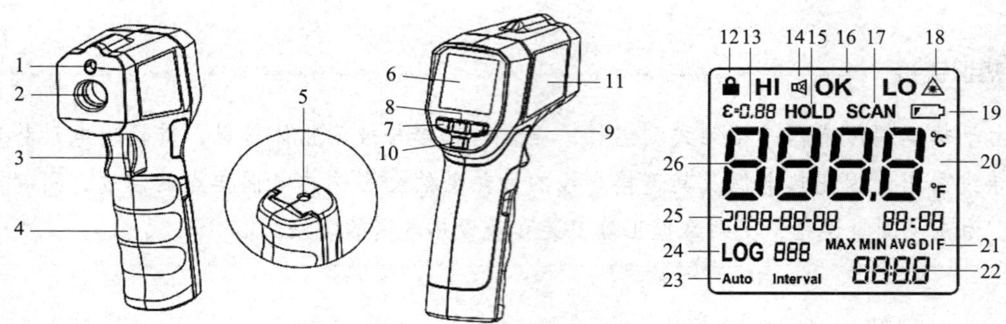

图 8-2-10　UT301D+ 型红外测温仪的结构和 LCD 显示屏

表 8-2-1　UT301D+ 型红外测温仪的结构和 LCD 显示屏显示符号说明

序号	结构 / 显示符号	功能说明
1	激光窗口	发射红外激光
2	红外接收窗口	接收返回的红外激光
3	扳机	发射红外激光的开关
4	电池盖	内装 9 V 碱性电池
5	三脚架螺纹孔	用于固定安装测温仪
6	LCD 显示屏	显示测量的数据
7	“MODE”按键	测量模式按键
8	“SET”按键	测量设置按键
9	“HI LO”按键	高、低限值报警功能按键
10	“LOG”按键	带数据存储功能的测量模式按键
11	激光警示	警告语标贴
12	🔒	扳机锁定指示符
13	ε=0.88	发射率指示符
14	🔇	蜂鸣器指示符
15	HOLD	温度保持指示符
16	HI OK LO	温度测量报警指示符
17	SCAN	温度测量指示符

续表

序号	结构 / 显示符号	功能说明
18	(激光符号)	激光指示符
19	(电池符号)	电池低电压指示符
20	℃ ℉	温度单位指示符
21	MAX MIN AVG DIF	测量模式指示符
22	88:8.8	测量温度副显
23	Auto Interval	预约测量指示符
24	LOG 888	温度记录模式及组号
25	2088-88-88 88:88	日期和时间
26	888.8	测量温度主显

2. 红外测温仪的使用

UT301D+ 型红外测温仪的使用方法如下：

（1）开机查看上一次关机前的测量值

在测温仪关机状态下，短按（＜0 5 s）扳机，测温仪开机，显示上一次关机前的测量值。通过短按“MODE”按键，可切换查看 MAX/MIN/AVG/DIF 值。

（2）手动测量功能

1）对准被测目标，扣动扳机并保持，当测温仪 LCD 显示屏上的“SCAN”指示符闪烁时，表示正在测量目标物体的温度，测量结果更新在 LCD 显示屏上。

2）松开扳机，测温仪 LCD 显示屏上的“SCAN”指示符消失，“HOLD”指示符显示，测温仪停止测温，LCD 显示屏上保持最后测得的温度值。

（3）锁定测量功能

1）在“HOLD”界面下，长按“SET”按键 3 s，进入锁定测量界面，通过“▲”按键和“▼”按键进行锁定测量功能的打开或关闭。当锁定测量功能打开时，短按“LOG”按键可以进行锁定测量定时设置，被选择的时间位置闪烁，再通过“▲”按键和“▼”按键调整时间数值，如图 8-2-11 所示。如果要关闭定时功能，设置为“00：00”后会跳转显示“--：--”。

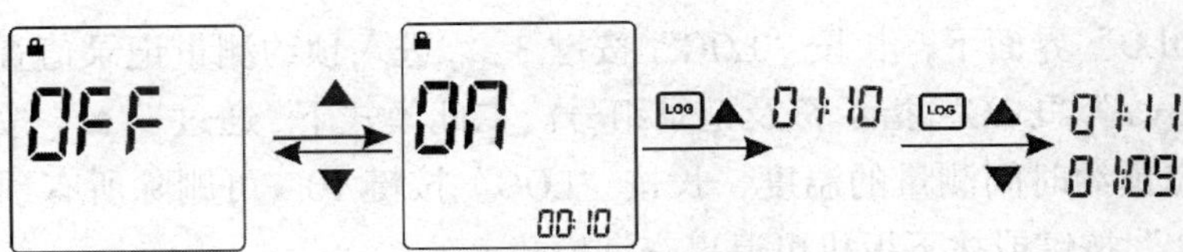

图 8-2-11　锁定测量功能的设定

2）锁定测量功能打开后，短按扳机，锁定测量功能触发，测温仪 LCD 显示屏上的“🔒”指示符显示，“SCAN”指示符闪烁，测温仪将连续测量目标物体的温度，无须一直长按扳机。

3）再次按下扳机，测温仪 LCD 显示屏上的“🔒”和“SCAN”指示符消失，“HOLD”指示符显示，测温仪停止测量，LCD 显示屏上保持最后测得的温度值。

锁定测量时间（1 min～5 h）且锁定测量功能触发后，测量开始计时，达到设定的时间时，测温仪将自动关机并保存最后的测量值，此时可以短按扳机（＜0.5 s），开机查看测量值（若长按扳机，开机后测量值会被清除）。

（4）预约测量功能

预约测量的设定如图 8－2－12 所示，具体操作步骤如下：

1）在“HOLD”界面下，长按“SET”按键 3 s，进入锁定测量界面，再次短按“SET”按键，进入预约测量功能设置界面。通过“▲”按键和“▼”按键进行预约测量功能的打开或关闭。

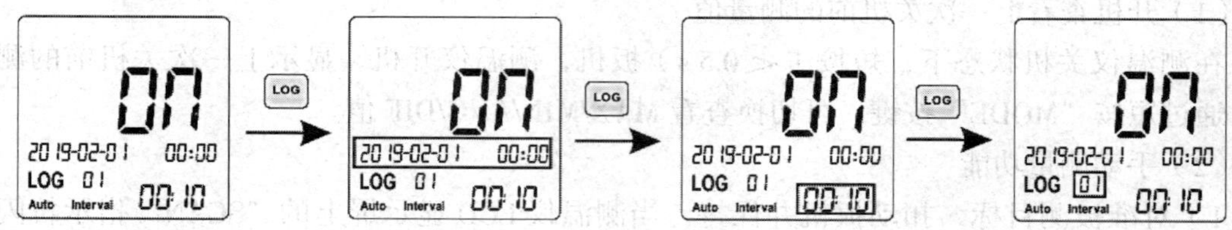

图 8－2－12　预约测量的设定

2）依次短按“LOG”按键，设定预约测量起始时间（年－月－日－时－分），被选中的设定位置闪烁，可通过“▲”按键和“▼”按键调整数值。

3）起始时间设定完成后，依次短按“LOG”按键，设定预约测量间隔时间（时－分）。

4）间隔时间设定完成后，依次短按“LOG”按键，设定预约测量的次数（01～99）。

5）参数设定完成后，按“SET”按键或按下扳机，返回“HOLD”界面，“Auto Interval”指示符闪烁。当系统时间达到预约时间时，测温仪将自动开机测量并保存当前时间和测量值，之后每达到设定的间隔时间就自动测量并保存一次，直到测量次数达到设定值后结束，预约测量功能执行完毕并关闭。

6）在“HOLD”界面下，长按“LOG”按键 3 s，进入预约测量记录值查询模式，屏幕显示“Auto Interval”“LOG”指示符及记录组号。在此模式下，通过“▲”按键和“▼”按键可以查询对应预约时间测量的温度，长按“LOG”按键 10 s 可删除所有预约测量的记录值，短按“LOG ”按键或按下扳机可退出查询模式。

设定时间不能早于当前系统时间，否则预约测量功能不会执行。

（5）高温和低温限值报警功能

1）短按“HI LO”按键可依次打开和关闭高、低温限值报警功能，顺序为：“HI LO”高温和低温限值报警功能同时打开→“HI”高温限值报警功能打开→“LO”低温限值报警功能打开→“HI LO”高温和低温限值报警功能同时关闭，如图 8－2－13 所示。

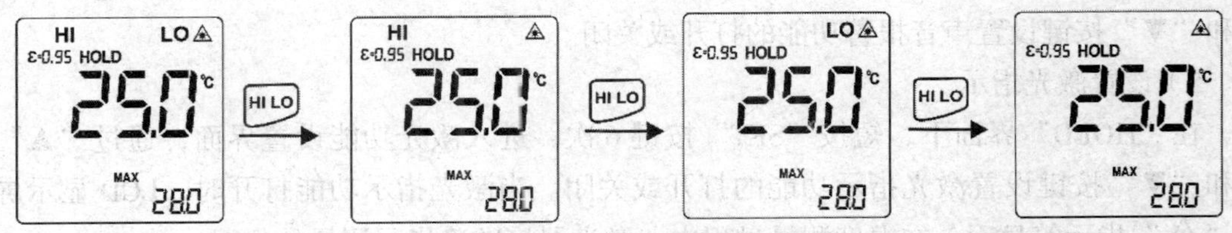

图 8－2－13　高温和低温限值报警功能的设定

2）当高温限值报警功能打开时，如果所测温度高于设定的高温限值，红色 LED 和 LCD 显示屏上的“HI”指示符会闪烁报警，如果声音报警功能打开，蜂鸣器会发出“哔哔哔哔……”的报警声。

3）当低温限值报警功能打开时，如果所测温度低于设定的低温限值，蓝色 LED 和 LCD 显示屏上的“LO”指示符会闪烁报警，如果声音报警功能打开，蜂鸣器会发出“哔哔哔哔……”的报警声。

4）当“HI LO”限值报警功能任意一个打开时，如果测得的温度在高、低温限值的范围内，绿色 LED 点亮，LCD 显示屏上的“OK”指示符显示，表示测量的温度正常。

（6）其他常用功能

1）设置高温限值报警值

在“HOLD”界面下，短按“SET”按键，进入高温报警限值设置界面，短按“LOG”按键可以快速选择预先设置好的高温报警限值（P1～P5）。预设值中如果没有目标数值，可以在最接近的预设值的基础上，通过“▲”按键和“▼”按键进行调整，短按 1 次数值加 1 或减 1，长按将使数值快速递增或递减，如图 8－2－14a 所示。

图 8－2－14　高、低温限值报警值的设置

2）设置低温限值报警值

在“HOLD”界面下，短按“SET”按键2次，进入低温报警限值设置界面，同样可以通过“▲”按键和“▼”按键对数值进行调整，短按1次数值加1或减1，长按将使数值快速递增或递减，如图8-2-14b所示。

3）设置温度单位

在“HOLD”界面下，短按“SET”按键4次，进入温度单位设置界面，通过“▲”按键和“▼”按键进行摄氏度和华氏度单位的转换设置。

4）设置声音报警

在“HOLD”界面下，短按“SET”按键5次，进入声音报警设置界面，通过“▲”按键和“▼”按键设置声音报警功能的打开或关闭。

5）设置激光指示

在“HOLD”界面下，短按“SET”按键6次，进入激光功能设置界面，通过“▲”按键和“▼”按键设置激光指示功能的打开或关闭。当激光指示功能打开时，LCD显示屏上的“⚠”指示符显示，在温度测量过程中，激光器将准确指示测量的位置。

严禁将激光对准人或动物，以免对眼睛造成伤害。

3. 红外测温仪的使用注意事项

使用红外测温仪时，要确保被测目标大于测温仪光点的直径，目标越小，测量距离应越近。为了获得最佳的测量效果，建议被测目标大于测温仪光点直径的2倍，如图8-2-15所示。

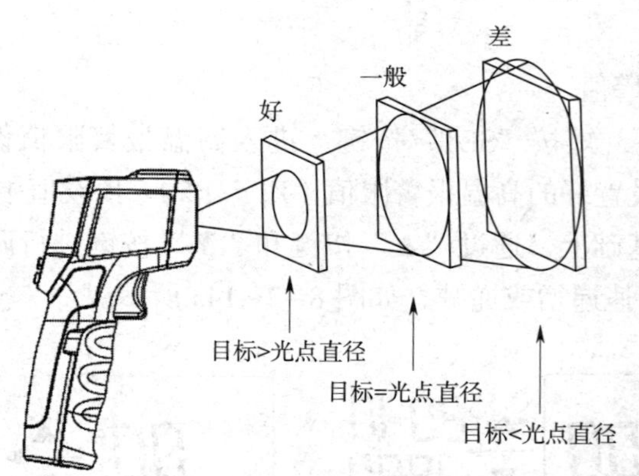

图8-2-15　测温仪的测量距离

除了转速和温度外，还有其他非电量的测量仪器和技术。激光水平仪是将激光装置发射的激光束导入水平仪内，使其沿视准轴方向射出的水平仪。与配有光电接收靶的水平尺配合，可进行水平测量。扫描右侧二维码即可了解。

激光测距仪是通过调制激光的某个参数对目标距离进行准确测定的仪器。扫描右侧二维码即可了解。

红外测温仪的使用

一、实训目的

掌握红外测温仪的使用方法。

二、实训器材

红外测温仪 1 个，三相交流电动机 1 台，三相开关 1 个，照明灯具 1 套。

三、实训内容及步骤

1. 外观检查

检查红外测温仪的外壳、LCD 显示屏、按键等是否完好无损，必要的标志是否清晰，有无脱落元器件等。

2. 连接电路

将三相交流电动机通过三相开关与三相交流电源连接。

3. 测量温度

按照红外测温仪的使用方法测量电动机和照明灯具的温度。记录测量结果，电动机的表面温度为_____摄氏度，照明灯具的表面温度为____摄氏度。

4. 按照现场管理规范清理场地，归置物品。

四、实训注意事项

通电前，一定要检查电路连接是否正确，经实训指导教师同意并在其监护下方能进行通电实训。

五、实训测评

根据表 8-2-2 中的测评标准对实训进行测评，并将评分结果填入表中。

表 8-2-2　　红外测温仪的使用实训评分标准

序号	测评内容	测评标准	配分（分）	得分（分）
1	仪表面板符号含义	能正确识别红外测温仪面板的符号	20	
2	红外测温仪的使用	按照实训步骤要求进行，正确使用红外测温仪	30	
		熟悉红外测温仪使用过程中的注意事项	30	
3	安全文明实训	工作环境整洁，操作习惯良好，具有安全意识，能积极参与教学活动，整体符合 6S 标准	20	
合计			100	